U0223774

国家出版基金资助项目／"十三五"国家重点出版物

绿色再制造工程著作

总主编　徐滨士

热喷涂技术及其在再制造中的应用

THERMAL SPRAYING TECHNOLOGY AND ITS APPLICATION IN REMANUFACTURING

魏世丞　王玉江　梁　义　等编著

哈爾濱工業大學出版社

HARBIN INSTITUTE OF TECHNOLOGY PRESS

内 容 简 介

热喷涂技术是提高产品和设备性能、延长其使用寿命的有效手段。本书总结了国内外热喷涂技术的最新研究成果以及作者多年来在热喷涂技术及其在再制造中的应用方面的研究成果,详细介绍了热喷涂基础理论和常用热喷涂材料体系,重点介绍了等离子喷涂技术、电弧喷涂技术、火焰喷涂技术、爆炸喷涂技术及其在再制造领域的应用情况,同时对热喷涂安全等进行了简要叙述。

本书可供表面工程技术人员、再制造工程技术人员参考,也可供从事设备维修、机械制造和电子材料腐蚀与防护工作人员阅读和参考。

图书在版编目(CIP)数据

热喷涂技术及其在再制造中的应用/魏世丞等编著. —哈尔滨:
哈尔滨工业大学出版社,2019.6
绿色再制造工程著作
ISBN 978-7-5603-8149-7

Ⅰ.①热…　Ⅱ.①魏…　Ⅲ.①热喷涂　Ⅳ.①TG174.442

中国版本图书馆 CIP 数据核字(2019)第 073386 号

材料科学与工程
图书工作室

策划编辑　张秀华　杨　桦　许雅莹
责任编辑　刘　瑶　李春光　陈　洁　王　玲
封面设计　卞秉利
出版发行　哈尔滨工业大学出版社
社　　址　哈尔滨市南岗区复华四道街 10 号　邮编 150006
传　　真　0451-86414749
网　　址　http://hitpress.hit.edu.cn
印　　刷　黑龙江艺德印刷有限责任公司
开　　本　660mm×980mm　1/16　印张 19　字数 340 千字
版　　次　2019 年 6 月第 1 版　2019 年 6 月第 1 次印刷
书　　号　ISBN 978-7-5603-8149-7
定　　价　108.00 元

《绿色再制造工程著作》

编 委 会

《绿色再制造工程著作》

丛 书 书 目

序　言

　　推进绿色发展,保护生态环境,事关经济社会的可持续发展,事关国家的长治久安。习近平总书记提出"创新、协调、绿色、开放、共享"五大发展理念,党的十八大报告也明确了中国特色社会主义事业的"五位一体"的总体布局,强调"把生态文明建设放在突出地位,融入经济建设、政治建设、文化建设、社会建设各方面和全过程,努力建设美丽中国,实现中华民族永续发展",并将绿色发展阐述为关系我国发展全局的重要理念。党的十九大报告继续强调推进绿色发展、牢固树立社会主义生态文明观。建设生态文明是关系人民福祉、关乎民族未来的大计,生态环境保护是功在当代、利在千秋的事业。推进生态文明建设是解决新时代我国社会主要矛盾的重要战略突破,是把我国建设成社会主义现代化强国的需要。发展再制造产业正是促进制造业绿色发展、建设生态文明的有效途径,而《绿色再制造工程著作》丛书正是树立和践行绿色发展理念、切实推进绿色发展的思想自觉和行动自觉。

　　再制造是制造产业链的延伸,也是先进制造和绿色制造的重要组成部分。国家标准《再制造　术语》(GB/T 28619—2012)对"再制造"的定义为:"对再制造毛坯进行专业化修复或升级改造,使其质量特性(包括产品功能、技术性能、绿色性、经济性等)不低于原型新品水平的过程。"并且再制造产品的成本仅是新品的 50% 左右,可实现节能 60%、节材 70%、污染物排放量降低 80%,经济效益、社会效益和生态效益显著。

　　我国的再制造工程是在维修工程、表面工程基础上发展起来的,采取了不同于欧美的以"尺寸恢复和性能提升"为主要特征的再制造模式,大量应用了零件寿命评估、表面工程、增材制造等先进技术,使旧件尺寸精度恢复到原设计要求,并提升其质量和性能,同时还可以大幅度提高旧件的再制造率。

　　我国的再制造产业经过将近 20 年的发展,历经了产业萌生、科学论证和政府推进三个阶段,取得了一系列成绩。其持续稳定的发展,离不开国家政策的支撑与法律法规的有效规范。我国再制造政策、法律法规经历了一个从无到有、不断完善、不断优化的过程。《循环经济促进法》《中共中央关于制定国民经济和社会发展第十三个五年规划的建议》《战略性新兴产业重点产品和服务指导目录(2016版)》《关于加快推进生态文明建设的意见》和《高端智能再制造行动计划(2018—2020年)》等明确提出支持再制造产业的发展,再制造被列入国家"十三五"战略性新兴产业,《中国制造2025》也提出:"大力发展再制造产业,实施高端再制造、智能再制造、在役再制造,推进产品认定,促进再制造产业持续健康发展。"

再制造作为战略性新兴产业,已成为国家发展循环经济、建设生态文明社会的最有活力的技术途径,从事再制造工程与理论研究的科技人员队伍不断壮大,再制造企业数量不断增多,再制造理念和技术成果已推广应用到国民经济和国防建设各个领域。同时,再制造工程已成为重要的学科方向,国内一些高校已开始招收再制造工程专业的本科生和研究生,培养的年轻人才和从业人员数量增长迅速。但是,再制造工程作为新兴学科和产业领域,国内外均缺乏系统的关于再制造工程的著作丛书。

我们清楚编撰再制造工程著作丛书的重大意义,也感到应为国家再制造产业发展和人才培养承担一份责任,适逢哈尔滨工业大学出版社的邀请,我们组织科研团队成员及国内一些年轻学者共同撰写了《绿色再制造工程著作》丛书。丛书的撰写,一方面可以系统梳理和总结团队多年来在绿色再制造工程领域的研究成果,同时进一步深入学习和吸纳相关领域的知识与新成果,为我们的进一步发展夯实基础;另一方面,希望能够吸引更多的人更系统地了解再制造,为学科人才培养和领域从业人员业务水平的提高做出贡献。

本丛书由12部著作组成,综合考虑了再制造工程学科体系构成、再制造生产流程和再制造产业发展的需要。各著作内容主要是基于作者及其团队多年来取得的科研与教学成果。在丛书构架等方面,力求体现丛书内容的系统性、基础性、创新性、前沿性和实用性,涵盖了绿色再制造生产流程中的绿色清洗、无损检测评价、再制造工程设计、再制造成形技术、再制造零件与产品的寿命评估、再制造工程管理以及再制造经济效益分析等方面。

在丛书撰写过程中,我们注意突出以下几方面的特色:

1.紧密结合国家循环经济、生态文明和制造强国等国家战略和发展规划,系统归纳、总结和提炼绿色再制造工程的理论、技术、工程实践等方面的研究成果,同时突出重点,体现丛书整体内容的体系完整性及各著作的相对独立性。

2.注重内容的先进性和新颖性。丛书内容主要基于作者完成的国家、部委、企业等的科研项目,且其成果已获得多项国家级科技成果奖和部委级科技成果奖,所以著作内容先进,其中多部著作填补领域空白,例如《纳米颗粒复合电刷镀技术及应用》《再制造零件与产品的疲劳寿命评估技术》和《再制造工程管理与实践》等。同时,各著作兼顾了再制造工程领域国内外的最新研究进展和成果。

3.体现以下几方面的"融合":(1)再制造与环境保护、生态文明建设相融合,力求突出再制造工艺流程和关键技术的"绿色"特性;(2)再制造与先进制造相融合,力求从再制造基础理论、关键技术和应用实现等多方面系统阐述再制造技术及其产品性能和效益的优越性;(3)再制造与现代服务相融合,力求体现再制造物流、再制造标准、再制造效益等现代装备服务业及装备后市场特色。

在此,感谢国家发展改革委、科技部、工信部等国家部委和中国工程院、国家自然科学基金委员会及国内多家企业在科研项目方面的大力支持,这些科研项目的成果构成了丛书的主体内容,也正是基于这些项目成果,我们才能够撰写本丛书。同时,感谢国家出版基金管理委员会对本丛书出版的大力支持。

本丛书适于再制造领域的科研人员、技术人员、企业管理人员参考,也可供政府相关部门领导参阅;同时,本丛书可以作为材料科学与工程、机械工程、装备维修等相关专业的研究生和高年级本科生的教材。

中国工程院院士

徐滨士

2019 年 5 月 18 日

前　言

高新技术的飞速发展对提高金属材料的性能、延长仪器设备中零部件的使用寿命提供了可能,同时也提出了越来越高的要求,但是这两方面的要求却面临着高性能结构材料成本逐年上升的问题。近年来,表面工程技术发展迅速,尤其是热喷涂技术取得了巨大进展,这为解决上述问题提供了一种新的方法。热喷涂技术是材料科学中表面工程的关键技术之一,是国家科技和工业发展规划中支持、鼓励和大力发展的先进制造高新技术。热喷涂技术是一种通过专用设备把某种固体材料熔化并加速喷射到金属部件表面,形成一种特制薄层,以提高金属部件耐腐蚀、耐磨损、耐高温等性能的表面工程技术。热喷涂涂层赋予金属部件和结构耐磨损、耐腐蚀、耐热和抗高温氧化、导电或绝缘、减小摩擦、密封、尺寸恢复、化学催化等多种不同功能,使产品具有更好的性能和更长的使用寿命。

热喷涂技术具有学科的综合性、功能的广泛性、资源的再生性、方法的多样性和实施的灵活性,因此广泛地应用于航空航天、交通运输、电力能源、石油化工、冶金矿山、机械制造、轻工纺织、生物功能等国民经济建设的各个领域,发挥了巨大的作用。作为机电产品再制造的重要方法并具有环境友好性的特点,热喷涂技术在合理利用资源和能源、促进循环经济和工业可持续发展中将会做出应有的贡献。

随着热喷涂技术的不断完善和成熟,热喷涂技术已从单一零件的简单修复技术,发展成为新产品零件制备过程中必不可少的制造技术;从简单的工艺方法,发展成为具有独立体系完整的热喷涂工业技术。

当前,在新型材料上,纳米喷涂材料及其纳米结构涂层有了新的发展,但仍处于实验室研究阶段。在应用领域,尽管出现了热喷涂技术与其他学科相互交叉的新的表面工程工艺,但在实际应用过程中,尤其是在高温、高速、非均匀性等参数的影响下,喷涂质量的控制还比较困难,还需重视热喷涂技术的理论研究。相信随着理论的不断成熟、工艺的不断完善、新方法的不断出现,热喷涂技术的应用领域将会进一步拓展。

本书系统地介绍了热喷涂技术的发展、原理,以及 4 种典型的热喷涂技术的原理、方法、工艺、设备及其在再制造中的应用,同时介绍了热喷涂生产安全和环境保护等问题,兼顾了理论性和实用性,突出了热喷涂技术的应用性和可操作性,便于读者掌握热喷涂技术的本质及要领。

本书由中国工程院院士、波兰科学院外籍院士徐滨士担任顾问,魏世丞、王玉江、梁义等撰写。第 1 章由魏世丞、王玉江撰写,第 2 章由魏世丞、王博、袁悦撰写,第 3 章由魏世丞、梁义、童辉、苏宏艺撰写,第 4 章由梁义、朱晔、郭蕾、黄玉炜撰写,第 5 章由王玉江、郭蕾、周新远、黄威、田佳平撰写,第 6 章由魏世丞、苏宏艺、郑超、张钰、刘欣、王海军撰写,第 7 章由魏世丞、张芳、郭蕾、陈超、刘晓亭、田立辉撰写,第 8 章由梁义、张芳、徐小俊撰写。本书由魏世丞、王玉江统稿。

本书可供表面工程技术人员、再制造工程技术人员参考,也可供从事设备维修、机械制造和电子材料腐蚀与防护工作人员阅读和参考。

本书的主要内容源于以下科研项目的部分科研成果:国家自然科学基金重点项目"再制造基础理论与关键技术"、中国工程院咨询项目"我国石油天然气管道再制造发展战略研究"和"我国铁路装备关重零部件维修与再制造发展战略研究"。

借此书出版之际,向国家自然科学基金委员会、中国工程院等单位和部门表示衷心的感谢。同时,向书中参考文献的作者致以敬意。限于编著人员水平,对于书中不妥之处,恳请读者指正并提出宝贵意见。

作　者
2019 年 3 月

目　　录

第1章 绪 论

党的十八大将生态文明建设与经济建设、政治建设、文化建设、社会建设一起纳入中国特色社会主义事业"五位一体"的总体布局。党的十九大报告指出,发展是解决我国一切问题的基础和关键,发展必须是科学发展,必须坚定不移贯彻创新、协调、绿色、开放、共享的发展理念;并明确指出要建立健全绿色低碳循环发展的经济体系,推进绿色发展。再制造工程作为循环经济的重要抓手,已成为构建节约型社会的重要组成部分。《中国制造2025》提出要全面推行绿色制造,大力发展再制造产业,实施高端再制造、智能再制造、在役再制造,推进产品认定,促进再制造产业持续健康发展。

再制造工程是以机电产品全寿命周期设计和管理为指导,对废旧机电产品进行修复和改造的一系列技术措施或工程活动的总称,是废旧装备高技术修复、改造升级的产业化。装备再制造已成为国家大力发展的战略性新兴产业的核心内容之一。我国再制造工程是在维修工程、表面工程技术上发展起来的。热喷涂技术作为表面工程技术领域中发展较快、应用较广的重要技术手段,具有喷涂材料广泛、基体形状与尺寸不受限制、涂层厚度容易控制、工艺操作简单、成本低、效率高、能赋予零件表面特殊性能等特点,是实现损伤零部件表面尺寸恢复和性能提升的关键技术手段,已成功应用于国防工业、印刷、航空航天、石油化工、矿山机械、电力等领域装备零部件的再制造,是国家提倡的节能减排、低能耗、高效率的一项重要实用技术。

1.1 热喷涂技术的发展概况

热喷涂技术是表面工程的重要组成技术。它的实质是将待喷涂材料加热至熔融或半熔融状态,并以一定的速度喷射沉积到经过预处理的基体表面形成涂层的方法。热喷涂技术的适应性强,工艺灵活,施工方便,在材料表面防护和强化、机械零件的修复与再制造、模具快速成形制造等方面应用广泛,发展迅速。并且随着热喷涂新技术的不断开发和进步,其概念也在不断完善。例如,20世纪90年代问世的冷喷涂技术,其并未将喷涂材料加热至熔融或半熔融状态,而是通过压缩空气将低于其材料熔点和软化点温度下的金属粒子加速到临界速度(超音速),被撞扁在工件表面并牢固附着形成涂层。

1.1.1　热喷涂技术的国外发展概况

热喷涂技术自发明至今已百年,国外整个发展过程大体可以分为3个阶段。

1. 初期发展阶段

最早的热喷涂技术始于1882年,当时德国用一种简单的装置将熔融态金属喷射成粉体。而真正的热喷涂技术产生于1910年,瑞士的Schoop受儿童铅丸玩具枪的启发,发明了第一个金属喷射装置——金属熔液式喷涂装置,将其命名为金属喷镀。这种装置是借助经过加热的压缩空气将熔化的低熔点金属雾化并喷射沉积于基体表面而形成涂层。这个装置体积庞大,效率不高,实用价值不大,但其包含了热喷涂的基本原理。其后,Schoop致力于热喷涂装置的改进,并于1912年研制出世界上首台线材火焰喷枪,使热喷涂技术得到实际应用。1913年Schoop又提出了电弧喷涂的设计,并于1916年研制出实用型的电弧喷枪。20世纪20年代到40年代,以线材火焰喷涂(Wire Flame Spraying,WFS)、粉末火焰喷涂(Powder Flame Spraying,PFS)和电弧喷涂(Arc Spraying,AS)为主要方法的热喷涂技术经历了初期发展,步入了工业应用的轨道。各发达国家相继成立了有关热喷涂的专业公司,并研究开发出各种喷枪。20世纪30年代英国研制成功Schort粉末火焰喷枪,之后出现了METCO－P型粉末火焰喷枪,使这一热喷涂方法得到广泛应用。美国Metco金属喷涂公司于1938年研制成功了空气涡轮送丝(E型系列)和电动机送丝(K型系列)的电弧丝材喷枪及后来的粉末氧－乙炔火焰喷枪等。1943年,美国Metco金属喷涂公司首次出版了《金属喷镀》手册。同时,英国、法国、日本等国也相应制定了热喷涂的技术标准。20世纪40年代末,热喷涂技术取得了长足的进步,并逐渐步入了工业实用的轨道。

2. 迅速发展阶段

20世纪50年代起,热喷涂技术有了迅速的发展。1953年,德国研制出自熔性合金粉,标志着喷涂材料和涂层性能发展的重大突破,粉末喷涂材料从低熔点、低耐磨性的单金属材料发展为高熔点、高耐磨性的合金材料。热喷涂技术的应用也开创了新领域,由原来的表面防护和失效零件修复发展到机械零件的表面强化和预保护。20世纪50年代后期,航空航天等尖端技术领域的需要,引发了热喷涂技术的新发展。同时,美国联合碳化物公司利德分公司发明气体爆炸喷涂工艺(1952 年申请专利,1965 年公开报道),制备出碳化物涂层和氧化物陶瓷涂层并应用于航空工业。之后,美国 PlasmaDyne 公司和 Metco 金属喷涂公司公司先后开发了等离子喷涂技术,研制出等离子喷涂设备和成套工艺技术。这些技术解决了对陶瓷材料、难熔金属材料的喷涂问题,显著提高了热喷涂涂层的质量,开拓了特殊功能涂层应用的新领域。至此,热喷涂的基本设备类型已经逐渐齐备,涂层材料和喷涂工艺也形成体系,促成了 20 世纪 60 年代开始的热喷涂技术在工业上的广泛应用。

20 世纪 60 ～ 70 年代,喷涂材料经历了快速发展,各种自熔合金粉、陶瓷粉、金属陶瓷粉、复合粉和自黏结复合粉等,在美国、瑞士、加拿大、德国、比利时等国相继被研制生产出来,使喷涂材料更加齐备。

20 世纪 70 年代以后,热喷涂技术更加迅速地向高能、高速、高效的方向发展,新的喷涂方法、工艺和设备及新的喷涂材料和涂层性能不断涌现。在设备技术方面,美国 Metco 金属喷涂公司研制的高能等离子喷涂和燃气高速火焰喷涂设备,Stellite 公司研制的高速氧燃料火焰喷涂设备,TAFA 公司研制的电弧喷涂和高能高速等离子喷涂设备及燃油高速火焰喷涂设备,捷克的水稳等离子喷涂成套技术,加拿大 North－west Mettech 公司和美国 Metco 金属喷涂公司研制成功的三电弧轴向送粉等离子喷涂系统,美国 Unique Coat 公司推出的高速活性燃气喷涂设备,俄罗斯的高速电弧喷涂技术及冷气动力喷涂成套技术(俄罗斯发明,德国林德公司推出成套设备)等都相继面世。这些新技术、新设备的应用相互补充,新的涂层材料不断被开发,使热喷涂涂层性能日益提高,新喷涂技术的应用范围日益广泛,特别是在航空航天工业方面,发挥了重要作用。如在航空发动机和燃气轮机的热端部件中,有 6 000 多个零件在制造过程中采用热喷涂技术,并使其关键部件的使用寿命延长了 3 ～ 4 倍。

3. 新发展阶段

热喷涂工业体系的形成从 20 世纪 70 年代后期开始,现代先进技术(计算机技术、电子技术、自动化技术、近代测试技术、机器人技术、传感器技术及真空技术等)的渗透和应用以及新的涂层材料的发展和应用,使热喷涂技术在各工业部门的应用迅速增长,军民两用产品的大批量生产逐渐形成。20 世纪 90 年代中期,热喷涂工业的规模和体系逐步形成,其主要表现在以下几方面:

(1)热喷涂技术已发展成为制造领域中的重要工艺技术,在很多领域

（航空航天、化工、冶金、石油、汽车、纺织、电力和机械制造等领域）被广泛应用，而且专业化的热喷涂生产工厂或车间发展迅速，出现了采用热喷涂工艺大批量生产的产品（使用喷涂工艺的产品品种都达数百种）。1997 年全世界热喷涂工业的产值已达 13.5 亿美元。

（2）热喷涂设备的标准化和系列化。用计算机控制和机械手操作的等离子喷涂、高速电弧喷涂、冷气动力喷涂等成套设备，都已实现商品化。

（3）喷涂材料的多样性和广泛性。喷涂材料包括金属、合金、陶瓷、塑料、复合材料等，几乎包括所有丝材、棒材和粉末。世界各国使用的喷涂材料有 400 多种。

（4）热喷涂的工艺过程得到完善和规范化，并已建立起热喷涂涂层质量保证体系。从表面预处理、喷涂过程到后处理，都有较成熟的规范。工艺过程的计算机控制和机器人（或操作手）操作，以及传感器和反馈控制、系统控制、无烟检测等手段的引入，保证了工业化批量产品的质量可靠性，从而热喷涂工业有了向产业化转变的条件。

（5）热喷涂行业的产品及市场的咨询体系、国际合作与技术交流体系已逐步建立。各发达国家和国际标准化组织（ISO）都已制定了较完整的热喷涂技术标准和安全标准。

由此可见，新兴的热喷涂工业已初步形成。美国热喷涂工业在航空工业中的应用超过 50%；德国、日本等国的热喷涂则更多是在民用工业上的应用。目前，诸如机械、汽车、化工、能源、冶金、轻纺、模具等产业有巨大的发展潜力和广阔的发展空间。另外，热喷涂工业在生产环保方面也有独特之处，其作为表面处理技术之一，可以取代镀铬等重污染的表面处理工艺，甚至是大部分传统的电镀工艺，以及钢结构的有机涂料防护工艺，从而使生产过程的污染大为减少，而热喷涂技术本身虽也有粉尘和噪声污染，但现代技术可较容易地处理至达标。而且，采用热喷涂技术生产的氧探测器监测汽车发动机燃料燃烧过程，可成功地解决汽车排气污染问题。因此，热喷涂技术的发展对环保、节能和可持续发展具有重要意义。

1.1.2 热喷涂技术的国内发展概况

20 世纪 40 年代热喷涂技术从国外引入，当时上海瑞法喷涂机器厂应用电弧线材喷涂技术修复坦克内燃机曲轴，这是国内热喷涂技术的首次应用。其实国内热喷涂技术的实际发展开始于 20 世纪 50 年代。当时由吴剑春等在上海组建了国内第一个专业化喷涂厂，研制了氧－乙炔焰丝材喷涂及电喷装置，并对外开展金属喷涂业务。同时，上海喷涂机械厂等开始研制和生产热喷涂喷枪,如 ZQP-l 型金属线材火焰喷枪、火焰粉末喷枪和电弧喷枪等。60 年代少数军工单位开始研究等离子喷涂技术,如北京航空工艺技术研究所、航天公司火箭技术研究院 703 所及航空部门 410、420、430 厂等单位。70 年代中后期出现了许多品种的氧-乙炔火焰金属粉末喷涂(熔)设备和各种 Ni、Fe、Co 基自熔性合金粉及复合粉末喷涂材料,为热喷涂技术快速发展奠定了坚实的基础。70 年代以后,我国热喷涂技术进入迅速发展期,技术达到一定水平,研制成功一系列先进的热喷涂设备,如中国航空工业北京航空制造工程研究所的 80 kW 等离子喷涂设备和真空等离子喷涂装置、中国航发北京航空材料研究院的爆炸喷涂装置、上海喷涂机械厂的 SQP-l 型金属线材火焰喷枪和 SPH-5F 粉末喷枪、北京工业大学的 BQP-l 型火焰金属线材喷枪等。研究热喷涂技术和生产各种热喷涂设备和材料的单位迅速增加,对涂层性能及其应用的研究逐步兴起。1981年,全国热喷涂协作组在首届热喷涂技术推广会上宣告成立。其后的 20 多年时间,热喷涂技术作为国家重点推广项目得到迅速发展,并在航空航天、能源、冶金、石化、交通、纺织、煤炭等领域中得到更广泛的应用并且成效显著。目前,国内的热喷涂技术已有较完整的技术体系,并成立了全国性的热喷涂标准化技术委员会和行业协会,大大促进了整体行业技术水平的提高,并取得了显著的经济效益。

1.2 热喷涂技术概述

1.2.1 热喷涂技术及其分类

热喷涂技术是以一定形式的热源将粉状、丝状或棒状喷涂材料加热至熔融或半熔融状态,同时用高速气流使其雾化,喷射在经过预处理的零件表面,形成喷涂涂层,用于改善或改变工件表面性能的一种表面加工技术。

热喷涂技术按热源形式可分为火焰喷涂、电弧喷涂、等离子喷涂和特种喷涂。火焰喷涂通常包括氧-乙炔火焰喷涂和超音速火焰喷涂等;电弧喷涂包括普通电弧喷涂和高速电弧喷涂等;等离子喷涂主要包括普通等离子喷涂、低压等离子喷涂和超音速等离子喷涂等;特种喷涂主要有线爆喷涂、激光喷涂、悬浮液热喷涂和冷喷涂等。常见热喷涂技术的主要特点见表 1.1。在此基础上必要时可再冠以喷涂材料的形态(粉材、丝材、棒材)、材料的性质(金属、非金属)、能量级别(高能、高速)、喷涂环境(大气、真空）等。

表 1.1　常见热喷涂技术的主要特点

技术	等离子喷涂	火焰喷涂	电弧喷涂
熔粒速度 /(m · s^{-1})	＞400	＞600	＞200
焰流温度 /K	10 000 ～ 12 000	3 000 ～ 4 000	4 000 ～ 5 000
涂层孔隙率 /%	0.5 ～ 3	1 ～ 5	约 10
结合强度 /MPa	30 ～ 70	40 ～ 90	15 ～ 40
优缺点	可喷涂陶瓷颗粒材料，孔隙率低，结合性好，污染低，成本较高	可喷涂金属、碳化物等颗粒材料，孔隙率低，结合性好，成本较高	可喷涂金属丝材或金属/陶瓷复合粉芯丝材，成本低，效率高，孔隙率较高

1.2.2　热喷涂技术的特点

热喷涂技术与其他表面工程技术相比，在实用性方面具有以下主要特点：

（1）热喷涂技术的种类多。热喷涂技术细分有十几种，根据工件的要求在应用时有较大的选择余地。各种热喷涂技术的优势相互补充，扩大了热喷涂技术的应用范围，在技术发展中各种热喷涂技术之间又可相互借鉴，增加了功能重叠性。

（2）热喷涂涂层的功能多。适用于热喷涂技术的材料有金属及其合金、陶瓷、塑料及它们的复合材料。应用热喷涂技术可以在工件表面制备出耐磨损、耐腐蚀、耐高温、抗氧化、隔热、导电、绝缘、密封、润滑等多种功能的单一材料涂层或多种材料复合涂层。热喷涂涂层中含有一定的孔隙，这对于防腐涂层来说是可以避免的，如果能正确选择喷涂方法、喷涂材料及工艺可使孔隙率降到 1% 以下，也可以采用喷涂后进行封孔的方法来解决。但是，还有许多工况条件希望涂层有一定的孔隙率，甚至要求气孔也能相通，以满足润滑、散热、钎焊、催化反应、电极反应及骨关节生物生长等需要。制备一定气孔形态和孔隙率的可控孔隙涂层技术已成为当前热喷涂技术发展中一个重要的研究方向。

（3）适用热喷涂的对象范围宽，再制造产业化前景好。热喷涂的基本特征决定了在实施热喷涂时，零件受热小，基材不发生组织变化，因此施工对象可以是金属、陶瓷、玻璃等无机材料，也可以是塑料等有机材料。而且将热喷涂技术用于薄壁零件、细长杆时在防止变形方面有很大的优越性。施工对象的结构可以大到舰船船体、钢结构桥梁,也可以小到传感器等元器件。

由于热喷涂涂层与基体之间主要是机械结合,对于重载表面应慎重使用,但对于各种有润滑的摩擦表面、防腐表面、装饰表面、特殊功能表面等均可使用。

(4)设备简单,生产率高。常用的火焰喷涂、电弧喷涂及等离子喷涂设备都可以运到现场施工。热喷涂的涂层沉积率仅次于电弧堆焊。

(5)操作环境较差,需加以防护。在实施喷砂预处理工序时以及喷涂过程中,会伴有噪声和粉尘等,需采取劳动防护及环境防护措施。

1.3 热喷涂技术在再制造中的应用及发展趋势

随着热喷涂技术的不断发展,其已成为再制造工程先进技术的重要分支,尤其是高速电弧喷涂技术和超音速等离子喷涂技术,在再制造领域获得了大量成功应用。近年来,热喷涂技术的主要发展趋势可以归纳为 4 个方面:① 设备、喷枪方面,向高性能、高效率、高速度方向发展;② 材料方面,向高性能、系列化、标准化、商品化方向发展,以保证多功能高质量涂层的需要;③ 工艺方面,向机械化、自动化方向发展,如计算机控制、机械手操作等,以适应再制造产业化高效率、高稳定性的需求;④ 技术基础和应用基础方面,向喷涂涂层成形控制和性能控制等方向发展,以促进技术不断提升。

1.3.1 基于等离子喷涂技术的再制造

等离子喷涂技术始于 20 世纪 50 年代末期,是利用等离子弧对喷涂材料进行加热、加速,最终形成涂层的工艺方法,是热喷涂技术中热源温度最高、能量最集中的工艺方法,具有焰流温度高、射流速度快的特点,理论上可以喷涂所有具有物理熔点的材料。传统等离子喷涂技术可制备高熔点金属(W、Mo、Ta 等) 涂层、陶瓷涂层(Al_2O_3、ZrO_2 等),同时也用于放热反应型自黏结涂层($NiAl$、$AlNi$ 等复合粉末)的制备。在喷涂金属及其合金、金属陶瓷粉末时,涂层结合强度常低于 40 MPa,涂层孔隙率大于 3%,且多为拉应力状态,常用于对涂层结合强度要求较低的场合。

20 世纪 90 年代中期以来,超音速等离子喷涂技术的出现使等离子喷涂陶瓷涂层、金属及其合金涂层的结合强度、致密性等性能提高 1 倍以上;

另外,随着等离子喷涂技术的日益成熟及低压等离子喷涂技术 —— 薄涂层工艺的问世,等离子喷涂技术在制备纳米／亚微米结构涂层、薄涂层($5 \sim 50~\mu m$)、易氧化涂层(Fe 基、Al 基、Cu 基等)方面显示出独特的潜力。

目前,等离子喷涂技术多用于解决航空航天领域等高温零部件的修复再制造。基于以上技术工艺的发展,等离子喷涂技术不但更多地应用于金属零部件表面抗常温腐蚀、冲蚀、磨损的再制造,而且在新型热障涂层、固体氧化物燃料电池涂层、人工关节涂层、半导体绝缘涂层等领域也有着极大的应用前景。例如,采用等离子喷涂技术在航空发动机叶片、尾翼喷管等高温零件表面制备 $MCrAlY - Y_2O_3/ZrO_2$ 双层结构热障涂层修复后,零件的隔热性能比基体提高了 $50 \sim 100~℃$。近几年,韩志海等在超音速等离子喷涂技术制备微纳米结构热障涂层方面取得了重大进展,实现了陶瓷涂层片层结构内部微观柱状晶体的控制,进一步提高了涂层的隔热和抗热震性能,为航空航天发动机关键零部件再制造性能的进一步提升奠定了基础。

1.3.2 基于火焰喷涂技术的再制造

超音速火焰喷涂技术,是指利用气体或液体燃料,在高压大流量的氧气或空气助燃下形成高强度燃烧火焰,再通过特殊结构的喷管对这种高强度火焰进一步压缩、加速,使其达到超音速焰流,并以这种超音速焰流做热源加热、加速喷涂材料并形成涂层的工艺方法。

超音速火焰喷涂技术是在爆炸喷涂技术的基础上发展起来的一项新技术,由美国 Browning 公司在 20 世纪 80 年代初期最先研制成功。1982年以该技术制造的产品"Jet－Kote"是超音速火焰喷涂技术发展的第一代喷涂设备。超音速火焰喷涂技术发展至今,已经历了 3 代的发展。第三代超音速火焰喷涂系统以 1992 年研制成功的 JP－5000 型喷枪为标志,它采用液体燃料(煤油)为燃烧剂,火焰功率可达 $100 \sim 200~kW$,送粉速率可提高至 $6 \sim 8~kg/h$(WC－Co)。该系统具有非常高的喷涂速度(喷涂 $15 \sim 45~\mu m$ 的 WC－12Co 粒子速度达 $400 \sim 600~m/s$)和相对低的火焰温度($2~000 \sim 2~700~℃$),适合制备 WC－Co、NiCr－Cr_3C_2 等金属陶瓷材料涂层,以及低熔点的金属及其合金材料(Fe 基、Ni 基自熔性合金)涂层,涂层的耐磨性好,结合强度高(WC－Co 涂层结合强度大于 70 MPa)。

进入 21 世纪以后,出现了采用空气助燃的大气超音速火焰喷涂系统,其火焰温度更低($1~400 \sim 1~600~℃$)、粒子速度更快($700 \sim 800~m/s$),在制备 Cu 基、Al 基等易氧化材料涂层及 WC—Co、NiCr—Cr$_3$C$_2$等金属陶瓷涂层方面显示出独特的优势。而以 Metco 公司 WokaStar 600 系统为代表的新一代煤油超音速火焰喷涂系统则在喷枪稳定性方面取得了进展。

另外,针对超音速火焰喷涂技术不能制备传统的高熔点陶瓷材料涂层,一些公司也在积极研发适用于高速火焰喷涂技术的新型陶瓷材料,高速火焰喷涂技术在再制造中的应用领域得到进一步拓宽。目前,由于超音速火焰喷涂技术具有粒子速度快、结合强度高、厚成形好的特点,因此超音速火焰喷涂技术适用于各类大型磨损失效轴、辊的再制造,可广泛应用于航空航天、钢铁冶金、石油化工、造纸及生物医学等领域损伤部件的再制造。随着国家对环保要求越来越严格,传统的镀铬技术受到严重冲击,而采用喷涂技术替代镀铬技术获得了重大突破。Sartwll 等采用超音速火焰喷涂技术对磨损失效的波音 737 飞机起落架部件进行修复再制造。当喷涂材料选用 WC—Co、WC—CoCr 金属陶瓷时,修复后涂层的硬度比原镀铬层高出 50%,再制造后的起落架在使用寿命、经济效益方面比传统的镀铬工艺成效更显著。

1.3.3　基于高速电弧喷涂技术的再制造

高速电弧喷涂技术是 20 世纪 90 年代研制成功的热喷涂技术,它利用气体动力学原理,将高压空气或高温燃气通过特殊设计的喷嘴加速后,作为电弧喷涂的高速雾化气流来加速和雾化熔融金属,将雾化粒子高速喷射到工件表面形成致密涂层。近年来,高速电弧喷涂技术已经取得了较快的发展,尤其是新型喷枪和逆变喷涂电源的不断研发,使该技术工艺稳定、可靠。喷涂材料也取得了长足的进步,就丝材形式而言,有实芯丝材和粉芯丝材;就材料性能而言,有防腐类丝材、不锈钢类丝材、自黏结底层丝材、耐高温氧化丝材、耐硫化腐蚀丝材、耐冲蚀类丝材、高硬度耐磨丝材、防滑丝材及多种性能的复合丝材等。

高速电弧喷涂技术作为再制造工程的关键技术之一,具有以下显著特点:

(1)效率高、成本低。例如,高速电弧喷涂的粒子速度可达 100 m/s 以上,涂层致密度和结合强度略低于等离子喷涂技术和超音速火焰喷涂技术,但与二者相比,高速电弧喷涂技术的最大优势是效率高、成本低。例如,喷涂碳钢丝时送粉速率可达 16 kg/h,相当于粉末火焰喷涂和等离子喷涂的 4 倍以上,成本却不到等离子喷涂的 1/5。

(2)涂层厚度大、零件尺寸限制少。由于高速电弧喷涂的沉积效率非常高,涂层的厚度可从几百微米到厘米量级,因此工程应用选择灵活性大,在零件的外表面及约 200 mm 以上孔径的内孔部位都可沉积涂层,尤其是在大型工件磨损、变形工件尺寸恢复方面应用空间广阔。

(3)应用领域广。高速电弧喷涂技术可以赋予零件耐高温、防腐蚀、耐磨损、抗疲劳、防辐射等性能。在恢复零部件产品的磨损、腐蚀失效尺寸的同时,可有效提升产品的表面性能。

目前,高速电弧喷涂技术已在装备发动机、石油化工、矿山机械和电力行业传动部件及结构件的修复与再制造等方面得到了一定的应用,而且效果显著。例如,采用高速电弧喷涂技术制备 45CT、SL30、FeAl 金属间化合物耐高温、耐腐蚀和耐磨损的复合涂层,对损伤工件进行修复再制造。结果表明,使用 FeAl—Cr_3C_2 喷涂丝材,采用自动化高速电弧喷涂技术制备了具有优异抗热腐蚀与冲蚀性能的复合涂层,涂层中生成的 Fe_3Al 和 FeAl 金属间化合物抗热腐蚀性能优异,Cr_3C_2 颗粒弥散分布于涂层中,起到了硬质相的抗冲蚀强化效果。应用该技术对火电厂锅炉高温省煤器等管道进行了喷涂施工,结果表明,涂层的抗热腐蚀与冲蚀性能是工业高温用 20 钢的 2 倍以上,降低了电厂维护的成本,有效避免了爆管等事故的发生,并使资源得以二次利用。

除了上述 3 种热喷涂技术之外,其他热喷涂技术如普通火焰喷涂技术、燃气爆炸喷涂技术、电热爆炸喷涂技术等在再制造领域也得到了一定的研究和应用。

另外,热喷涂技术与其他表面技术的复合也是备受关注的,如先采用等离子或高速电弧热喷涂技术对损伤部位进行尺寸修复,再施以激光重熔的工艺使修复层和基体间形成冶金结合,该种复合工艺不但提高了结合强度,减小了孔隙率,而且比单一的激光熔覆工艺的效率要高。此外,还可以在其他表面工程技术再制造零件的基础上,再制备一层热喷涂涂层,进一步提升再制造产品的表面性能。例如,针对炼油厂烟气轮机叶片工况条件恶劣,承受腐蚀气体和多种硬质颗粒的冲蚀,损伤严重的问题,可采用激光熔覆技术恢复叶片几何尺寸和力学性能,再用等离子喷涂技术提高叶片的表面性能,可使再制造后的叶片使用寿命超过原型新品。

1.3.4　热喷涂技术在再制造领域的发展趋势

各种热喷涂技术已经历了多年的发展,并逐渐被市场所认可,在再制造工程领域已得到了不同程度的应用。随着国家战略性新兴产业 —— 再制造产业的发展,热喷涂技术作为再制造产品尺寸修复、性能提升的有效技术手段,将更多地应用于再制造领域。结合再制造产业的特点,应用于再制造领域的热喷涂技术将在以下几个方面得到发展和提高。

（1）加强各类热喷涂技术应用于再制造领域的适应性研究。当前，再制造企业在我国尚处于起步阶段，面对大量的损伤零部件还没有系统科学的技术工艺和解决方案。针对许多零部件的热喷涂再制造，还缺少全面的论证和系统的研究，许多企业和研究机构都是针对某种具体零部件的再制造需求，通过经验尝试某种热喷涂技术，若成功了就采用此技术，没有从技术性、环境性、经济性等方面综合考虑方案的合理性。这种模式不利于热喷涂技术在再制造领域的长久发展。随着大量损伤零件的修复需求的提出，需要科研院所和企业联合攻关，在对各种热喷涂技术原理和基本性能，以及各类型再制造零部件失效特征和性能要求等充分分析研究的基础上，展开系统全面的试验研究和理论分析，经过一定周期和一定规模的中试考核合格后，再确定科学合理的再制造技术方案。通过几年研究和应用试验，获得系统全面的各类热喷涂技术适应性解决方案。

（2）加强复合技术的研究和应用。复合技术包括热喷涂技术自身在材料、工艺及设备方面的复合研究，以及热喷涂技术和其他技术的复合研究，以适应再制造产品对技术的需求。目前，虽然已有较多关于高性能复合喷涂材料及新设备的文献报道，如新型体系设计的复合材料、纳米材料、非晶材料，但大多成熟度还不够，还需要不断完善。同时，也出现了热喷涂技术与其他如电磁感应加热、火焰重熔、激光熔覆等技术的复合，以解决再制造产品的性能要求。但此方面的研究还比较少，需要更多地从再制造产品生产效率、成本等方面综合考虑各类技术复合的合理性。

（3）加强热喷涂技术在高效率、规模化生产应用中的研究。一方面，目前许多热喷涂技术成果还仅处于实验室或小样本试验阶段，技术设备（特别是国产喷涂系统）长期不间断运转的可靠性、稳定性差。另一方面，目前多采用人工喷涂和低精度操作装置的作业手段，与未来高度产业化生产相差甚远，虽然有单位已开展了操作机和机器人自动喷涂系统方面的研究，但缺少过程监控和质量反馈控制技术的投入，产品质量稳定性仍需提高，尚不能将其投入到大规模生产中，不适于再制造规模化生产的需求。应通过加强稳定性、自动化和智能热喷涂技术的研究，提高生产效率、产品可靠性和产品质量，改善作业环境。

（4）加强热喷涂再制造技术标准、工艺规范等方面的研究。目前许多喷涂再制造技术的规范化程度不高，质量控制体系不健全。应加强各种热喷涂再制造技术标准的制定，规范热喷涂再制造工艺，加强管理，推动热喷涂技术在再制造领域的可持续发展。

第2章 热喷涂技术基础

2.1 热喷涂粒子在气流中的物理变化和化学变化

热喷涂包含着一系列复杂的物理变化和化学变化,喷涂材料在与基材接触之前,进入焰流的粉末粒子(或者是喷涂丝材形成的粒子)将经历一个很快的加速过程和强烈的加热过程。熔化的液体粒子可能会蒸发,导致其尺寸减小,金属粉末也将发生氧化。涂层的结构和性能在很大程度上取决于粉末粒子在飞行中发生的变化,对热喷涂焰流的认识及喷涂粒子和焰流的相互作用的理解,都需要人们掌握一些流体力学和化学工程方面的知识。喷涂过程控制参数复杂,影响因素众多并存在交互作用。因此为了提高涂层的性能,除了大量的试验探索分析之外,还需要对喷涂中的过程机理有一个深入的认识。借助数值模拟的方法对热喷涂过程进行仿真,能更加深入地理解焰流与粒子间的动量、热量交换过程,以及焰流和粒子飞行的热物理、流体力学机理,为提高涂层性能提供理论指导。

2.1.1 焰流和射流

1.数值模拟方法

计算流体动力学(Computational Fluid Dynamics,CFD)的方法是通过计算机数值计算和图像显示,对包含有流体流动和热传导等相关物理现象的系统所做的分析。计算流体动力学的基本思想可以归纳为:把原来在时间域及空间域上连续的物理量的场(如速度场和压力场),用一系列有限个离散点上的变量值的集合来代替,通过一定的原则和方式建立起关于这些离散点上场变量之间关系的代数方程组,然后求解代数方程组获得场变量的近似值。

解析法无法解出湍流的二维和三维的守恒方程,可以采用数值的方法求解。通过生成二维或三维网格进行离散处理,网格在靠近喷枪处可设计得细密些,大多数研究都会使用 CFD 之类的商业化软件,经常使用的软件有 CFX、STAR-CD、PHOENICS、ESTET 和 FLUENT 等。数值模拟的方法主要有直接数值模拟法、大涡模拟法和 Reynolds 时均方程法。

高速火焰喷涂喷管内的高温高速焰流是一种特殊状态的流体,其流动特性遵循流体的 3 个基本守恒定律,即质量守恒定律、动量守恒定律和能量守恒定律。

质量守恒方程为

$$\frac{\partial \rho_g}{\partial t} + \frac{\partial (\rho_g v_x)}{\partial x} + \frac{\partial (\rho_g v_y)}{\partial y} + \frac{\partial (\rho_g v_z)}{\partial z} = 0 \tag{2.1}$$

动量守恒方程为

$$\frac{\partial (\rho_g v_x)}{\partial t} + \mathrm{div}(\rho_g v_x v_x) = -\frac{\partial p_g}{\partial x} + \frac{\partial \tau_{xx}}{\partial x} + \frac{\partial \tau_{yx}}{\partial y} + \frac{\partial \tau_{zx}}{\partial z} + F_x \tag{2.2}$$

$$\frac{\partial (\rho_g v_y)}{\partial t} + \mathrm{div}(\rho_g v_y v_x) = -\frac{\partial p_g}{\partial y} + \frac{\partial \tau_{xy}}{\partial x} + \frac{\partial \tau_{yy}}{\partial y} + \frac{\partial \tau_{zy}}{\partial z} + F_y \tag{2.3}$$

$$\frac{\partial (\rho_g v_z)}{\partial t} + \mathrm{div}(\rho_g v_z v_x) = -\frac{\partial p_g}{\partial z} + \frac{\partial \tau_{xz}}{\partial x} + \frac{\partial \tau_{yz}}{\partial y} + \frac{\partial \tau_{zz}}{\partial z} + F_z \tag{2.4}$$

能量守恒方程为

$$\frac{\partial (\rho_g T_g)}{\partial t} + \frac{\partial (\rho_g v_x T_g)}{\partial x} + \frac{\partial (\rho_g v_y T_g)}{\partial y} + \frac{\partial (\rho_g v_z T_g)}{\partial z} =$$

$$\frac{\partial}{\partial x}\left(\frac{K}{c_{pg}}\frac{\partial T_g}{\partial x}\right) + \frac{\partial}{\partial y}\left(\frac{K}{c_{pg}}\frac{\partial T_g}{\partial y}\right) + \frac{\partial}{\partial z}\left(\frac{K}{c_{pg}}\frac{\partial T_g}{\partial z}\right) + S_T \tag{2.5}$$

式中　　ρ_g——焰流密度;

p_g——焰流的静压强;

v_x、v_y、v_z——焰流在 x、y、z 方向上的速度;

T_g——焰流温度;

F_x、F_y、F_z——焰流在 x、y、z 方向上受到的体积力;

τ_{xx}、τ_{yy}、τ_{zz}、τ_{xy}、τ_{zx}、τ_{zy}——气体黏性力;

K——总传热系数;

c_{pg}——焰流的比定压热容;

S_T——相关源项。

湍流由流体在流动域内随时间与空间的波动组成,是一个三维、非稳态且具有较大规模的复杂过程。流体的性质对湍流形式有很大影响,当流体惯性力相对黏性力不可忽略时,湍流就会发生。湍流模型主要包括:零方程模型、一方程模型、两方程模型(标准 $k-\varepsilon$ 模型、RNG $k-\varepsilon$ 模型和 Realizable $k-\varepsilon$ 模型)、Reynolds 应力模型和大涡模拟。建立和求解模型需选择正确的模型边界条件,边界条件的设置对求解的收敛性和结果的准确性有非常大的影响。常见的边界条件类型有入口、出口、开放式等边界条件。计算流体力学的本质是对控制方程所规定的区域进行离散或区域离散,在此之前需进行网格划分。计算网格按网格点之间的邻近关系可分为结构网格、非结构网格和混合网格。离散化方法主要有有限差分法、控制容积法和有限元法。离散格式对离散方程的求解方法及结果有很大影响。在有限体积法中,常用的空间离散格式主要包括中心差分格式、一阶迎风格式、二阶迎风格式和 QUICK 格式。

2. 焰流和射流的试验测量

热喷涂焰流和射流的一些性质可以用试验测量,如温度分布、速度分布、化学成分等。试验数据可以对模型计算的结果进行验证,特别是对喷涂粒子在飞行过程中的速度和温度分布的验证。

目前,大多数研究者采用商业化的传感器实时测量粒子的速度、温度和大小。在喷枪不同轴向位置安装取样的探头可以测量焰流或射流的化学成分,气体试样的化学成分可以利用质谱仪等仪器,采用化学分析的方法进行分析。

热喷涂监测设备通过电荷耦合元件(Charge Coupled Device,CCD)图像处理技术,可对飞行粒子的速度和温度进行探测。其中对飞行粒子速度测量的原理是通过高速摄像法实现的,即电荷耦合元件相机对测量区域进行高速摄像以获得某一曝光时间内飞行粒子的轨道信息,再通过对比分析粒子的对比度和亮度来计算飞行粒子的速度和流量大小。热喷涂在线监测设备工作原理图如图 2.1 所示。利用热喷涂监测设备测量飞行粒子温度原理是由飞行粒子辐射出来的光通过电荷耦合元件探测器内的两个光学滤色镜片,再通过对比分析飞行粒子在两种波长范围内的发光强度,最终计算出喷涂粒子的温度。测量时,喷嘴轴线与电荷耦合元件相机摄像头

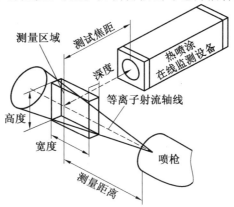

图2.1　热喷涂在线监测设备工作原理图

中心轴线保持 90° 夹角,电荷耦合元件相机摄像头与喷嘴的轴线保持一定距离,不同位置处飞行粒子的温度和速度通过移动喷枪位置来测量。

2.1.2 喷涂粒子与焰流和射流的动量传输

1. 粒子的加速

气流对固体粒子的加速可以根据气固两相粒子的流体作用进行考虑。粒子在气流中的运动模型示意图如图 2.2 所示,设有速度均匀的气流,其速度为 v_g、密度为 ρ_g,在气流中的粒子直径为 d_p、密度为 ρ_p、沿气流方向的运动速度为 v_p,当忽略粒子的重力等其他作用力时,气流对粒子的作用主要为拖曳力。

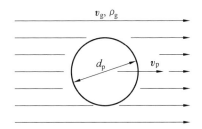

图2.2 粒子在气流中的运动模型示意图

在上述条件下,拖曳力 F_d 为

$$F_d = \frac{1}{2} C_d S \rho_g (v_g - v_p) \mid (v_g - v_p) \mid \tag{2.6}$$

式中 C_d—— 阻力系数,取决于雷诺数(Re)的大小,$Re = C_d(v_g - v_p)\rho_g/\eta_g$,其中,$\eta_g$ 为气体的黏度;

S—— 粒子截面面积,$S = \pi d^2/4$。

根据牛顿运动定律,则有

$$m_p \frac{dv_p}{dt} = F_d \tag{2.7}$$

由 $\dfrac{S}{m_p} = \dfrac{3}{2d_p\rho_p}$,得

$$\frac{dv_p}{dt} = \frac{3C_d\rho_g}{4d_p\rho_p}(v_g - v_p) \mid (v_g - v_p) \mid \tag{2.8}$$

式(2.8)变形后可得

$$\frac{dv_p}{dx} = \frac{3C_d\rho_g}{4d_p\rho_p v_p}(v_g - v_p) \mid (v_g - v_p) \mid \tag{2.9}$$

式(2.8)和式(2.9)即为球形粒子在气流中的加速方程。值得注意的

是,一般气流速度为粒子运动轨迹的函数,同时,粒子在运动过程中因速度的变化引起拖曳系数的变化,因此,在已知加速气流速度规律时,需要通过逐次计算获得粒子的速度。为了表征拖曳力与粒子加速度的方向,对拖曳力与加速方程的气流和粒子的相对速度进行了表达,这意味着当粒子的加速度使其速度超过气流速度时,气流对粒子将产生与运动方向相反的拖曳力,从而使粒子做减速运动。

由式(2.8)和式(2.9)可知,影响粒子在气流中的加速度的主要因素有气流速度及其分布,粒子的大小和密度,加速气体的黏度对粒子的加速度也有一定的影响。粒子的加速度与气流速度和粒子速度差的平方成正比,与粒子的直径和密度成反比。因此,增加热源气流的速度可有效提高粒子的速度。材料种类不同,密度将不同,粒子加速度也不同。一般氧化物陶瓷的密度比金属小,在热喷涂中容易获得高速度。粒子直径与密度之积又可看作粒子的惯性,故粒子惯性越大,加速度越小。

等离子焰流的温度分布和速度分布如图 2.3 所示。从图 2.3 所示的典型等离子射流的速度分布可看出,一般射流速度以轴线对称分布,在喷枪出口处速度最大,随离出口距离的增加速度降低,且射流的径向速度梯度较大。为了使通过的等离子射流获得较大的加速度,需要将粒子送到等离子射流的中心位置,即粒子的运动轨迹沿离子轴线中心附近。近年来,已产业化的三阴极等离子及开发中的空心阴极等离子喷枪系统可以实现理想的粒子加速。此外,采用枪内送粉也可实现理想的粒子加速。

图 2.4 所示为 20 μm 的氧化铝粒子在不同气氛等离子射流中的加速特性。不同的工作气体产生的等离子的射流速度及其分布不同,粒子的加速特性也不同。在同样功率条件下,以氮气为主气的等离子比以氩气为主气的等离子,粒子的加速度大,获得的最高速度也大。同时,因等离子射流的速度随电弧功率的增大而增大,也将提高粒子的加速度与达到的最高速度。从图 2.4 所示结果还可以看出,氧化铝粒子在等离子射流中达到最高速度的位置随功率有所变化,一般在距喷枪出口 40 ~ 70 mm 处,粒子达到最高速度后随距离的增加速度逐渐减小。

粒子送入等离子射流的方式与速度对粒子的运动轨迹将产生影响。等离子喷涂一般采用枪外送粉与通过阳极喷嘴的枪内送粉两种方式进行,如图 2.5 所示。与枪外送粉方式相比,枪内送粉方式更容易将粉末送入等离子射流的中心部位。当采用枪外送粉时,粒子大小与由送粉气流速度决定的粒子初速度对粒子的轨迹将产生明显的影响,因此,实际喷涂时需要调整送粉载气的流量,应保证大部分粒子经过等离子射流的高速区。

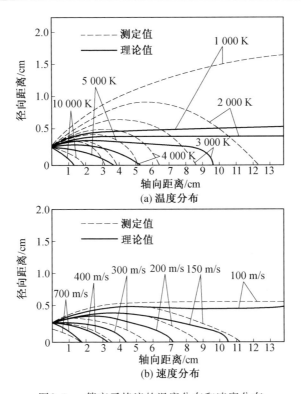

图2.3 等离子焰流的温度分布和速度分布

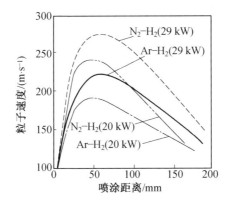

图2.4 20 μm 氧化铝粒子在不同气氛等
离子射流中的加速特性

当采用机械混合粉末制备涂层时,需要考虑因粒子材料的惯性不同出现的粒子运动轨迹的差异,即使混合非常均匀的粉末,沉积的涂层也会产生粒子分离而导致涂层组织不均匀的现象。采用金属陶瓷机械复合粉末

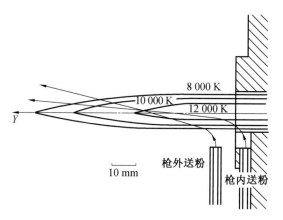

图2.5　枪外送粉与通过阳极喷嘴的枪内送粉示意图

制备复合涂层或梯度涂层时需要特别考虑这种现象。

　　另外,同时送入同一热源的不同材料因其热物理性能不同,将会在同一喷涂距离处出现熔化程度不同的现象。

2. 线材的雾化

　　当采用线材或棒材喷涂时,送入热源的材料端部首先会在热源的加热下熔化,然后在雾化气流或热源自身的高速气流作用下雾化成熔滴,随后在雾化气流的作用下加速,雾化条件决定粒子的尺寸。线材雾化示意图如图 2.6 所示,直径为 d_w 的线材端部熔化后将形成直径为 d 的熔滴,在速度为 v_g 的气流中,所受的力有表面张力 F_s、重力 F_w 和气流对熔滴的拖曳力(或气动力)F_d。

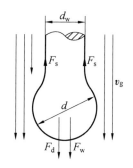

图2.6　线材雾化示意图

表面张力与拖曳力分别为

$$F_s = \sigma \pi d_w \tag{2.10}$$

式中　　σ —— 液体的表面张力。

$$F_d = \frac{1}{2} C_d A (v_g - v_0)^2 \rho_g \tag{2.11}$$

式中 v_0—— 轴向送丝速度。

因此,形成熔滴的条件为

$$F_d + F_w \geqslant F_s \tag{2.12}$$

由于 F_w 相对较小,可以忽略不计,式(2.12)可简化为

$$F_d \geqslant F_s \tag{2.13}$$

考虑到 $v_0 \ll v_g$,则 v_0 忽略不计,由式(2.10)、式(2.11)和式(2.13)可得

$$d = \frac{1}{v_g} \sqrt{\frac{8\sigma d_w}{C_d \rho_g}} \tag{2.14}$$

式(2.14)近似给出了雾化参数对熔滴尺寸的影响。熔滴的尺寸随雾化气流速度的增加而减小,采用高速雾化气流可以获得尺寸细小的喷涂粒子。由于液滴的表面张力随熔滴温度的增加呈指数减小,因此,熔滴过热温度的增加可以降低熔滴尺寸。其次,熔滴的尺寸与线材直径的平方根成正比,随直径的减小而减小。但是,随着雾化气流速度的增加,可能使线材端部呈现笔尖形,实际的有效直径小于线材直径,因此,理论估算的雾化熔滴的尺寸可能比实际测量尺寸大。

2.1.3 喷涂粒子与焰流和射流的热交换

在温度为 T_g 的气流中,设球形粒子的直径为 d_p,温度为 T_p,在 dt 时间内气流传给粒子的热量为 dQ,则根据对流换热规律有

$$dQ = hA(T_g - T_p)dt \tag{2.15}$$

式中 h—— 气体与粒子的换热系数;

A—— 粒子表面积,$A = \pi d_p^2$。

设粒子的热导率较高,在 dt 时间内将热量 dQ 均匀传入粒子内部使其产生 dT_p 的平均温升,则有

$$dQ = \frac{\pi}{6} d_p^3 \rho_p c_p dT_p \tag{2.16}$$

式中 c_p—— 粒子的比热容。

由式(2.15)与式(2.16)可得

$$\frac{dT_p}{dt} = \frac{6h}{\rho_p c_p d_p}(T_g - T_p) = \frac{6Nu\lambda_g}{\rho_p c_p d_p^2}(T_g - T_p) \tag{2.17}$$

式中 λ_g—— 气体的热导率;

Nu——努塞尔数，为热传导热阻与界面换热热阻之比，即

$$Nu = \frac{h d_p}{\lambda_g} = 2 + 0.6 Pr^{1/3} Re^{1/2} \tag{2.18}$$

其中　　Re——雷诺数；

　　　　Pr——普朗特数，$Pr = c_g \eta_g / \lambda_g \approx 1$，且

$$Re = \frac{\rho_g v_p d_p}{\eta_g} \tag{2.19}$$

其中　　c_g——气体的比热容；

　　　　η_g——气体的黏度；

　　　　v_p——粒子与气体的相对速度；

　　　　ρ_g——气流密度。

当不考虑对流对热传导的影响时，$Nu = 2$。

实际上式（2.17）表示不考虑粒子内部的热传导特性，而假定 dQ 的热量在 dt 内使整个粒子温度升高 dT_p 的情况。只有当粒子的热导率很大，瞬时将热量传递给粒子而温度梯度很小时，式（2.17）才有效。这种情况称为等温粒子模型。对于金属粒子或粒子尺寸小于 20 μm 的陶瓷粒子，一般可以按上述等温粒子考虑。而当粒子尺寸较大特别是热扩散率较小的材料，粒子的加热应考虑粒子内部的热传导。

式（2.17）给出了影响粒子加热速度的因素，加热速度随着气体温度和热导率的增加而增加，而与粒子的容积比热容和直径的平方成反比。除上述因素，还需注意对于粉末材料，由于粒子的加速和加热同时进行，速度的增加将会缩短粒子在热源中的停留时间即加热时间，而不利于粒子的加热熔化，因此对于同一热源，粒子的加热和加速的要求具有一定的矛盾性，需要合理的加热与加速的配合，对于等离子与普通火焰喷涂一般应保证粒子达到完全熔化的情况下再来提高粒子的速度。

考虑粒子内部温度梯度时的粒子加热模型如图 2.7 所示。数学模型由以下微分方程给出，通过数值求解微分方程可以了解粒子的加热与熔化特性。

$$\frac{1}{r} \frac{\partial}{\partial r}\left(\lambda_p r^2 \frac{\partial T}{\partial r}\right) = \rho_p c_p \frac{\partial T}{\partial t} \tag{2.20}$$

$$Q = h \pi d_p^2 (T_g - T_{ps}) - \pi d_p^2 \varepsilon \sigma_s (T_{ps}^4 - T_g^4) \tag{2.21}$$

$$\left(\frac{\partial T}{\partial t}\right)_{rm} = \frac{1}{\rho_1 \Delta H_m}\left[\lambda_{p1}\left(\frac{\partial T}{\partial r}\right)_{rm} - \lambda_{ps}\left(\frac{\partial T}{\partial r}\right)_{rm}\right] \tag{2.22}$$

式中　　r——粒子心部固相半径；

T_{ps}—— 粒子表面温度；

T_g—— 气体温度；

ΔH_m—— 熔化潜热；

σ_s—— 斯忒藩 － 玻耳兹曼常数；

λ_{p1}—— 液体热导率；

λ_{ps}—— 固体热导率；

Q—— 输入粒子的热量。

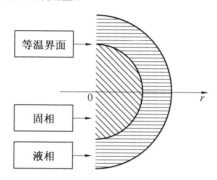

图2.7　考虑粒子内部温度梯度时的粒子加热模型

2.1.4　喷涂粒子飞行中的化学变化

化学成分的变化主要取决于喷涂时工作气体的焰流和射流的性质,包括高的温度和化学活性。

高温会使进入气流中的粒子发生熔化或者蒸发。蒸发过程中由于选择性汽化现象而粒子成分会发生改变。在大气等离子喷涂 $YBa_2Cu_4O_x$ 材料时观察到这种效应,涂层中的成分为 $YBa_2Cu_3O_{5.6}$。喷涂过程中,CuO的蒸发要比 BaO 和 Y_2O_3 剧烈得多,因此,采用过量的 CuO 以获得同样成分的喷涂涂层,对于洁净的表面,分子的蒸发强度 $dN/dt(S)$ 可以通过赫兹 － 克努森公式表达:

$$\frac{dN}{dt(S)} = (2\pi\mu kT)^{-0.5}(p^* - p) \tag{2.23}$$

式中　p^*—— 蒸气压,是元素或化合物的性质,主要取决于择优蒸发的起始温度。

Lovelock 曾对脱碳反应进行了深入的研究,脱碳反应发生在碳化物的喷涂中,如 WC(通常是 Co 合金化或者团聚)。许多研究结果显示,等离子喷涂 WC－Co 时,相对原始粉末,涂层中 WC 脱碳(高达 $50\% \sim 66\%$)后形

成 W_2C 相。还原反应在许多复相陶瓷中出现,同样还在 ZrO_2、Cr_2O_3 或 TiO_2 涂层中观察到这一现象。

喷涂工艺中射流或焰流的化学活性源于工作气体。事实上,氮气或者碳氢化合物都具备一定的化学活性。但通常情况下,它们与喷涂材料的亲和力要远小于氧气。氧气(源于空气)通过焰流或射流与开放大气的紊流渗透至射流或焰流中,这种混合非常明显。根据 Fiszdon 等的研究,Ar 作为工作气体的体积分数在距离喷枪出口 34 mm 时就下降至 50%。喷涂粒子的氧化过程与时间相关,其氧化动力学,即初始质量的变化量 Δm 与时间 t 的关系,可以是两种基本的类型。① 线性,$\Delta m - t$,形成非连续氧化膜的碱性金属的特征;② 抛物线型,$\Delta m - t^{0.5}$,如 Fe、Ni、Cu 等形成连续氧化膜金属的特征。

根据喷涂粒子的速度和喷涂距离,可以估计粒子在焰流或射流中的停留时间是非常短暂的,范围从几分之一毫秒至略高于 1 ms。此外,在粒子周围高速气流的剪切力作用下,熔化粒子内液相会发生移动,如图 2.8 所示。

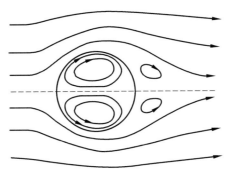

图2.8 在粒子周围高速气流剪切力的作用下熔化粒子
内部液相的流动方式

由于液体的流动经常性地带走表层氧化物使新的液相重新出现在粒子表面,新的液相又会重新被氧化,因此液体的对流运动使得粒子的相对氧化速率较高。不同研究者对氧化的研究,都强调本质上是很难区分粒子在飞行过程中的氧化及粒子撞击到基材后的再次氧化。

2.2 热喷涂涂层的形成机理

热喷涂技术是利用热源将喷涂材料加热至熔融或半熔融状态,并以一定的速度喷射沉积到经过预处理的基体表面形成涂层的方法。

2.2.1 粒子的撞击

热喷涂涂层形成时,喷涂材料是呈雾状从喷嘴喷向工件的。粉末材料加热后可以直接喷出。丝材须先经加热熔化,再由气流喷射成雾状,然后从喷嘴喷出。用粉粒材料喷涂时,粉粒从喷嘴喷出后要通过热源加热到熔融或呈塑性状态,同时被加速,以高速喷向工件形成涂层。

熔融或呈塑性状态的圆形粒子喷射到工件表面因受阻变形而呈扁平状。最先喷射到工件表面的粒子与工件表面凸凹不平处产生机械结合,随后飞来的粒子打在先前到达工件表面的粒子上,也同样变形并与先前到达的粒子互相咬合,形成机械式的结合,这种现象称为抛锚效应。大量粒子在工件表面互相挤嵌堆积起来,就形成了热喷涂涂层。

热喷涂涂层的形成过程包括以下 3 个瞬间相连环节:

(1)固态涂材熔融环节。通过不同的热源设备和加热手段,使喷涂材料快速成为液状或熔融状。

(2)液态涂材雾化环节。利用高速喷射气流,使液状或熔融状的材料雾化细化为微小粒子,粒子大小为数十微米到数百微米不等。

(3)固化形成涂层环节。将液态或熔融状粒子喷涂到经过预处理的基体材料表面上固化,最终形成涂层。

在热喷涂过程中,高压气流通过特殊设计的喷枪,将熔化的金属丝材雾化成细小的熔滴,并高速喷射至基体表面形成涂层,该工艺过程是决定电弧喷涂快速成形涂层质量的前提条件。通常情况下,提高雾化气体的速度与流量会增加熔滴的飞行速度、减小熔滴的粒径,较高的熔滴沉积速度与较小的粒径会增加涂层的结合强度、减小孔隙率,最终提升成形涂层的质量。

2.2.2 热喷涂涂层的生长

1. 微观组织的特点

热喷涂涂层为典型的层状结构,与块体材料相比,其微观组织包括大量的孔隙和裂纹。McPherson 等把喷涂形成的孔隙分为粗大孔隙和细小孔隙,粗大孔隙是在沉积过程中产生的结构缺陷和由不完全填充造成的空隙形成的;细小孔隙是由涂层与基体的不完全接触,存在未逸出气体形成的,尺寸为 $0.02 \sim 0.2~\mu m$。涂层的失效主要是由粗大孔隙造成的。Fukumoto 等的研究发现,粗大孔隙产生于凝固过程中,由于液滴和基体的热膨胀系数不匹配,形成拉应力,在垂直于基体表面方向将孔隙延伸为粗大裂纹,穿过几个薄层厚度的裂纹称为垂直于基体的分割裂纹,这种裂纹多产生于较厚涂层和基体温度较高的涂层中。平行于基体表面的层间裂纹是结合强度不好造成的。提高液滴的速度和温度,对基体进行预热处理,将降低涂层孔隙率,形成致密涂层。

2. 基体状态对涂层组织的影响

涂层与预热基体的结合强度比不预热基体高两倍,层间裂纹由于热基体允许晶粒穿过层间垂直于基体方向长大而减少,显著改善了涂层的组织形貌。Li 的研究也表明,对基体进行预热再进行喷涂可抑制飞溅。Zagorski 等的研究表明,基体温度升高能提高金属液滴的展平性能,降低孔隙率。Friis 等的研究认为,液滴存在过冷现象,凝固时由于熔化潜热导致形成透镜状扁平粒子,出现不规则的形状是由于凝固中断了液滴的展平。通过研究基体温度对液滴撞击基体表面形成扁平粒子状态的影响,发现存在一个窄的温度区域,称为过渡温度,在这个温度范围形状发生改变。温度高于过渡温度,液滴可以形成薄的透镜形扁平粒子,飞溅很少。液滴和基体的温度高,则其凝固的时间较长,变形充分。尽管液滴具有很快的冷却速度,当其撞击在热的基体上时,仍能保持液滴变形过程中的液体状态,飞溅小,充分变形形成盘状粒子。

熔融液滴润湿性对涂层形成有较大的影响。Amada 等通过测量在空气和真空中几种熔融粒子喷向基体的接触角,比较自由下落液滴的试验数据发现,粗糙基体有助于润湿性的提高,增加液滴的展平性能,降低孔隙率,提高涂层的结合强度和力学性能。

3. 孔隙率的控制

喷枪喷涂的角度变小,基体表面粗糙度过大都会使沉积粒子不能完全填充不规则的表面,增大了孔隙率。进一步的研究表明,液滴的速度和温度的增加,都能增加液滴的动能、降低液滴的黏度和增加液滴的展平性能,可控制小孔隙的产生,而基体温度和喷涂的角度则对纵向裂纹和分层裂纹影响较大。

Li 等采用均匀化设计法试验研究发现,沉积效率和孔隙率之间、沉积效率和显微硬度之间、孔隙率和显微硬度之间具有强线性关系。试验通过降低喷涂气体中的 Ar 体积分数及增加 H_2 的体积分数,提高喂料速度,结果发现沉积效率提高,孔隙率降低及显微硬度增加。

2.2.3　热喷涂涂层的微观结构

热喷涂涂层是大量合金金属粒子在工件表面互相挤嵌堆积起来的,其显微结构是大体平行的不均匀的叠层状组织,疏松多孔,孔隙率高者可达25％。基体在喷涂过程中受热不多,升温不高,其组织一般不会发生变化。喷涂涂层与基体之间及喷涂涂层中粒子之间主要是通过镶嵌、咬合、填塞这种机械形式连接,其次是微区冶金结合和化学键结合。也就是说,喷涂涂层与零件基材之间的组织连接,主要是在喷涂材料热熔状态下的机械性结合,这是热喷涂技术最基本的特征。

需要说明的是,关于涂层与基体之间的结合机理还处在研究之中,目前还没有十分统一的观点。虽然坚持"机械结合"的观点居多,但是"化学吸附""化学键结合""冶金结合""物理吸附"等观点也有一定的代表性。

在自熔性合金粉末,尤其是放热性自黏结复合粉末问世以后,出现了喷涂涂层与基体之间及喷涂涂层粒子之间的微区冶金结合的组织,使结合强度明显提高。

喷焊(熔)接头的组织,与喷涂涂层相比有所不同,其为致密的金属组织。与喷涂不同,喷焊时由于氧－乙炔火焰加热速度慢等原因,母材表面与熔融涂层直接接触,受热较多并有一薄层熔化,两种材料相互扩散而形成一薄层表面合金,其厚度为 $60 \sim 100~\mu m$,把涂层和母材牢固地结合在一起,其作用类似钎焊。这种结合是一种冶金结合,比喷涂涂层牢固得多,所获得的这种涂层就是喷焊层。熔合线附近因温度接近熔点,故会有过热组织出现。当工艺参数正常时,对性能没有明显影响。

2.3　热喷涂涂层与基体的结合机制

2.3.1　热喷涂过程中粒子形态变化

扁平粒子是形成热喷涂涂层的基体单元,单个粒子的扁平化行为,特别是单个粒子与基体间的相互作用决定了涂层与基体的结合。

1. 热喷涂粒子扁平形态分析

目前,多数热喷涂扁平粒子的试验研究比较集中于热喷涂扁平粒子形态的观察与分析上。普遍认为,喷涂扁平粒子主要呈溅射状与圆盘状两种形态。扁平粒子形态与涂层的结合强度的对应关系如图 2.9 所示。升高基体温度会促使扁平粒子形态从溅射状向圆盘状转变,随着基体温度的升

高,涂层的结合强度也在逐渐增大。对于产生扁平粒子形态差异的原因,较认可的有以下几种观点:

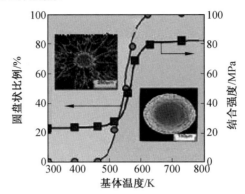

图2.9 扁平粒子形态与涂层的结合强度的对应关系

（1）基体表面吸附物的影响。放置在空气中的金属基体表面不可避免地会黏附一些吸附物（如水等）。李长久认为,金属基体的吸附物是引起喷涂粒子发生飞溅的重要原因。当高温粒子撞击到基体表面上后,基体表面的吸附物解吸附产生气体,并会在撞击粒子的压力下从表面逸出,促使粒子发生飞溅。而当基体初始温度较高时,基体表面的吸附物就会提前发生解吸附作用从表面逸出,因此,撞击粒子就会表现为圆盘状。Jiang 等通过试验有力地证明了这一点。由基体表面吸附物诱发粒子飞溅的推测,目前已得到了热喷涂行业的普遍认可。

（2）粒子－基体界面润湿性的影响。当粒子与基体间的接触界面的润湿角较小时,利于熔融态粒子的铺展,使得粒子更容易以圆盘状沉积。

（3）熔滴凝固的影响。一些研究结果表明,粒子在基体上铺展过程中的熔滴凝固是造成粒子飞溅的重要原因。在基体预热温度较低的情况下,熔滴与基体碰撞接触后,熔滴的中心部位发生快速凝固,而其他区域凝固较慢,熔融流体的不稳定性形成溅射,而对基体进行适当的预热,可以降低扁平粒子的冷却速率,阻碍熔滴的局部快速凝固,从而抑制扁平粒子的飞溅。

2. 热喷涂粒子－基体界面微观组织研究

对热喷涂扁平粒子形态的观察,可以间接地推测形成扁平粒子的形成过程。而热喷涂粒子－基体界面的微观组织更直观地反映了单个熔滴与基体间的相互作用结果,这方面的研究有助于揭示热喷涂涂层的结合机制。

由于热喷涂粒子尺寸太小,对热喷涂单个粒子－基体界面组织的现有研究结果并不充分,因此可以肯定的是,界面组织及结合状况与熔滴材料、基体材料及粒子与基体间的界面接触状况等因素是密切关联的。

3. 热喷涂粒子－基体界面结合性能评定

单个扁平粒子与基体间界面的结合性能可作为涂层与基体界面质量的重要指标。然而,由于热喷涂单个粒子非常小(几十微米),这给热喷涂粒子与基体结合性能的评定带来了困难。到目前为止,仅有为数不多的研究者进行了这方面的尝试。

Chromik 等结合微刮擦测试装置,自制了半圆形推头,采用微剪切的测试方法,测试了单个 Ti 粒子和 Ti 板与 Ti 涂层间的结合强度。Guetta 等运用非接触式的激光冲击的方法,用不同强度的激光冲击沉积有扁平粒子的基体背面,同时观察扁平粒子的脱落情况,记录下扁平粒子从基体表面脱落时的阈值,据此计算出扁平粒子与基体间的结合强度。

这些方法为评定热喷涂扁平粒子与基体间界面结合强度提供了一些思路,然而如何推广到热喷涂涂层的分析中还有很长的路要走。

2.3.2　毫米级粒子形态变化的试验研究

热喷涂形成的单个熔滴直径为 $10 \sim 120~\mu m$,熔滴撞击基体的速度为 $100 \sim 1~000$ m/s,这使得单个熔滴的扁平化过程作用时间极为短暂,为 $10 \sim 20~\mu s$,作用尺度也较小(小于 1 mm),很难直接进行观察。根据雷诺数(Re)或韦伯数(We)的相似性原则,采用低速毫米级熔滴的撞击试验来模拟热喷涂熔滴,是众多热喷涂研究者常用的手段。

1. 毫米级粒子表面形态研究

20 世纪六七十年代,КУДИНОВ 已发表了关于毫米级粒子撞击的报道;20 世纪 90 年代,Fukumoto 设计了毫米级粒子自由下坠装置,如图2.10所示,该装置采用高频加热设备熔化金属丝材产生熔滴,利用高速摄影装置观察粒子撞击到基体表面的扁平化、铺展过程。他们采用这种方法揭示了毫米级高温金属熔滴(如 Cu、Ni)在不锈钢基体表面的扁平化、铺展过程,结果显示所形成的扁平粒子也主要呈现圆盘状与溅射状两种形态,且随着基体温度的升高,扁平粒子的形态也有从溅射状向圆盘状转变的倾向,如图 2.11 所示,这在一定程度上说明了毫米级粒子的形成与热喷涂粒子的情况可能是类似的。因此,一些研究者试图研究毫米级粒子的扁平行为,来揭示热喷涂扁平粒子的形成机理。

在毫米级粒子的模拟试验研究中,大部分研究结果都是基于等雷诺数

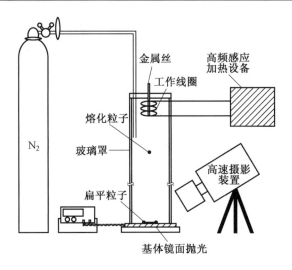

图2.10　毫米级粒子自由下坠装置

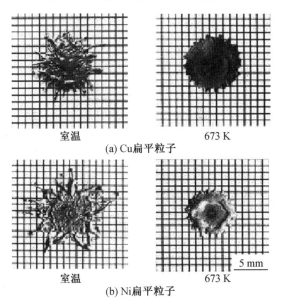

(a) Cu扁平粒子

(b) Ni扁平粒子

图2.11　在不同基体温度下毫米级扁平粒子(Cu 和 Ni) 的表面形貌

的原则,粒子撞击速度较小(小于 5 m/s),这会导致粒子的韦伯数远远小于实际的热喷涂粒子。近年来,Vardelle 等改进了毫米级粒子自由下坠装置,如图 2.12 所示,其利用提高粒子的撞击速度的方法,来保证毫米级粒子与热喷涂粒子具有相同的韦伯数。他们设计的装置,采用电弧加热的方式熔化材料产生熔滴,当熔滴下落到探测器所在的位置时,推进装置推动基体快速地向上运动,这样可以提高粒子撞击基体的速度。他们采用这种试验手段,比较了同韦伯数的毫米级粒子以及热喷涂氧化铝粒子在不锈钢基体表面的铺展行为,发现室温基体上的扁平粒子发生明显的飞溅,溅射粒子平行于基体表面且互相成一定角度,这与热喷涂扁平粒子的表面形貌更为接近,如图2.13所示。此外,他们还发现基体温度升高后,扁平粒子飞溅得到明显抑制,这也与热喷涂扁平粒子的行为非常相似。

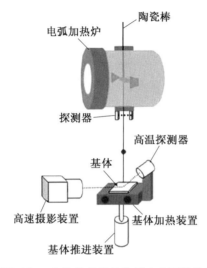

图2.12 改进的毫米级粒子自由下坠装置

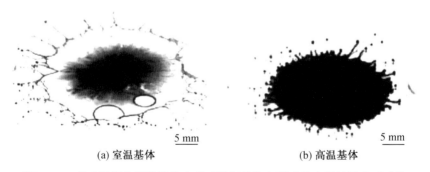

(a) 室温基体 (b) 高温基体

图2.13 毫米级氧化铝熔滴撞击到不锈钢基体上形成的扁平粒子表面形貌

2. 毫米级粒子－基体界面微观组织研究

对毫米级粒子－基体界面的微观组织的分析也有助于解释扁平粒子形态的差异。Fukumoto等在对不锈钢基体上形成的毫米级Cu扁平粒子截面形貌的分析中,发现室温基体上的扁平粒子内部由大量的各向同性的粗晶粒组成,而沉积在高温基体上的扁平粒子内部由细小的针状晶粒组成,如图 2.14 所示。这说明,室温基体上的扁平粒子凝固速率大于高温基体上的扁平粒子凝固速度,并且在撞击粒子铺展过程的观察中发现,室温基体表面的 Cu 扁平粒子铺展速度较快。因此,可认为此时边缘区域的液态粒子快速凝固,阻碍液态粒子的铺展,引起粒子的飞溅。当基体温度较高时,粒子的凝固速度变慢且铺展速度降低,这将促使粒子均匀凝固,从而抑制飞溅现象的发生。

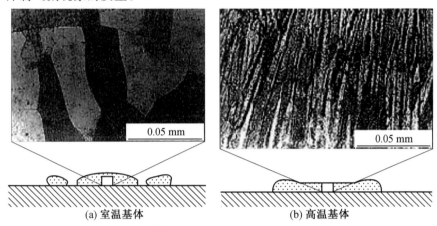

(a) 室温基体　　　　　　　　　　　(b) 高温基体

图2.14　304L 基体上形成的毫米级 Cu 粒子的截面微观组织

尽管毫米级粒子的扁平行为与热喷涂粒子的扁平行为有很多相似之处,但也存在一定的区别。试验发现,毫米级粒子与基体的界面处气孔较少,而热喷涂粒子与基体界面处气孔等缺陷较多,其原因在于大粒子的铺展时间远远高于热喷涂粒子的铺展时间,如热喷涂 Mo 熔滴在室温时镍合金基体上的铺展时间约为 $0.5~\mu s$,而热喷涂 5 mm 的 Al_2O_3 熔滴在不锈钢基体上的铺展时间约为 1.8 ms,后者将更利于基体表面吸附气体的逸出,这种机理可以解释两种体系中粒子与基体间界面微观组织及结合状况的差异。然而,由于它们的扁平行为存在很多相似之处,因此对于毫米级粒子的形成及其与基体相互作用的研究,对于分析热喷涂过程中扁平粒子的形成仍有一定的借鉴和指导意义。

2.3.3　粒子扁平行为的数值模拟

扁平粒子的形成一方面与撞击粒子的速度、温度、性能有关,另一方面与基体的温度、表面化学状态及性能等多个变量有关,而且在粒子的扁平化过程中包含有粒子的变形、铺展、凝固等过程,有时还会发生基体的熔化再凝固等物理现象。对于热喷涂来说,这几个过程在微秒级时间内完成,很难通过试验直接研究,因此,基于数值仿真的手段也被大量用来研究粒子的扁平行为。许多试验研究表明,粒子在喷涂过程中的铺展时间较之于凝固时间短一个数量级,因此可认为粒子的沉积是一个先扁平后凝固的过程。

1. 粒子的铺展行为研究

在熔化粒子撞击、铺展的初始阶段由于时间非常短暂,可认为是一个绝热过程,粒子以流体变形为主导。熔滴扁平铺展过程示意图如图 2.15所示,其扁平铺展的程度主要与粒子的撞击速度、黏度、表面张力等因素有关。

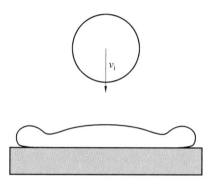

图2.15 熔滴扁平铺展过程示意图

许多研究者模拟了熔滴的变形过程,如 Harlow 等采用 MAC 有限差分的方法,模拟了液滴撞击到基体表面的铺展过程。在模型的流体控制方程中忽略了表面张力及黏度的影响,结果表明,粒子的动能是控制粒子撞击铺展的主导因素,这可适用于液滴碰撞的初始阶段。近年来,Eggers 等将表面张力的影响耦合到体积力中,综合考虑了撞击速度、表面张力及黏度等因素的影响,认为液滴撞击的初始阶段主要受液滴动能的主导,迅速地在基体表面铺展,随后形成薄层,它的厚度主要跟液滴黏度有关,随着铺展过程的进行,液滴的表面张力还会促使边缘流体发生回缩。

上述研究工作主要针对纯液态粒子,当高温熔滴撞击到基体表面铺展时,通常还会伴随着热传导过程的进行,熔滴的传热、凝固过程会直接影响到形成的扁平粒子与基体间的界面组织及结合性能。因此,对于高温熔滴传热过程的分析显得尤为重要。

2. 粒子的传热过程研究

在不考虑熔滴扁平铺展的情况下,针对粒子的传热过程,可建立熔滴传热模型,如图 2.16 所示。传热过程包括粒子向基体的传热、粒子的凝固及基体的熔化再凝固等过程。

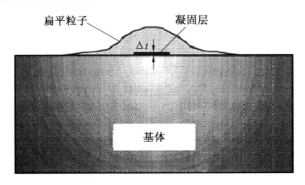

图2.16　熔滴传热模型示意图

　　根据能量守恒定律,进入单元体的总热流量与单元体的内热源生成热之和应等于流出单元体的总热流量与单元体热力学内能增量之和。

　　当熔融粒子撞击到基体表面时,由于基体表面粗糙程度、熔融粒子的润湿程度、基体表面的杂质吸附物等,凝固的粒子和基体间难以获得理想的热接触,通常采用界面接触热阻来描述粒子与基体之间的热接触。采用这种方法处理熔滴的凝固问题时,需要使用移动网格跟踪凝固界面的变化。因此,一些研究者采用热焓法来处理相变的问题。采用焓代替温度作为能量控制方程的变量,将潜热释放带来的影响耦合到材料的焓中,然后根据热焓法,对热传导方程进行修正,这样可以方便地采用固定网格的方法进行数值仿真。

2.4　热喷涂气体动力学基础

2.4.1　局域声速

　　在处理与热喷涂过程机理有关的气体动力学问题时常遇到描述喷射气流(包括燃气流、等离子气流、焰流等)速度的问题,且常与声速做比较,如喷射气流的速度达到声速、超音速或是亚声速。

　　声速是微弱扰动波在介质中传播的速度。按气体动力学理论,在弹性媒质中扰动波的传播速度 a 即是声速。这里所指的弹性媒质可以是固体、液体、气体或离子体(物质的 4 种状态)。在气体介质中扰动波的传播速度,即声速 a 为

$$a = (\mathrm{d}p/\mathrm{d}\rho)^{1/2} \tag{2.24}$$

式中 p—— 气体的压强；

ρ—— 气体的密度。

由式（2.24）可知，气体中的声速与单位密度的改变所需的压力改变相关。单位密度的改变所需的压力改变越小，气体越容易被压缩，声速越小。

扰动波在介质中传播引起的温度变化很小，压力和密度的关系可以用等熵或绝热方程表达，即

$$pv^{\gamma} = p/\rho^{\gamma} = C \qquad (2.25)$$

式中 γ—— 理想气体的等熵指数，$\gamma = c_p/c_V$，其中 c_p 为比定压热容，c_V 为比定容热容；双原子气体（包括空气）$\gamma = 1.4$，单原子气体 $\gamma = 1.66$，多原子气体（包括热蒸气）$\gamma = 1.33$，干蒸气 $\gamma = 1.135$；

v—— 气体比体积；

C—— 常数。

由式（2.25）可知，$p = C\rho^{\gamma}$，对其两边取微分得

$$\mathrm{d}p = C\gamma\rho^{\gamma-1}\,\mathrm{d}\rho,$$
$$\mathrm{d}p/\mathrm{d}\rho = C\gamma\rho^{\gamma-1} = (p/\rho^{\gamma})\gamma\rho^{\gamma-1} = \gamma p/\rho \qquad (2.26)$$

由理想气体方程：$pV = p/\rho = RT$，R 是气体常数，$R = k_B N_A$，k_B 是玻耳兹曼常数（$1.380\ 622 \times 10^{-23}$ J/K），N_A 是阿伏加德常数（6.023×10^{23} mol^{-1}）。则有声速的两个表达式，即

$$a = (\mathrm{d}p/\mathrm{d}\rho)^{1/2} = (\gamma p/\rho)^{1/2} \qquad (2.27)$$
$$a = (\gamma RT)^{1/2} \qquad (2.28)$$

由式（2.27）和式（2.28）可以看出，声速与气体介质特性（参数 γ）、压强、密度和温度有关。特定区域位置气流的声速称为局域声速或当地声速。当地声速随气体压强、温度的升高而升高。

2.4.2 绝热等熵过程

在处理热喷涂过程中的气体动力学问题时，为简化计算及建模方便，常将燃气流考虑为绝热等熵（即过程等熵，$p/\rho^{\gamma} =$ 常数）态来处理。

对于轴对称可压缩气体流束，考虑一元运动，绝热气流（对于在热喷枪管里的气体动力学问题可以这样考虑）的连续性方程为

$$\rho_1 u_1 A_1 = \rho_2 u_2 A_2 \qquad (2.29)$$

式中 ρ—— 气体的密度；

u—— 气流的流速；

　　　　A—— 流体的截面面积；

　　　　下标 1,2—— 垂直于轴向的截面的位置。

　　单位质量流体的能量为

$$E = u^2/2 + p/\rho + gz + c_V T \tag{2.30}$$

式中　　p—— 流体的压强；

　　　　gz—— 位能项；

　　　　T—— 绝对温度。

　　考虑理想气体状态方程，并代入气体常数 $R = c_p - c_V$，则有

$$c_V T = c_V\, p\, (c_p - c_V)^{-1} \rho^{-1} \tag{2.31}$$

　　理想气体的等熵指数 $\gamma = c_p/c_V$，不计位能变化 ($Z_1 = Z_2$)，绝热流体的能量守恒方程为

$$u_1^2/2 + \gamma p_1 (\gamma-1)^{-1} \rho_1^{-1} = u_2^2/2 + \gamma p_2 (\gamma-1)^{-1} \rho_2^{-1} \tag{2.32}$$

2.4.3　滞止态

　　在气体动力学中，管流内的某一截面流体的速度为零，绝热、等熵过程 ($p/\rho^\gamma =$ 常数)，将这样的状态称为滞止态。在处理热喷涂过程的气体动力学问题时，为简化计算及建模方便，也常通过滞止态来处理。

　　对于滞止态，声速 a_s 为

$$a_s = (\mathrm{d}p_s/\mathrm{d}\rho_s)^{1/2} = (\gamma p_s/\rho_s)^{1/2} \tag{2.33}$$

2.4.4　压力波的传播及 Mach 数

　　考虑坐标系随气体一起运动，压强扰动相对于气流以声速 a 传播，气流速度为 u，压强扰动与气流同向的传播速度为 $a + u$，逆向的传播速度为 $a - u$。当气流速度 u 大于声速 a 时，压强扰动不可能逆向传播；当气流速度 u 小于声速 a 时，压强扰动以球面波的形式向各向传播。气流速度大于声速，所有的球面波都限于点源 A 后面的锥面内，如图 2.17 所示，这个锥面被称为 Mach 锥。经时间 t，扰动点源 A 移动到位置 ut 处，扰动点源 A 的扰动扩展为半径 at 的球面，这样可求得锥角 α。

$$\sin \alpha = at/ut = a/u = 1/M \tag{2.34}$$

　　定义 $M = u/a$ 为 Mach 数，锥角 α 为 Mach 角。

　　对于可压缩无黏性流动，流束可用伯努力 (Bernoulli) 方程 (不计重力) 计算：

$$F(p) + u^2/2 = F_0 \tag{2.35}$$

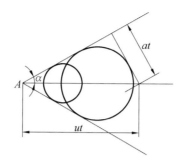

图2.17 压力波的传播

其中,压强函数 $F(p) = \int (dp/\rho)$,对于等熵过程,密度 $\rho = \rho_0 (p/p_0)^{1/\gamma}$,则压强函数为

$$F(p) = \gamma(\gamma - 1)^{-1} p_0 \rho_0^{-1} (p/p_0)^{(\gamma-1)/\gamma} \tag{2.36}$$

式中,p_0 是 $u = 0$ 时容器中的压强,相当于气体从气罐中流出时气罐中的压强。对于有燃烧室(仓)的喷枪,与出口处喉径或管径相比,仓的体积大得多的情况下,处理从仓内喷出的气流时,可考虑为这种情况。 由式 (2.36),有

$$u = [2(F_0 - F)]^{1/2} = \{2\gamma(\gamma - 1)^{-1} p_0 \rho_0^{-1} [1 - (p/p_0)^{(\gamma-1)/\gamma}]\}^{1/2} \tag{2.37}$$

由式(2.37)可看出,容器中的压强升高,气体速度增大,对于高速氧燃气火焰喷涂和气动力喷涂,提高仓压(相应于容器中的压强 p_0),可提高气流速度。由式(2.37)还可看出,随 p/p_0 减小到某一值时从孔口流出的气流将达到声速。将 $u = a = [\gamma(p/\rho)]^{1/2}$ 代入式(2.37),经整理可得理想气体在

$$p/p_0 = [2(\gamma + 1) - 1]^{\gamma(\gamma-1)} \tag{2.38}$$

时孔口处的流动速度可达到声速。对于空气这一比值约为 0.53。

由上述可看出气流从仓的小孔流出进入管路,在出口处压强比达到临界值,气流速度即可达到声速,随后压强降低,可用截面加大,速度增大,基于此,可用截面先收缩至喉径再扩张的缩 — 放型喷管。

2.4.5 Laval 喷管

1889 年,瑞典工程师 Laval 发明了一种缩 — 放型喷管,通过这种喷管可将亚声速气流加速为超音速气流,后来这种喷管被称为 Laval 喷管。Laval 喷管剖面示意图如图 2.18 所示。

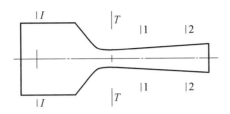

图2.18　Laval 喷管剖面示意图

对于 Laval 喷管(其典型示意图),入口处截面 $I-I$ 在容器中,各参数为滞止态参数,且有 $u_s=0$。对于 Laval 喷管喉部 $T-T$ 截面处,能量守恒方程为

$$\gamma p_s(\gamma-1)^{-1}/\rho_s = u_t^2/2 + \gamma p_t(\gamma-1)^{-1}/\rho_t \tag{2.39}$$

将式(2.27)和式(2.33)代入式(2.39),得

$$a_s^2(\gamma-1)^{-1} = u_t^2/2 + a_t^2(\gamma-1)^{-1} \tag{2.40}$$

式中　　a_s—— 流动介质在 $T-T$ 截面处的声速;

　　　　u_t—— $T-T$ 截面处的实际速度,$u_t=M_t a_t$,M_t 为 $T-T$ 截面处的 Mach 数。

式(2.40)可改写为

$$a_s^2/a_t^2 = [M_t^2(\gamma-1)/2] + 1 \tag{2.41}$$

在喉部 $T-T$ 截面处流体的速度为当地声速 a_s,$M_t=1$。在出口处的速度为 $u_E=M_E a_E$。考虑质量连续性,则有

$$\rho_t u_t A_t = \rho_E M_E a_E A_E \tag{2.42}$$

式中　　A_t——Laval 喷管喉部截面面积;

　　　　A_E—— 出口处截面面积;

　　　　M_E—— 出口处截面的 Mach 数。

由式(2.42)得

$$A_t/A_E = \rho_E M_E a_E/(\rho_t u_t) \tag{2.43}$$

将绝热流动下,当地声速和密度与滞止态声速和密度的关系式代入式(2.43),得

$$A_t/A_E = M_E[(\gamma+1)/2]^{(\gamma+1)/[2(\gamma-1)]}[1+M_E^2(\gamma-1)/2]^{-(\gamma+1)/[2(\gamma-1)]} \tag{2.44}$$

式(2.44)中给出了对于缩—放型 Laval 喷管喉部截面面积 A_t 与出口处截面面积 A_E 之比与理想气体等熵指数 γ 和出口处气流的 Mach 数间的关系。对于热喷涂有多种喷枪都使用了 Laval 喷管,式(2.43)是喷管内孔轮廓尺寸设计的依据。在喷管出口处气流的静态压强 p_E 与滞止态气体的

压强 p_s 间有以下关系：

$$p_E/p_s = [1 + M_E^2(\gamma-1)/2]^{-\gamma/(\gamma-1)} \tag{2.45}$$

对于双原子气体（包括空气），$\gamma = 1.4$；单原子气体，$\gamma = 1.66$；多原子气体（包括蒸气）$\gamma = 1.33$，蒸气 $\gamma = 1.135$。

基于上述给出的当地声速的表达式：$a = [\gamma(P/\rho)]^{1/2}$、$a = (\gamma RT)^{1/2}$ 及 $p = C\rho^\gamma$，并引入滞止态气体参数 p_s、T_s、ρ_s，可导出各点的流动参数与 Mach 数间的关系：

(1) $a/a_s = (T/T_s)^{1/2}$，由式(2.41)得

$$T/T_s = [1 + M^2(\gamma-1)/2]^{-1} \tag{2.46}$$

(2) $a/a_s = (\rho/\rho_s)^{(\gamma-1)/2}$，有

$$\rho/\rho_s = [1 + M^2(\gamma-1)/2]^{-1/(\gamma-1)} \tag{2.47}$$

(3) $p/p_s = (\rho/\rho_s)^\gamma$，有

$$p/p_s = [1 + M^2(\gamma-1)/2]^{-\gamma/(\gamma-1)} \tag{2.48}$$

相对应于管内绝热等熵流动任意两点（点1和点2）的流动参数间有以下关系：

$$T_2/T_1 = [1 + M_1^2(\gamma-1)/2][1 + M_2^2(\gamma-1)/2]^{-1} \tag{2.49}$$

$$p_2/p_1 = \{[1 + M_1^2(\gamma-1)/2][1 + M_2^2(\gamma-1)/2]^{-1}\}^{-\gamma/(\gamma-1)} \tag{2.50}$$

$$\rho_2/\rho_1 = \{[1 + M_1^2(\gamma-1)/2][1 + M_2^2(\gamma-1)/2]^{-1}\}^{-1/(\gamma-1)} \tag{2.51}$$

在讨论热喷涂机理，枪管内气流特性时，常用到式(2.46)～(2.51)。由连续方程和式(2.51)可给出管截面面积与速度特性的关系方程：

$$\frac{A_2}{A_1} = \frac{M_2}{M_1}\left\{\frac{1-[(\gamma-1)/2]M_2^2}{1-[(\gamma-1)/2]M_1^2}\right\}^{(\gamma+1)/[2(\gamma-1)]} \tag{2.52}$$

$$\frac{T_2}{T_1} = \frac{1+[(\gamma-1)/2]M_1^2}{1+[(\gamma-1)/2]M_2^2} \tag{2.53}$$

$$\frac{p_2}{p_1} = \left\{\frac{1+[(\gamma-1)/2]M_1^2}{1+[(\gamma-1)/2]M_2^2}\right\}^{\gamma/(\gamma-1)} \tag{2.54}$$

$$\frac{\rho_2}{\rho_1} = \left\{\frac{1+[(\gamma-1)/2]M_1^2}{1+[(\gamma-1)/2]M_2^2}\right\}^{1/(\gamma-1)} \tag{2.55}$$

从 Laval 喷管喷出的超音速气体射流的截面由于惯性而膨胀，出现激波和膨胀波的周期型结构直到射流边界（自由边界）。膨胀波在自由边界上反射为压缩波，继续向前传播，到达射流的另一边界又反射为膨胀波，压缩波与膨胀波二者相交形成菱形区域，如图 2.19 所示，因其形貌类似钻石，故常被称为"马赫锥"。这一过程周期性地重复出现，可看到喷嘴外一系列等间距的"马赫锥"。对于从圆孔喷出的气流，因波的锥形相交而更为复杂，

但周期性节点特征不变。对于二维流动,波长 λ 为

$$\lambda = 2d\cot\alpha = 2d[(u/a)^2 - 1]^{1/2} \tag{2.56}$$

式中　d——射流的平均直径;

　　　α——Mach 锥角;

　　　u——气流速度;

　　　a——声速。

这一现象还造成在距喷管出口一定距离内超音速气流轴向速度出现波动。随喷射距离的增大,与环境气氛的相互作用也增大,射流的能量逐渐损耗,气流轴向速度减小,"马赫锥"形貌消失。

在使用有 Laval 喷管热喷涂,如用超音速火焰喷枪喷涂时,从喷管喷出的焰流有明显的周期性"马赫锥"形貌,而送粉后看不到这种周期性"马赫锥"形貌。有关用这类喷枪喷涂时超音速气流轴向速度的波动对喷涂距离选择的影响及喷涂涂层性能的影响还有待进一步深入研究。

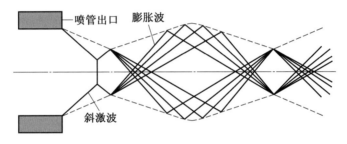

图2.19　"马赫锥"形成过程示意图

2.5　热喷涂的分类及特征

近百年来,热喷涂技术的发展十分迅速,热喷涂工艺方法随着技术的进步也在不断扩展。热喷涂技术大致可以分为火焰喷涂、电弧喷涂、等离子喷涂和特种喷涂 4 类,又可以细分为线材火焰喷涂、粉末火焰喷涂、棒材火焰喷涂、气体爆炸火焰喷涂和超音速火焰喷涂技术等。如果按照所使用的热源来分类,热喷涂技术通常可以分为熔体热喷涂、火焰热喷涂、电能热喷涂和高能束热喷涂等,其中电能热喷涂包括电弧喷涂、等离子喷涂和线爆喷涂,高能束热喷涂主要有激光喷涂和电子束喷涂两种。

按照所选用的热源和喷涂材料的形状,热喷涂工艺技术的分类如图2.20 所示,其特点见表 2.1。

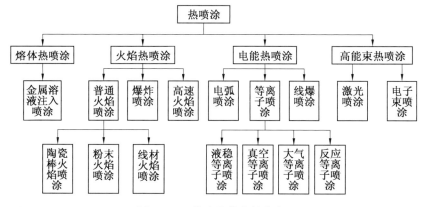

图2.20 热喷涂技术的分类

表 2.1 热喷涂技术的特点

喷涂方法	热源温度 / ℃	粒子速度 /(m·s^{-1})
粉末火焰喷涂	约 3 100	30 ~ 50
线材火焰喷涂	约 3 100	100 ~ 200
爆炸喷涂	3 900	500 ~ 700
超音速火焰喷涂	约 3 100	300 ~ 600
等离子喷涂	10 000 ~ 15 000	100 ~ 400
超音速等离子喷涂	10 000 ~ 15 000	300 ~ 600
电弧喷涂	5 000 ~ 6 000	100 ~ 300

从施工和经济方面分析,热喷涂技术具有下列特点:

(1)涂层的基体材料几乎不受限制。例如,金属材料、无机材料(玻璃、陶瓷、石材)、有机材料(也包括木材、布、纸类)等。

(2)涂层材料的选择种类范围广泛。例如,金属及其合金、陶瓷、塑料及其复合材料,此外,还能制成具有特殊性能的复合涂层或叠加涂层。

(3)喷涂施工对象的尺寸和形状不受限制。可以在整体表面上进行喷涂,也可以在大型构件的限定表面上进行喷涂,这对大型构件的局部表面进行喷涂,是既经济又方便的。

(4)母材性能不变化。除火焰喷涂工艺外,在喷涂施工中,母材受热温度低,母材性能不发生变化,工件变形小,因此热喷涂也为一种冷工艺。

(5)涂层厚度可在较大范围内变化。喷涂涂层厚度可达数毫米。

(6)可喷涂成形。热喷涂技术不仅可在材料表面形成涂层,还可以用来制造机械零件实体,即喷涂成形。该方法是在成形模表面形成涂层,然后采用更合适的方法脱去成形模后成为涂层成形制品。

（7）涂层面积小时,经济性差。对小零件进行喷涂或者所需涂层面积较小时,作为有用涂层结合在基体上的量占喷涂时消耗的喷涂材料的量较少,经济性差,则电镀更适合。

（8）要注意操作间的通风。由于母材表面的前处理多数采用喷砂处理,加上喷涂时微粒飞散,因此要注意现场通风换气。

（9）喷涂涂层结合强度不是很高,但若工艺得当,一般经喷涂后均能满足工艺需要。镀层孔隙多,虽利于润滑,但不利于防腐蚀;喷涂时雾点分散,飞溅损失严重,金属附着率低;喷涂工艺过程中有毛糙处理工序,会降低零件的强度和刚度;热喷涂覆盖层的质量主要靠工艺来保证,目前尚无有效的检测方法,因此应用受到限制。

对于不同的喷涂材料,热喷涂工艺有不同的适应性。高熔点材料要用高热熔的喷涂能源才能得到性能较好的涂层组织。例如,大多数金属材料熔点不高,用常规氧－乙炔火焰喷涂技术即可得到性能较好的涂层;而陶瓷材料的熔点普遍较高,常规氧－乙炔火焰喷涂难以制备实用涂层。

第3章 热喷涂材料体系

3.1 热喷涂材料概况

热喷涂材料、热喷涂设备及热喷涂工艺是构成热喷涂技术的 3 个支柱。热喷涂材料是热喷涂技术的重要组成部分,它与热喷涂设备及热喷涂工艺共同构成热喷涂技术的主体。

3.1.1 热喷涂材料的发展历程

迄今为止,热喷涂材料的发展大体分为 3 个阶段。第一阶段是以金属和合金为主要成分的粉末与线材,主要包括 Al、Zn、Cu、Ni、Co 和 Fe 等金属及其合金。这些材料的粉末是通过破碎及高温合成等初级制粉方法获得的,而线材则是用拉拔工艺制作出一定线径的金属丝或合金丝。这些材料主要供火焰喷涂、等离子喷涂及电弧喷涂等工艺使用,涂层功能较单一,主要是防腐蚀和耐磨损,应用面相对较小。第二阶段是 20 世纪 50 年代中期。人们发现,要解决工业设备中存在的大量磨损问题,十分有必要改进工艺,制取更耐磨的涂层。经过多年的努力,自熔合金问世并推动了火焰喷涂工艺的发展,这就是著名的"硬面技术"。自熔合金是在 Ni 基、Co 基和 Fe 基的金属中加入 B、Si、Cr 这些能形成低熔点共晶合金的元素及抗氧化元素,喷涂后再加热重熔,获得硬面涂层,这项技术在某种程度上是受焊接堆焊工艺的启发。由于这些涂层具有高硬度、高冶金结合及很好的抗氧化性,从而在耐磨及抗氧化性方面迈出了一大步。自熔合金的出现,对热喷涂技术起到了巨大的推动作用。这一阶段的另一项技术突破是等离子喷涂设备的问世。等离子焰温度高达 10 000 ℃,几乎可以喷涂一切材料。于是人们打开了思路,先后发展了一系列的陶瓷材料和金属陶瓷材料,实际上,直到 1976 年迈阿密第八届国际热喷涂会议之后,在航空工业迅速发展的需求与推动下,这些材料才真正找到了用武之地,相继出现了高性能、高技术的耐磨、耐高温、抗燃气腐蚀及隔热等表面工程涂层材料,使热喷涂技术开始从简易的维修车间步入航天航空等高技术产业领域,并解决了大量让冶金工程师头痛的材料问题。第三阶段是以 20 世纪 70 年代中期出现了一系列的复合粉,以及 80 年代夹芯焊丝作为电弧喷涂材料进入市场为主要标志,实现了喷涂工艺的改进和涂层性能的强化。镍包铝和铝包镍复合粉取代了传统的 Mo 丝,改善了打底层的黏结性。自黏一次粉综合了打底粉与工作粉双重功能,简化了喷涂工艺。不少怕氧化或氮化的金属或陶瓷被 Ni 或 Co 这些金属包裹之后,不仅保护了核心成分,同时又会与核心成分发生化学或冶金方面的反应,赋予涂层更好的性能。复合材料不仅局限于粉末,在线材方面也出现了复合喷涂丝,尤其是填充型复合线材,已开始投入市场,这些复合丝可以用火焰线材喷枪,但主要使用电弧喷枪喷涂,使这些原来只能形成金属合金涂层的工艺可以喷涂陶瓷一类的硬质耐磨材料,使涂层的应用面大为扩展。

3.1.2　热喷涂材料的分类与特征

对喷涂材料进行分类的方法很多,根据材料的性质可分为金属与合金、氧化物陶瓷、金属陶瓷复合材料和有机高分子材料;按照使用性能与目的又可分为防腐材料、耐磨材料、耐高温材料、减摩材料及其他功能材料;按材料形态来分,可以分为线材、棒材和粉末三大类。电弧喷涂和线材火焰喷涂是以丝材作为涂层材料的热喷涂工艺。而粉末火焰喷涂、等离子喷涂、超音速火焰喷涂及爆炸喷涂则是使用粉末作为涂层材料的热喷涂工艺。

对于粉末材料,基于送粉特性及经济性考虑,其颗粒大小一般具有一定粒度分布范围。一般金属粉末的粒度分布范围为 $105 \sim 53\ \mu m$(150 ~ 270 目),而陶瓷粉末常为 $44 \sim 10\ \mu m$(325 ~ 400 目)。除了应满足使用性能外,还应满足以下喷涂工艺性能的要求。

(1) 具有良好的使用性能。根据零部件的工作条件,要求其表面具有耐磨、耐腐蚀、耐高温、抗氧化、导电、绝缘等使用性能,所选用的热喷涂材料也应具有相应的性能,以满足零部件工况要求,提高使用性能和使用寿命。

(2) 具有良好的稳定性。热喷涂材料在喷涂过程中承受高温,应具有热稳定性,以及在高温下不挥发、不升华、不分解、不发生有害的晶形转变,以保持优良的性能。

(3) 具有与工件材料相接近的热膨胀系数和热导率。喷涂材料与工件材料应具有较小的热膨胀系数和热导率差异,以减少涂层在冷却过程中的热收缩应力。

(4) 具有良好的固态流动性。粉末流动性好可以保证均匀送粉,粉末的流动性与粉末的形状、粒度分布、颗粒大小、表面能、表面形貌及粉末的湿度等因素有关。粉末越湿,流动性越差。球形粉末的流动性最好。超细粉末或非球状粉末应使用特殊送粉器,才能保证均匀连续送粉。

(5)具有良好的润湿性。材料的润湿性与表面张力有关。表面张力越小,润湿角越小,液态流动性越好,易得到平整光滑的涂层。同时也使得涂层与基体接触紧密,有利于提高涂层与基体间的结合强度和涂层本身的致密性。这种性能对于重熔工艺更为重要。

3.2 热喷涂丝材

热喷涂材料按照形态可分为热喷涂粉末、实芯丝材和粉芯丝材等。不同的喷涂工艺和喷涂设备,对喷涂材料均有具体要求。热喷涂粉末除了能做成丝材的喷涂材料,还包括熔点高或硬而脆的不宜做成丝材的材料,如难熔金属、陶瓷、硬质合金等。这类热喷涂材料主要用于等离子喷涂、气体火焰喷涂、爆炸喷涂、超音速火焰喷涂及激光喷涂等,其特点为粉末成分容易调节,克服了部分陶瓷、难熔金属的加工成形问题,但是存在喷涂成本高、不宜大面积应用及粉末利用率较低等缺点。热喷涂丝材的使用范围较广,从成分及结构上划分,热喷涂丝材包括纯金属喷涂丝材、合金喷涂丝材和复合喷涂丝材(粉芯丝材或管状丝材)3类。

3.2.1 纯金属喷涂丝材

实芯丝材包括金属丝材和合金丝材两类。其生产工艺一般是由熔炼、开坯、制备盘条及拉丝等工序构成。其特点为:部分工序在高温下进行的热加工;即便是在冷拉过程中,也需视材料的塑变性能穿插进行退火和酸洗等辅助工序;多数情况下各工序运行复杂,作业的连续性较差,导致生产周期较长。同时,其工艺特点也决定了只有部分塑性加工工艺性能好的金属和合金才能制备实芯丝材。

锌丝和铝丝是最常见的也是用量最大的纯金属喷涂丝材,主要用于对桥梁、井架、发射塔、舰船、港口、水利设施和运输管道等大型钢铁结构件进行腐蚀防护。它们对钢铁材料的保护机理主要有两个:一是具有与涂料涂装防腐机理类似的阻挡腐蚀介质的隔离作用;二是具有通过涂层材料的有效防护实现阴极(即钢铁构件)的保护作用。这是因为锌、铝的电极电位比钢铁要低,在有电解质时钢铁构件作为阳极,使钢铁构件受到阴极保护而不被腐蚀。

热喷涂使用的原材料锌对于纯度要求高,作为防腐喷涂时要求 Zn 的质量分数为 99.99% 以上,铁的质量分数为 0.001% 以下;作为丝材要求 Zn 的质量分数为 99.9% 以上,CuO 的质量分数为 0.05% 以下,为了防止喷涂中断线,要求拉伸强度大于 147 MPa(15 kgf/mm², 1 kgf ≈ 9.8 N),延伸率大于 40%。研究结果表明,丝材纯度越高,喷涂粒子越细小,涂层表面越致密。

铝丝的纯度要求达到 99.7% 以上,考虑到粒子的细化与送丝的均匀性,应使用硬质铝丝。Al 在大气中可形成致密的 Al_2O_3 保护膜,防止腐蚀的发生。同时与 Fe 相比,电化学电位低,具有电化学保护效应,在 H_2SO_3 含量较高的大气中或海洋性介质中,耐腐蚀性比 Zn 优越;其次,在 60 ℃ 以上的温水中也具有防腐蚀效果。但是 Al 不耐强酸或强碱腐蚀,在有卤素离子存在的情况下易发生点蚀。因此与 Zn 类似,铝丝广泛用于钢铁结构件的防腐喷涂。

在 Zn 中添加 Al,能提高涂层的耐蚀性能。目前,在国内已实现了 ZnAl 合金丝的批量生产,常见的牌号为 ZnAl15 合金丝。最近,北京有色金属研究总院已实现了 Al 含量更高的 ZnAl20 合金丝的批量生产。另外,AlMg 合金丝以及稀土 Al 合金丝也逐步成为国内相关材料研制单位的热点研究项目。

铜丝和钼丝也是较为常见的纯金属喷涂丝材。前者主要用作电器开关和电子元件的导电涂层及塑像、工艺品等建筑表面的装饰涂层的材料。后者早期主要用作结合底层材料;现在则更多地被作为耐摩擦磨损的工作涂层使用,如汽车行业中的活塞环、拨叉、同步啮合环等零件的表面涂层。

Mo 的熔点(2 620 ℃)高,再结晶温度约为 900 ℃,高温下仍具有较高强度,加工性能好,既是耐热涂层材料,也是耐热盐酸的唯一金属材料。镍钼合金(Mo 的质量分数为 20% ~ 30%)称为耐盐酸合金。钼主要缺点为易氧化,其氧化物 MoO_3 熔点(约为 780 ℃)低,且具有挥发性,因此,高于熔点时会被急剧氧化消耗。钼涂层与钢铁基体结合性能优越,以前常用作结合打底层,目前已经被镍铝合金取代。

Ni 在 500 ℃ 以下空气中基本不氧化,即使在 1 000 ℃ 加热氧化程度也不严重。但长期加热,热生长氧化物沿晶界生长,将导致脆化。因为 Ni 具有一定的硬度,且耐腐蚀性优越,镍丝一般用于制备防冲蚀、泵柱塞或装饰涂层,Ni 也用于机械零件的堆焊。

镍铬合金耐氧化性、耐腐蚀性优越,代表性的材料为 Ni80Cr20。

3.2.2　合金喷涂丝材

常见的合金喷涂丝材主要为 Fe 基和 Ni 基两大类。

1. Fe 基喷涂丝材

Fe 基喷涂丝材中应用较多的是碳钢丝、不锈钢丝和耐热铁合金丝。碳钢丝按碳的质量分数的大小又可分成低碳、中碳和高碳钢丝。由低碳、中碳钢丝制备的涂层,易于切削,可用于超差零件的尺寸恢复;高碳钢丝则可用于轴类等零件表面的耐磨涂层的制备。

不锈钢是指具有抵抗大气、酸、碱、盐等腐蚀作用的合金钢的总称,按其金相组织可分为铁素体不锈钢、马氏体不锈钢、奥氏体不锈钢、双相不锈钢和沉淀硬化不锈钢。其中,马氏体(如 Cr13 型)不锈钢丝和奥氏体(如 18－8 型)不锈钢丝是两类较为常用的喷涂丝材。马氏体不锈钢又称铬13不锈钢,可在激冷淬火时转变成马氏体而被强化。相变时发生约为 4％ 的体积膨胀,所以在采用马氏体不锈钢堆焊时需要注意缓冷。马氏体不锈钢根据其中碳的质量分数的大小又分为 0Cr13、1Cr13、2Cr13 等不锈钢。碳的质量分数越大,形成碳化物时将消耗基体中的 Cr,当 Cr 的质量分数低于 12％ 时,将不能发生钝化现象,耐腐蚀性性能不强。马氏体不锈钢一般用于制备要求高硬度的表面,可以采用喷涂或堆焊的方法。奥氏体不锈钢中,Cr18％－Ni8％ 为最基本的一种,常温下为奥氏体组织,常称为 18－8 系不锈钢(又称 SUS 304)。该材料耐腐蚀性与耐热性比较优越,加工性好,但线膨胀系数较大,喷涂时需注意。18－8 系不锈钢在常温下耐一般的酸与碱,但不耐盐酸、氟酸、稀硫酸、硫酸盐溶液和氯气等的腐蚀。18－8系不锈钢在 500～800 ℃,特别是在 600～700 ℃ 加热时,将会有碳化物在晶界析出,从而引起晶界腐蚀。因此,根据需要可选择将质量分数降至 0.03％ 以下的超低碳不锈钢(如 SUS 321 或 347)。不锈钢含 Cr 量高,不仅耐腐蚀性优越,而且抗高温氧化与耐热性能也优越,因此,在实际中常用作耐热钢涂层。前者可用作各种轴类件上的轴承位、柱塞和套筒等零件的耐磨涂层;后者由于具有比前者好很多的耐腐蚀性能,因此被更多地用在工作环境中存在腐蚀介质的零件的表面,如造纸烘缸、泵壳、阀门以及各类化工储罐等。FeCrAl 合金是良好的高温电阻材料,具有很好的抗高温氧化性能,其合金丝也被作为喷涂材料喷到钢铁上形成抗高温氧化涂层。该材料早期曾在燃煤电厂锅炉受热面管道的涂层防护中得到较多的应用,近几年已逐渐被抗高温、耐腐蚀性能更好的 NiCr 合金所取代。

2. Ni 基喷涂丝材

NiCr 合金丝是最早获得应用的 Ni 基合金丝材,作为高温电阻材料,这类合金具有很好的抗高温氧化性能。早期使用的 NiCr 合金主要是 Ni80Cr20 系列,随后又出现了 Ni70Cr30 系列。目前,由北京有色金属研究总院研制成功的 Cr 质量分数为 43％～45％ 的高铬镍基合金丝材 PS45,已实现产业化生产,并在国内获得广泛应用,同时已有部分产品出口至美国和日本等国家。非常高的含铬量使得由该种合金丝材制备的涂层在高温环境下能发生选择性氧化,在涂层表面形成一层连续且致密的 Cr_2O_3 保护膜,从而有利于阻止外界腐蚀介质的侵入和涂层内金属离子的向外扩散。另外,试验表明,该种涂层材料还具有十分优秀的抗硫化物(包括 SO_2、H_2S 及硫酸盐等)腐蚀性能,其非常适用于火力电厂锅炉及有着类似工况的零部件的预防护。

NiAl 合金丝是另外一种得到广泛应用的镍基合金丝材。该材料作为电弧喷涂结合底层材料使用的合金丝材也是由北京有色金属研究总院率先研制成功的(该项目荣获北京市科技进步二等奖),该种丝材的名义成分为 Ni95Al5。由其制备的涂层的结合强度可达 55 MPa 以上,是喷涂各种轴类件、柱塞、造纸烘缸及在金属基体上制备陶瓷涂层时必不可少的底层材料。

3. 其他常用的合金喷涂丝材

其他常用的合金喷涂丝材还包括铜合金丝材和锡合金丝材。铜合金中的黄铜具有一定的耐磨性、耐蚀性,色泽美观,其涂层主要用于修复磨损及加工超差零件,也可作为装饰涂层使用。在黄铜中添加 1%(质量分数)左右的锡,可改善黄铜的耐海水腐蚀性能,故被称为海军黄铜,大量用在与海水接触的活塞、轴套和气阀上。铝青铜的强度比一般黄铜高,具有很好的耐腐蚀性、耐疲劳性和耐磨性,主要用于水泵叶片、气闸阀门、活塞、轴瓦等。采用电弧喷涂时与基体有很好的结合强度,形成理想的粗糙表面,可以作为打底涂层。另外可以修复青铜铸件及作为装饰性涂层。磷青铜涂层致密,具有比其他青铜更好的力学性能及耐蚀和耐磨性能。而且呈美丽的淡黄色,可用于装饰涂层。铜磷合金粉末喷涂涂层具有摩擦系数低和易加工的特点,可用于压力缸体、机床导轨、轴类易磨损部件的修复。锡基合金中较常使用的是锡基巴氏合金(SnSbCu 合金)丝,它主要被用来修复滑动轴承的轴瓦。

3.2.3　复合喷涂丝材

复合喷涂丝材是指用机械方法将两种或两种以上的材料复合压实制成的喷涂材料,现在又被称为粉芯丝材或管状丝材。粉芯丝材同时具备丝材和粉末的优点,能方便地根据涂层成分要求来调节粉芯成分,以获得各种成分、特殊性能的涂层,同时生产周期短、成本低、使用设备简单、操作方便。目前,已广泛应用于电力、石油、化工、汽车制造等工业领域。粉芯丝材的出现在一定程度上弥补了实芯丝材不能完全满足工件使用要求的不足。

粉芯丝材始于 20 世纪 60 年代,起初是用于克服冶金方面的限制。到 70 年代初期才开始尝试粉芯丝材的电弧喷涂,但是这些尝试不是很成功,因为当时粉芯丝材刚度差,送丝困难。到了 80 年代,这一主要缺点才被克服,使金属粉芯丝材在国内喷涂领域有了较大的发展,其发展中心逐渐从德国、英国等欧洲国家转移到美国,随后日本、韩国、新加坡等国家也相继投入开发。自 90 年代以来,有关粉芯丝材的研究报道和应用日益增多。粉芯丝材种类繁多,促进了电弧喷涂的发展。李素、Dallaire 等通过电弧喷涂粉芯丝材获得了硬质相体积分数高达 37% 的含陶瓷相的耐磨涂层。Wira 等用电弧喷涂低碳钢外皮包覆 WC 的粉芯丝材,研究了涂层的组织性能和磨损性能,结果表明,涂层具有较高的硬度和结合强度,耐磨性随 WC 质量分数的增加而增强。乌克兰巴顿焊接研究所的 Borisov 等研制了用于耐磨的 Fe_2B 系 AMOTEK 系列粉芯丝材,得到的涂层中的非晶态相占 35% 以上,在 350 ℃ 以下,非晶态合金涂层的耐磨性高于等离子喷涂 Ni_2Ti 基合金涂层、1045 钢和 12Cr18Ni 不锈钢。在美国,粉芯丝材成功地用于飞机发动机大修、汽车工业、电站锅炉、厚的耐磨板和防滑涂层上。用 NiCrAl 粉芯丝材电弧喷涂以恢复发动机的法兰及内孔尺寸,比等离子喷涂节约近一半时间。Georgieva 等对双丝电弧喷涂 TAFAU100MXC 铁基非晶丝材制备纳米结构涂层进行了研究,结果表明,100MXC 纳米涂层平均硬度为 HV850 ～ 950,结合强度达到 35 ～ 48 MPa。Atteridge 等用电弧喷涂的粉芯丝材技术(粉芯丝材外皮选用 Ni 和 430 不锈钢,粉芯选用粒度为纳米尺寸材料和其他材料),成功制成 3 种含纳米材料的 NiWC/Co 系电弧喷涂丝材。

　　自 20 世纪 90 年代起,装甲兵工程学院、全军装备维修表面工程研究中心、北京工业大学、北京有色金属研究总院等单位对粉芯丝材做了大量的研究工作,并取得了一定的成绩。徐滨士等通过高速电弧喷涂粉芯丝材制备了 $FeAl/Cr_3C_2$(WC)、$FeAlCrNi/Cr_3C_2$ 等涂层。贺定勇等采用不锈钢带,粉芯成分由 Fe 基自熔性合金粉末和 WC12CoNi 复合粉末组成,发现含 WC 陶瓷相涂层的耐磨粒磨损性能较好,相对 Q235 钢约提高 9 倍。当粉芯中 WC 质量分数低于 25% 时,随着 WC 质量分数的增加,涂层的硬度和耐磨性增加。贺定勇等研发的一种 Fe 基含 TiC 陶瓷粉芯丝材,利用电弧喷涂技术在 Q235 低碳钢表面制备出具有高表面硬度的耐磨涂层,其耐磨粒磨损性能大大优于 Q235 钢。方建筠等通过 NiCr 合金带和 304L 不锈钢带,粉芯材料为 TiB_2、Al_2O_3 陶瓷粉,制备了 NiCr － TiB_2、NiCr － TiB_2/Al_2O_3、304L － TiB_2、304L － TiB_2/Al_2O_3 复合涂层,含有 TiB_2 的复合涂层具有较好的显微组织形态和较高的耐磨损性能。NiCr 合金带制备的涂层组织和性能好于 304L 不锈钢带所制备的涂层。刘少光等采用电弧喷涂粉芯丝材制备了一种含纳米 TiC 的复合涂层,其硬度高、耐磨性好,用于燃煤电厂锅炉"四管"防高温冲蚀磨损效果显著。曾德福采用 430 不锈钢带外皮，CrB 粉、Mo 粉、TiC 粉、Si 粉等粉芯，利用电弧喷涂技术在钢基体上制备了非晶涂层，涂层具有较好的耐磨性和抗腐蚀性。

与实芯丝材和热喷涂粉末相比，粉芯丝材具有如下优点：

（1）克服了高合金成分难以拔丝制成丝材的技术障碍，同时能使一些不导电的粉末增强材料（陶瓷及碳化物）填充到粉芯丝材中，为电弧喷涂制备多元复合涂层、纳米结构涂层、新型合金及非晶涂层奠定了基础。

（2）生产周期短，综合成本低，适用性强，适合电弧喷涂高效率、低成本的要求。

（3）涂层化学成分可调，可以制备一些特殊性能的涂层，拓宽了电弧喷涂材料的应用领域。

（4）利用特定合金元素的放热反应可以提高微粒沉积的再熔化过程，大幅提高涂层结合性能，有效控制涂层孔隙率，提高涂层的稳定性。

3.3　热喷涂粉末材料

目前，已实现工业化生产的热喷涂材料有金属、合金和陶瓷等，主要以粉末、丝材、棒材状态使用，其中热喷涂粉末占喷涂材料总量的 70% 以上。热喷涂粉末主要有纯金属粉末（W、Mo、Al、Cu、Ni、Ti、Ta、Nb 等）、合金粉末 $[AlNi、NiCr、TiNi、NiCrAl、CoCrW、MCrAlY（M 分别表示 Co、Ni、Fe）、Co 基、Ni 基、Fe 基自熔合金等]$、氧化物陶瓷粉末（$Al_2O_3$、$ZrO_2$、$Cr_2O_3$、$TiO_2$ 等）、碳化物粉末（WC、TiC、Cr_3C_2 等）和金属陶瓷粉末（WC—Co、Cr_3C_2—NiCr 等）。不同的供应商提供的热喷涂粉末虽然具有相同的化学成分和粒度分布，但是由于制备工艺的不同，粉末形貌差别很大，从球形到不规则或块状的变化，不规则的形状从立方结构到高长径比的针状结构变化，块状的长径比接近 1；虽然块状颗粒是致密的，但球形的或不规则的颗粒也可能是致密的或者是多孔的。因此，粉末形貌的变化导致热喷涂涂层结构的变化，从而表现出不同的性能，这已经由等离子喷涂、高速火焰喷涂和爆炸喷涂所证实。这主要是因为粉末的形貌决定了粉末的流动性，流动性差不仅使粉末的进料率发生波动，而且使非球形、不致密的颗粒在涂层形成过程中堆砌不致密，从而产生不均匀或多孔的涂层结构。球形、致密的粉末可获得优良的涂层。本节综述了目前热喷涂粉末的各种制备工艺及制得粉末的形貌特点，重点介绍了获得球形、致密热喷涂粉末的等离子球化技术。

热喷涂粉末材料主要包括自熔剂合金粉末、自黏结粉末、高温合金粉末、氧化物陶瓷粉末和金属陶瓷粉末。

3.3.1 自熔剂合金粉末

自熔剂合金粉末为常用的一类合金喷涂材料,是含有一定量的 B、Si 元素的 Ni 基、Fe 基、Co 基和 Cu 基合金,为了提高涂层性能,除含有 B、Si 外,还含有 Cr 和 C 等元素。B、Si 的加入使涂层形成后能够重新加热至 1 000 ℃ 以上的高温,达到熔融状态,与基体产生牢固的冶金结合的同时,消除涂层的气孔,而充分发挥喷涂材料所具备的优越性能。

B、Si 元素具有如下作用:

(1) 作为强化剂,避免 Ni、Fe、Co 等元素的氧化,同时还原这些元素的氧化物。形成的硼硅酸盐熔点低、密度小、黏度小,易浮在涂层表面,可防止涂层氧化。

(2) 降低熔点,增加液固温度区间,提高液态金属的流动性。

(3) 降低表面张力,减小润湿角,增加润湿性。

(4) B 和 Si 还具有强化作用,B 通过与 Ni、Cr 形成化合物实现弥散强化,而 Si 则通过固溶达到强化。

这类自熔剂合金,通过涂层的重熔有效地消除气孔,可与基体形成牢固的冶金结合,成为应用广泛的涂层材料。涂层的重熔可以使用火焰加热,或用高频感应加热,或在真空炉中加热来进行,应该注意的是因为加热温度超过 1 000 ℃,所以材料不可避免地要产生变形及基体组织变化。

3.3.2 自黏结粉末

当金属粉末在热喷涂火焰中飞行,并被加热至一定温度时,粉末组分间将发生化学反应,生成金属间化合物,并放出大量热量,对基体材料表面或已形成的涂层表面进行充分加热,甚至实现微观上的冶金结合,提高涂层的结合强度,这种作用称为自黏结效应。具有这类效应的喷涂材料称为自黏性喷涂材料。常用的自黏结粉末有 NiAl 和 NiCrAl 复合粉末。其次 Al 与 Co、Cr、Mo、Nb、Ta、W 以及 Si 与 Co、Cr、Mo、Nb、Ta、W、Ti 等之中的一种或几种金属制成的复合粉末也具有自黏结效应。

除此之外,当难熔金属 W、Mo、Ta 等喷涂到熔点较低的钢铁材料表面时,也可以引起基体表面的局部熔化,从而实现冶金结合,提高结合强度,这类材料也称为自黏结材料。

自黏结材料除了自身用来制备工作涂层外,常用作结合强度较低的工作涂层与基体之间的结合涂层,保证工作涂层在使用过程中不致发生剥离。

3.3.3　高温合金粉末

高温合金是为了满足高温使用要求而开发的一类合金,一般以 Ni、Fe、Co 元素形成的面心立方 γ 相为基,加入其他强化合金元素,如 Cr、Al、Ti、Zr、W、Mo 等。这些强化元素主要以 3 种方式对高温合金进行强化。一是固溶强化。将合金元素加入基体金属中形成单相奥氏体以达到强化的目的。二是第二相析出强化。通过在基体上析出弥散的碳化物或金属间化合物来强化。三是晶界强化。高温合金按照基体成分的不同分为 Ni 基高温合金、Fe 基高温合金和 Co 基高温合金 3 类。

MCrAlY 为目前最为常用的热喷涂高温合金材料,其中 M 表示基体元素,为 Fe、Ni、Co 3 种金属元素中的一种或两种。根据基体元素的不同其主要有以下几类:①FeCrAlY,适宜在增碳环境下工作,表现出优良的抗硫化性能,价格较低,塑性好,但其组织为铁素体,与一般高温合金工件的基体组织不匹配,因此一般不能在 Ni 基和 Co 基合金工件表面使用;②NiCrAlY,延展性和抗氧化性较好,但抗硫化性较差,在航空发动机中应用较多;③CoCrAlY,具有较强的抗硫化性,但抗氧化性和延展性较弱,在舰艇、地面工业燃气轮机中应用较多;④NiCoCrAlY 及 CoNiCrAlY,这类合金兼有 NiCrAlY 及 CoCrAlY 的优点,综合性能较好。

MCrAlY 涂层具有抗氧化性和耐腐蚀性,在涂层表面能够形成致密的 Cr_2O_3 或 Al_2O_3 氧化膜。这些氧化膜作为氧的扩散屏蔽层,阻止了基体或结合层的进一步氧化或腐蚀。

3.3.4　氧化物陶瓷粉末

陶瓷材料一般具有硬度高、熔点高、热稳定性好等优点,用作涂层可有效地提高基体材料的耐磨损、耐高温、抗高温氧化、耐热冲击、耐腐蚀等性能。通过正确选择材料可以获得这些特性中的某种优越特性。热喷涂常用的氧化物陶瓷材料主要为 Al_2O_3、TiO_2、Cr_2O_3、ZrO_2 等,碳化物等非氧化物陶瓷通常采用金属合金作黏结剂制备成金属基陶瓷复合材料使用,其主要特性在以氧化物为主的热喷涂陶瓷涂层领域应用十分广泛,包括利用其耐腐蚀性的石油化工、金属冶金等化学及冶金领域,利用其耐磨损性的机械、输送领域,利用其耐热、热障性的航空发动机领域,以及其他利用电气绝缘、磁屏蔽、固体电解质、红外辐射等性能的功能性涂层领域。

陶瓷材料一般熔点较高,为了使其能够完全熔化而制备其涂层,一般需要较高温度的热源,因此,常用等离子喷涂这些材料的涂层,特别是采用高效能超音速等离子喷涂技术能够制备出高质量、高性能的陶瓷涂层。而用于喷涂金属材料的燃烧火焰如氧－乙炔火焰等由于温度低,难以将其完全熔化,制备的涂层粒子间结合较弱,一般不适于喷涂陶瓷涂层。

热喷涂常用氧化物陶瓷粉末的成分见表3.1,根据成分分类,其主要有氧化铝系、氧化锆系、氧化钛系以及氧化铬系、莫来石、尖晶石陶瓷等。热喷涂陶瓷粉末的粒度范围因其用途而异,常用的粉末粒度为 $10 \sim 44~\mu m$、$10 \sim 53~\mu m$、$5 \sim 25~\mu m$、$30 \sim 74~\mu m$。国内的粉末生产厂家一般都根据用户需求进行分筛,提供所要求粒度范围的粉末。陶瓷粉末主要采用熔炼粉碎法制造,呈角形形貌,也可用喷涂干燥法制备球形粉末。

表 3.1 热喷涂常用氧化物陶瓷粉末的成分

材料体系	材料名称	成分	材料体系	材料名称	成分
氧化铝系	白色氧化铝	Al_2O_3	氧化锆系	氧化钇稳定氧化锆	$6\%Y_2O_3 - ZrO_2$ $7\%Y_2O_3 - ZrO_2$ $8\%Y_2O_3 - ZrO_2$ $10\%Y_2O_3 - ZrO_2$ $12\%Y_2O_3 - ZrO_2$ $20\%Y_2O_3 - ZrO_2$
	氧化铝－氧化钛	$Al_2O_3 - 3\%①TiO_2$ $Al_2O_3 - 15\%TiO_2$ $Al_2O_3 - 40\%TiO_2$ $Al_2O_3 - 50\%TiO_2$			
氧化钛系	氧化钛	TiO_2		氧化钙稳定氧化锆	$5\%CaO - ZrO_2$ $8\%CaO - ZrO_2$ $31\%CaO - ZrO_2$
氧化铬系	氧化铬	Cr_2O_3 $CrO_3 - 3\%TiO_2 -$ $5\%SiO_2$			
其他	氧化镁－尖晶石	$20\%Al_2O_3 -$ $80\%MgO$		氧化镁稳定氧化锆	$20\%MgO - ZrO_2$ $24\%MgO - ZrO_2$
	莫来石	$Al_2O_3 - 20\%SiO_2$			
	氧化镁－石英	$40\%MgO -$ $60\%SiO_2$			

① 本书类似表示均指质量分数

3.3.5 金属陶瓷粉末

碳化物由于高温稳定性差,一般用金属作黏结剂制成金属陶瓷粉末进行喷涂,最常用的有 $WC - Co$ 系和 $Cr_3C_2 - NiCr$ 系。

1. WC－Co 系

WC－Co 系中,Co 的质量分数为 $12\%\sim18\%$。在 500 ℃ 以下具有优异的耐磨损性能,为应用最为广泛的耐磨材料。在高温作用下,部分 WC 将会发生脱碳分解。在喷涂过程中提高离子速度、缩短加热时间和控制焰流温度可有效抑制分解的发生。常用的 WC－Co 粉末的制备方法有铸造粉碎法、烧结粉碎法、聚合造粒法和包覆法。粉末的制造方法影响其结构,另外,即使是同样的制造方法,当控制成分不变,粉末中碳的质量分数小于化学计量比时,粉末中的黏结相将以 W_3Co_3C 的结构出现,而不是单纯的金属 Co 相。即使成分相同,黏结相的晶体结构也会不同,这种差异会对喷涂过程中 WC 的分解行为、沉积的涂层结构产生重要影响。除了粉末结构外,对涂层性能产生重要影响的粉末因素还有其中的碳化物颗粒尺寸。WC－Co 系金属陶瓷涂层表现出优异的耐磨损性能,当温度高于 550 ℃ 时,WC 会发生氧化,因此,一般其使用温度低于 550 ℃。

2. Cr_3C_2－NiCr 系

Cr_3C_2－NiCr 系合金的质量分数一般为 25%,在 900 ℃ 以下,具有优异的耐冲蚀和耐磨损性能。Cr_3C_2－NiCr 金属陶瓷涂层因碳化铬的抗氧化性强,常用于 $550\sim850$ ℃ 的高温环境工况,表现出良好的耐磨损性能。与 WC－Co 一样,Cr_3C_2－NiCr 金属陶瓷涂层在喷涂过程中将发生脱碳现象。脱碳的程度取决于粉末的种类与喷涂条件。研究表明,喷涂过程中较大颗粒的碳化物脱落是造成失碳的主要原因。喷涂工艺条件对涂层结合强度、冲蚀磨损和磨粒磨损都有一定的影响。

3.4　热喷涂材料制备方法

3.4.1　热喷涂丝材制备方法

与实芯丝材生产工艺完全不同,粉芯丝材一般采用粉／管(Powder in Tube,PIT)法和粉／皮(Powder in Shell,PIS)法制成。它是将粉末填充在作为包覆外皮的金属管／薄带中,再进行连续的轧制、拉伸等变形工序,直至得到一定规格的丝材。由于无须熔炼、开坯、退火及酸洗等加工工序和辅助工序,因此粉芯丝材具有生产周期短的优势。同时,其工艺特点也使得其可以通过调整所填充粉末的成分来方便地调整粉芯丝材的成分,并使难以采用丝材生产工艺加工成形的一部分涂层材料(尤其是包含一定量的陶瓷硬质相的材料体系),可以采用粉芯丝材的生产工艺加工成丝材,从而使采用丝材作为涂层材料的电弧喷涂和线材火焰喷涂工艺的用料范围,在原来的纯金属以及合金实芯丝材的基础上得到一定程度的扩充。

在国内外材料领域,粉/管工艺的一个典型的应用实例是其制备高温超导线/带材。在银/银合金管中填充多元高温超导材料的先驱粉末(如 BiSrCaCuO 系),经过拉伸等塑性变形工艺,制成丝材,再经轧制工艺及相应的相变热处理工艺,可制得用于制备超导电缆的高温超导带材。

国内最早采用粉/管工艺制备热喷涂用粉芯丝材的单位是北京有色金属研究总院,该单位采用粉/管工艺制备火焰喷涂用结合底层材料 NiAl 复合丝,以铝管为外皮,填充适当比例的镍粉和铝粉,在采用适当的塑变减径工艺、热处理工艺及获得国家发明专利授权的丝材连接工艺,可制得软硬适中、能实现连续送丝和喷涂的成品丝材。由于该丝材中的组元 Ni 和 Al 在喷涂过程中会发生放热反应,提高了喷涂离子在撞击基体时的温度,可使涂层粒子在局部与基体表面形成微冶金结合。这一特点使其成为可用于绝大多数基体材料的普适型结合底层丝材,图 3.1(a)、(b)、(c) 分别为采用粉/管生产 NiAl 复合丝所用的铝管、生产设备及成品丝材。图 3.1(d)、(e) 分别为采用氧-乙炔线材火焰对 NiAl 复合丝进行喷涂及喷涂后的涂层样片。

用粉/皮(PIS)工艺制备热喷涂用粉芯则是完全借鉴和沿用了药芯焊丝的生产工艺。该工艺通常以碳钢或不锈钢薄带(一般厚为 $0.3 \sim 0.5$ mm)为外皮。钢带以一定的速度被连续送进生产线,在经过特制的凹凸相配的轧辊时被卷曲成 U 形。同时,料仓内配置好的填充粉料通过加粉装置按一定速度被送进 U 形钢带中,再顺次通过后续道次的孔形轧辊,实现包覆、合圆及减径,最终通过拉拔制成具有一定规格(如 2 mm)的粉芯丝材。

国内最早出现的复合喷涂丝材是由北京有色金属研究总院研制成功的火焰喷涂结合底层材料——NiAl 复合丝材。它是采用粉/管复合法,将一定比的 Ni 粉和 Al 粉装入铝管之中,再通过适当的减径变形工艺及特殊的接头工艺制成了可供连续喷涂使用的 $\phi3$ mm(或 $\phi3.175$ mm)的丝材。该种复合丝是增效型复合喷涂材料的典型代表。在喷涂过程中,Ni 和 Al 发生化合反应形成 NiAl 和 Ni$_3$Al 化合物,分别释放出 142.8 J 和 157.92 J 的热量,从而使涂层可与很多金属形成十分牢固的"微冶金"结合。与早期作为结合底层材料使用的 Mo 丝相比,由 NiAl 复合丝制备的涂层具有更高的使用温度(前者为 430 ℃,后者可达 870 ℃)。同时,从材料成本角度考虑,后者也要比前者经济得多。另外,由 NiAl 复合丝制备的涂

(a) 铝管　　　　　　　　　　(b) 生产设备

(c) 丝材　　　　　(d) 氧－乙炔线材火焰喷涂

(e) 涂层样片

图3.1　粉／管工艺制备热喷涂用粉芯丝材

层中因含有 Ni_3Al 等化学性能稳定、高温强度大的金属间化合物,故也可直接被作为耐高温氧化、耐磨损的工作层使用。

现在使用更多的是另外一类采用粉／皮复合法制成的复合丝,即将粉末填料添加到作为包覆用的金属或合金带中(一般为碳钢带),经过卷曲、拉拔等工艺制成的复合喷涂丝。该种工艺具有粉末组元调节方便、生产周期短、效率高等优点,既适于多品种、小批量的丝材开发,也可用于大批量的定型生产。目前,该种复合丝中的粉末填料多为陶瓷、金属陶瓷(如 $TiB_2 - Al_2O_3$、$NiCr - Cr_3C_2$)等硬质耐磨粉末,同时添加少量的如 Ni、Al 等合金元素,有利于提高结合强度。由于这类丝材制备的涂层的软基体中包含硬质相的结构,因此具有较好的耐磨粒磨损性能,适合作为耐冲蚀涂层使用。这类复合丝材的出现是对实芯合金丝材的一个有力补充,解决了部分材料不能采用传统的塑性加工工艺制备成丝材的难题。目前,这类丝材已在燃煤电厂循环流化床锅炉受热面管道、风机叶轮等部件的耐磨防护上得到了广泛应用。

为满足对喷涂涂层多功能、高性能的要求,采用电弧喷涂技术制备复合涂层、纳米涂层、新型合金涂层和非晶涂层已成为该技术发展的主要趋势,因此,电弧喷涂粉芯丝材的研究将是一个非常有发展潜力的领域,其应用范围主要包括金属/陶瓷复合涂层、纳米结构涂层和非晶涂层。

(1)金属/陶瓷复合涂层。陶瓷材料硬度高,耐磨性、耐腐蚀性和耐高温氧化性能好,通过热喷涂技术制备金属/陶瓷复合涂层,可将陶瓷材料的优点与金属材料的优点结合起来。金属/陶瓷复合涂层一直是材料学领域的一个重要研究方向。热喷涂金属/陶瓷复合涂层一般是采用超音速火焰喷涂技术、等离子喷涂和激光熔覆等制备方法,虽然获得了质量优异的金属/陶瓷复合涂层,却普遍存在设备昂贵、效率低、喷涂成本高、现场大面积施工困难等问题。近年来,随着电弧喷涂用粉芯丝材的出现,采用电弧喷涂技术制备金属/陶瓷复合涂层的方法应运而生。因此,电弧喷涂金属/陶瓷粉芯丝材必然具有巨大的发展潜力。

(2)纳米结构涂层。热喷涂纳米结构涂层技术已成为热喷涂领域的一个重要发展方向。目前,利用热喷涂技术制备纳米结构涂层主要采用两种方式:① 制备具有部分纳米特征的宏观涂层,即在制备时将质量分数相对较小的纳米颗粒加入传统涂层中,使传统涂层成为纳米颗粒弥散强化的、具有纳米特征的复合涂层;② 制备完全由纳米颗粒构成的宏观涂层。热喷涂制备纳米结构涂层的方法主要有等离子喷涂、超音速火焰喷涂、爆炸喷涂、电弧喷涂及冷喷涂等。通过对喷涂工艺和设备的改进,来解决纳米粉末在喷涂过程中出现的飞离、烧结、团聚、长大和氧化等问题尤显重要。

(3)非晶涂层。非晶态合金因其成分均匀,不存在位错、晶界和成分偏析等晶体缺陷,故具有独特而优异的性能,如高强度、高韧性、高硬度和高耐腐蚀性等,是很有发展前景的新型金属材料。在一定的冷却速度和反应条件下,如在 Fe 中加入 B、Mo、P 等,可生成一定比例的非晶态组织,这样生成的涂层具有优异的耐磨损、耐腐蚀性。因此利用电弧喷涂粉芯丝材制备非晶涂层具有广阔的应用前景。

3.4.2 热喷涂粉末制备方法

用于制造金属、氧化物、金属基碳化物等粉末的方法有多种,粉末的结构等因制造方法的特点不同而异,因此,需要根据粉末的用途合理选择制造方法。制造热喷涂粉末有雾化法、熔融＋破碎法、研磨＋烧结法、球磨法、喷雾＋干燥法、包覆法、等离子喷雾法和等离子球化法。

1. 雾化法

雾化制粉的过程是熔化的金属液流被雾化介质雾化成液滴,在液滴碰到器壁或团聚前凝固成粉末。原料多以单元素或多种合金在感应炉、电弧炉或其他类型的炉中熔化、均匀化后被转移到中间包,因为中间包能提供恒定、可控的金属液流进入雾化室,所以金属液流离开中间包后会遭遇高速的雾化介质(通常是气体),被雾化成细小的液滴,在雾化室下端收集粉末。雾化法必须考虑粉末的粒度分布、形状和氧化程度,惰性气体雾化虽能有效降低含氧量,但成本高。

在过去 10 年里,一系列新的块体非晶态金属被制备出来,这些金属具有多组分的化学成分和高的玻璃相形成能力,主要有锆合金、镁合金、镧合金、钯合金、钛合金、铁合金系列,目前主要采用各种快速凝固技术来制备这些合金,采用喷涂的方法制备合金涂层也是一个研究的热点,常用的方法是首先利用氩气雾化工艺将合金雾化成微米级的非晶态球形粉末,然后热喷涂形成涂层,如Dent 等采用高速火焰喷涂制备了 Ni 基非晶／纳米晶涂层。

2. 熔融＋破碎法

熔融＋破碎法用于制备脆性的粉末,主要是陶瓷粉末。该方法是将不同的粉末混合后在专门的加热炉中熔化,冷却后的陶瓷块采用各种破碎机破碎。这些破碎机主要有锤式粉碎机、捣碎机、颚式破碎机和圆锥式破碎机。该方法制备的粉末有致密、块体、多棱角的特点。

3. 研磨＋烧结法

研磨会产生细小的粉末,直径通常小于 $5~\mu m$,但这个粒度范围的粉末不适合直接用于一般的热喷涂,处理方法是将这些粉末压成球形,加入或不加入黏结剂,然后烧结,烧结温度必须在熔点以下,但是必须达到足够高的温度以使粉末之间通过化学扩散而黏结在一起,最后将烧结的坯体破碎成粉末,以获得适合热喷涂用的粉末粒度。不难看出,这样烧结的坯体比熔融冷却块体要容易得多。当增加压力、延长烧结时间和升高温度时,孔隙率将降低。研磨＋烧结法制备的粉末主要呈块体状,是多棱角结构,粉末中有或多或少的孔隙存在,许多硬质合金或金属粉末就是采用这种方法制备的。

4. 球磨法

球磨法用于制备脆性材料粉末(如陶瓷粉末),可减小脆性材料粉末粒径和消除团聚。包含有固体润滑剂(如石墨、MoS_2、MnS、WS_2、CaF_2 等)的热喷涂涂层减少了由摩擦造成的能量损失,以及由磨损造成的质量损失,然而要用热喷涂方法来制备这类涂层十分困难,因为在过热条件下这些物质易分解,同时其颗粒形状呈薄片状,流动性非常差。因此为改善颗粒流动性,在多数情况下,这些粉末与一定质量比的金属颗粒混合,在球磨数小时后,粉末的粒径降到几微米或者几十微米(主要依据球磨参数而定),然后采用喷雾干燥法团聚成 $45~\mu m$ 的球形粉末,最后烧结成热喷涂粉末。

用球磨法制备热喷涂粉末得到了广泛的发展,搅动球磨法就是有效的方法之一。搅动球磨机不同于传统的球磨机,料浆中包含了颗粒和介质,以 $1 \sim 10~Hz$ 的频率连续搅拌料浆,球磨子由细小的球($0.2 \sim 5~mm$)组成,占据研磨罐 $60\% \sim 90\%$ 的体积。为了防止团聚,在料浆中加入一定量的有机添加剂,获得的颗粒粒度为 $0.1 \sim 5~\mu m$。研究表明,搅动球磨机可获得亚微米级的颗粒。球磨介质和粉末的冷却是加快断裂和快速获得稳态条件的一种有效方法,液氮球磨就是在这一条件下产生的,其能够同时防止粉末的团聚和粉末冷焊接到球磨介质表面,在氮气气氛下粉末的氧化减少。近年来,为了合成特殊功能的热喷涂粉末,产生了一些新的复合工艺,如 Borisova 等采用球磨＋高温自蔓延法和机械合金化＋球磨法制备了热喷涂粉末。

5. 喷雾＋干燥法

喷雾＋干燥法是制备细小颗粒用于热喷涂工艺中最通用的一种方法。在所有用于制备陶瓷粉末的工艺中,所获得的粒度分布通常不适合用于热喷涂,如用破碎、研磨、球磨等方法经常会产生细小的粉末(通常小于 $5~\mu m$),这些粉末在没有团聚时不适合用于传统的热喷涂,因此必须形成混合的团聚体。

在喷涂干燥工艺中,团聚粉末的制备来自悬浮液,然而包含金属和陶瓷粉末稳定的悬浮液不是直接形成的,如果氧化物悬浮液非常容易稳定,那么制备金属陶瓷如 WC—Co 悬浮液就非常困难,这主要是由 WC—Co 的高密度及两种组成颗粒的酸碱性不同引起的。喷涂干燥的悬浮液的性质随 pH、添加的分散剂量、黏结剂的类型和固体物质的质量分数的变化而变化，也可以制备由性质差别很大的元素组成的喷涂粉末，如制备 AlSi 共晶合金喷涂粉末，其掺杂的碳纳米管的质量分数为 5％。

6. 包覆法

包覆法可以制备壳核结构的复合材料粉末，一种材料作为核，另一种材料作为壳，如 NiAl 喷涂粉末则是以 Al 为核，外面包覆一层 Ni。机械融合法是制备包覆颗粒常用的方法，其具体工艺是，将具有不同粒径的原始粉末充分混合后加热，其间低熔点的材料被加热到塑性状态（甚至在某些情况下熔化），而高熔点的材料则不熔化，然后通过机械混合使这两种粉末焊在一起。混合的结果是高熔点的粉末作为核被低熔点粉末包覆，形成了壳核结构的复合材料粉末。包覆法的另一种工艺是复合化，复合粉体能使高硬度和高韧性的材料结合在一起。例如，金属陶瓷复合粉末 WC—Co 的质量分数为 6％，喷雾干燥的粉末通过电荷耦合元件技术外包覆了 Co 层，所形成的复合粉末中 Co 的质量分数为 17％，且该颗粒具有很好的强度和韧性。

7. 等离子喷雾法

目前，商用的等离子体雾化设备主要是加拿大 Pyrogenesis 公司开发的设备，如图 3.2 所示。

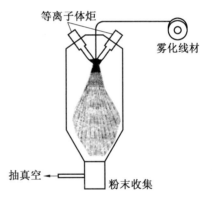

图3.2　等离子体雾化设备示意图

等离子体雾化设备主要由 3 个与垂直方向成 $20° \sim 40°$ 的直流非转移弧等离子喷嘴组成，喷嘴对着同一个顶点，形成一个等离子区域。这种工艺的优点是热熔量大而电极损耗小，所制备的粉末球形度高，粉末粒径为 $25 \sim 90~\mu m$，且粒度范围可调，因此适用于热喷涂行业。1998 年由该方法生产的钛粉已经实现了工业化和商业化。目前为止，已经用于生产的粉末包括 Cu、Ti、Ti6Al4V、Al、Mo、In718、NiCu 和 Ni。

8. 等离子球化法

采用致密的球形粉末作为喷涂材料具有以下几个优点：① 流动性好、粉末送粉速度均匀、规律性强；② 球形粒子可减小与进料管内壁的摩擦力，降低与进料管的碰撞能，有效降低粉末中的污染物；③ 由于热气或蒸气反应，消除或减少了夹杂物，降低了涂层孔隙率。

总体来说，等离子球化粉末具有流动性高、孔隙率小、粉末致密性好、

脆性低、纯度高和光洁度好等优点。与其他传统的制粉技术相比,等离子体球化法具有以下几个优势:

①等离子能量高度集中。在等离子体中心区温度高达10 000 ℃,离开等离子焰后,温度以10^6 ℃/s的速度急剧下降,这种特殊的温度场为高熔点金属钨粉颗粒表面的迅速熔化和快速冷却定型创造了良好的温度环境。

②能量控制方便、灵活。等离子射流体的温度场可以通过调整其功率、工作气体流量、原料供给速度等参数进行精确控制。

③热能利用率高。因为其能量高度集中,所以利用率可达75%,而且在粉末球化过程中不需要使粉末全部熔化,仅需要使粉末颗粒表面熔化,从而避免了不必要的能量消耗。

(1)微米级固体粉末的球化。致密的球形粉末大部分是通过等离子体处理获得的,主要有直流(DC)等离子体和射频(RF)等离子体粉末,其中最常用的是射频放电等离子体,这是因为:①射频等离子体的速度低(约为50 m/s),因为粉末在射频等离子体流中停留的时间比在直线等离子体中延长了1个数量级;②粉末在射频等离子体中较长的停留时间将抑制粉末内部的热传导现象;③射频放电等离子体中的鞘气可以用任何气体。

商业化的射频等离子体球化设备主要由加拿大Tekna公司研制开发,用于制备致密的球形粉末。图3.3所示为Tekna设备结构示意图,交流电源产生感应等离子体炬,粉末在线圈的半高位置被轴向送入,水冷收集器能够保证粉末在到达容器底部前充分凝固,旋风分离器通过气体流动作用过滤较小的颗粒。随着粉末熔点和粒度的增加,辐射损失增加,而送粉气体流速的增加又会使等离子体气流的温度降低,即负载效应。

对于工业化生产来说,生产成本是主要考虑的因素。等离子体球化的成本依赖于所处理材料性质(如材料的熔点)、颗粒大小、所需要的球化率和一次处理的量,因此球化成本可能相差10倍左右。合理调整工艺参数可以使球化率达到100%。然而,由于该工艺球化时球化温度高,因此,容易分解的喷涂粉末用此方法则不容易实现。

(2)悬浮液制备球形粉末。当采用化学工艺路线制备材料时,晶体粒度通常为纳米级,即使不会使晶粒分解,但要制备致密的球形粉末也是比较困难的。Bouyer等提出羟基磷灰石(HA)通过50 kW的射频等离子体致密化工艺,所用设备和微米级固体粉末的球化类似,主要是进料方式不同,采用蠕动泵进料。具体工艺如下:首先采用湿化学合成人工羟基磷灰石,然后通过离子或水热方法沉淀溶液,得到固体悬浮液,将悬浮液黏度调整到一定值,通过蠕动泵进料,并将微小颗粒汽化,其合成过程示意图如图3.4所示。

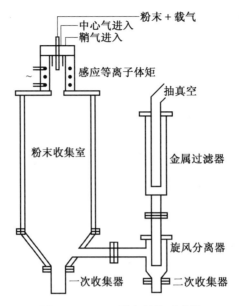

图3.3　Tekna 设备结构示意图

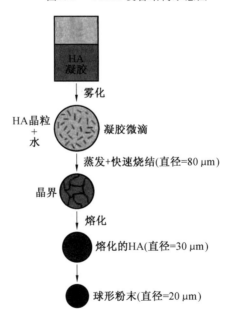

图3.4　HA 颗粒合成过程示意图

　　由于采用低速的等离子体,在飞行中悬浮颗粒不会破碎,水蒸发后固体颗粒快速烧结然后熔化,可制备出一定尺度的球形颗粒。

目前,国内还没有能够大量生产和销售等离子球化粉末的厂家,主要原因是这种粉末的生产成本太高,因此如何降低等离子球化粉末的生产成本是一个大难题,也是国内外竞相研究的一个热点问题。

3.5 热喷涂涂层材料体系

3.5.1 ZnAl合金涂层材料体系

早期国内外广泛采用火焰喷涂或电弧喷涂技术制备 Zn 涂层和 Al 涂层,它们对钢铁材料既具有自我牺牲的阴极保护作用,又具有阻挡腐蚀介质的隔离防护作用,而且 Al 涂层在大气中极易形成致密的 Al_2O_3 薄膜而具有很好的钝化保护作用。但实际应用中发现,Zn 涂层在弱酸性、含 SO_2 工业大气和海洋环境中的耐蚀性较差,腐蚀率较高,在施工过程中 Zn 的氧化烧损和 ZnO 烟雾对人体的危害都较大。Al 涂层含有相对较高的孔隙率,且对水中存在的 Cl^- 非常敏感,易发生点蚀。

热喷涂 ZnAl 合金涂层则综合了二者的优点,降低了氧化烧损和 ZnO 烟雾对人体的危害,提高了涂层的沉积效率,使钢结构件的耐蚀寿命进一步延长。其发展应用已有 40 多年的历史,如美国的 TAFA 公司早在 20 世纪 80 年代初就对 Zn15Al 合金涂层进行了许多研究工作,试验研究和实际应用证明,该合金涂层可以对钢铁基体提供有效的保护,具有良好的耐腐蚀性能。但是 Zn15Al 合金涂层在高温、高湿、高盐雾等恶劣条件下,其耐蚀性能减弱,服役寿命明显降低。

1. ZnAl 系合金热喷涂制备技术

ZnAl 系合金热喷涂制备技术是指将熔融状态的 ZnAl 合金材料(粉末或线材),通过高速气流使其雾化喷射至经预处理的零件表面形成涂层的一种金属表面加工技术。用于制备 ZnAl 合金涂层的热喷涂方法主要有火焰喷涂和电弧喷涂。火焰喷涂在早期应用较广泛,其设备简单、工艺灵活;电弧喷涂则在高效、节能、节材等方面拥有更大的优势。

(1)火焰喷涂。火焰喷涂 ZnAl 合金涂层技术是以可燃气体或液体为能源的热喷涂方法,多数采用氧-乙炔作为热源。其使用的喷涂材料可以是 ZnAl 复合粉末或合金粉末,也可以是 ZnAl 合金线材。粉末火焰喷涂技术的显著特点是可以制备不同 Zn、Al 成分配比的涂层,但它也存在一定的缺陷,如 Zn 和 Al 的熔点较低,喷涂过程中烧损特别严重,喷涂效率也很低,并且在粉末火焰喷涂中,粉末的粒度决定了喷涂雾化粒子的粒度,不存在粒子被再次破碎的雾化过程,从而使涂层的性能受到很大的影响。

线材火焰喷涂技术通常以压缩空气或电力作为动力驱送线材,燃烧的气体通常仅用于熔化金属,为了实现喷涂,还需供给压缩空气,在燃烧的火焰周围喷出的压缩空气使熔化的材料雾化。利用 ZnAl 合金线材火焰喷涂技术可在一定程度上减少金属的烧损,且采用单丝送进的方式,喷涂较稳定。线材火焰喷涂 ZnAl 合金技术所用的材料可以是 ZnAl 合金实心丝材,也可以是带有填充粉末的 ZnAl 合金粉芯丝材。

(2)电弧喷涂。电弧喷涂是利用两根连续送进的金属丝之间产生的电弧熔化金属,利用压缩空气将其雾化并加速喷射至工件表面形成涂层的技术。涂层的孔隙率和结合强度是影响 ZnAl 合金涂层耐腐蚀性能的重要因素,因此,学者们就如何提高电弧喷涂 ZnAl 合金涂层质量展开了广泛的研究,其中高速电弧喷涂技术的出现是一个很好的例证。高速电弧喷涂技术是采用新型的 Laval 喷管设计,以高压空气作为雾化气流,可加速熔滴的脱离,显著提高熔滴的速度,并改善电弧的稳定性。与普通电弧喷涂技术相比,高速电弧喷涂具有熔滴速度明显提高、雾化效果明显改善、涂层结合强度显著增强、孔隙率低等特点。高速电弧喷枪是高速电弧喷涂技术的关键设备,如由中国矿业大学研制的二次雾化电弧喷枪已成功用于钢桥面防腐蚀,其突出的特点是大幅度提高了喷涂效率。由装甲兵工程学院研制的 HAS－01 型高速电弧喷枪,雾化气流出口后的最高速度可达 600 m/s,且在距喷枪出口 80 mm 的范围内保持高速,该喷枪特别适用于喷涂 φ2 mm 的金属丝材。其改进型的 HAS－02 型高速电弧喷枪,喷枪结构得到了优化,喷涂 φ3 mm 的金属丝材时,雾化粒子的最高速度可达 210 m/s,涂层的性能得到明显改善。

高速电弧喷涂 ZnAl 合金涂层时,高压空气经特殊设计的喷管加速后,雾化气流一方面对熔融金属具有很强的加速作用,改善了粒子的雾化效果,缩短了雾化粒子的氧化时间,增强了粒子的扁平化程度并与基体牢固结合;另一方面,由于丝材的存在,气流将产生斜激波,在丝材端部形成涡流,这种波动在一定程度上有利于 ZnAl 合金的充分混合和金属的雾化。高速电弧喷涂与普通电弧喷涂相比,其弧区特征明显不同,当喷涂材料和工艺参数保持不变时,高速电弧喷涂由于气流的加速作用,电弧射流体呈椭圆形,沿气流方向被显著拉长,因而延长了粒子的加热距离,提高了粒子的温度,使其雾化的粒子更加细小。这些特征的综合作用,使得高速电弧喷涂 ZnAl 合金涂层的性能得到了很大的提高。

采用电弧喷涂制备 ZnAl 合金涂层比用火焰喷涂技术占有更大的优

势。相关文献中采用 TAFA－8830 型电弧喷涂设备(美国 TAFA 公司)和 SQP－1 型丝材火焰喷涂设备喷涂相同成分的 ZnAl 合金丝材制备涂层,对比性能试验发现,电弧喷涂涂层的耐腐蚀性能与丝材火焰喷涂涂层没有大的差别,但电弧喷涂技术具有高效、节能、优质、安全及低成本等优点。

2. ZnAl 系合金丝材研究现状

近几十年来,人们对 ZnAl 涂层的合金成分进行了大量的研究,已研制出各种类型的 ZnAl 涂层,如复合涂层、复合粉末和合金粉末涂层、伪合金涂层及合金丝涂层等。20 世纪 50 年代,日本的 Robert 等曾制备了 Al 的质量分数为 10%～90% 的一系列 ZnAl 复合粉末和 ZnAl 合金粉末,并采用了火焰喷涂技术制备涂层,经过 34 年的中等程度的海洋大气暴露试验显示,Al 的质量分数较大的 ZnAl 合金涂层表现出了优异的耐腐蚀性能。日本腐蚀控制协会热喷涂专业委员会曾利用火焰喷涂技术对碳钢表面喷涂 Zn13%Al 合金线材,并对 Zn、Al 热喷涂涂层进行了 10 年的海洋暴露试验发现,经封闭处理的 Zn13Al 合金涂层显示出了优异的耐腐蚀性能。李守本等也曾制备了 Al 质量分数分别为 15%、22%、30% 和 55% 的 ZnAl 合金丝涂层,电化学试验研究发现,Al 的加入对 ZnAl 合金的电位影响较大,随 Al 质量分数的增加,电位向正方向移动;对涂层做阳极极化试验时,表现出了钝化现象,且电极表面出现了白色的腐蚀产物。

20 世纪六七十年代,ZnAl 合金丝材喷涂主要集中在 Zn15%Al 合金上,因为当 Al 的质量分数大于 15% 时,材料变硬变脆致使合金丝的加工非常困难,影响了其发展应用。当用一根 Zn 丝和一根 Al 丝进行电弧喷涂时,通过调节两根丝的进给速度或采用不同直径的丝材,可以制备出 Al 质量分数不同的 ZnAl"伪"合金涂层。有资料报道,通过不同直径的 Zn、Al 丝材搭配,制备出了 Al 质量分数分别为 14%、26%、27% 和 34% 的 4 种 ZnAl"伪"合金涂层,从盐雾腐蚀试验和电化学试验中可发现,Al 质量分数高的 ZnAl"伪"合金涂层表现出了更加优良的耐腐蚀性能。由印度腐蚀科学与技术协会研制的电弧喷涂 Zn55%Al"伪"合金涂层,与电弧喷涂 Zn15%Al 合金涂层的性能对比发现,Zn55%Al"伪"合金涂层的耐腐蚀性能要优于 Zn15%Al 合金涂层。但这种涂层的缺陷在于丝材直径或进给速度不同,导致雾化不均匀,粒子粒度波动较大,进而涂层的成分也很不均匀,在一定程度上影响了涂层性能的发挥。

粉芯丝材的出现在很大程度上解决了 ZnAl 合金丝材拉拔难的问题。粉芯丝材由金属外皮和填充粉末构成,通过调节粉芯的成分即可制得不同合金质量分数的丝材,具有广阔的应用前景,其粉芯的最高填充率可达

50％。ZnAl 合金粉芯丝材通常采用 Zn 作为外皮、Al 作为填充粉末的方式制造。到目前为止,对用火焰喷涂或电弧喷涂粉芯丝材制备 ZnAl 合金涂层已进行了相当多的研究,如本实验室研制出了 Zn－(15％ ～ 30％)Al 粉芯丝材,中冶集团建筑研究总院焊接研究所研制出了 Zn－45％Al 粉芯丝材,喷涂试验表明,ZnAl 合金涂层的耐腐蚀性能是纯 Zn 涂层的 6 ～ 7 倍。

　　近几年的研究表明,向 ZnAl 合金中加入其他的适量元素能显著改善涂层的耐腐蚀性能,如研制出的 ZnAlRE 合金、ZnAlSi 合金、ZnAlMg 合金及 ZnAlMgRE 合金等热喷涂合金材料,其中以 ZnAlMg 系列合金最为突出。ZnAlMg 合金涂层在海洋环境下具有比 ZnAl 涂层更优异的耐腐蚀性能,在美国、英国等国家已经开始应用。早期的 ZnAlMg 合金材料,当 Mg 的质量分数大于 0.5％ 后,合金将变硬变脆而难以制成丝材,采用“伪”合金和粉芯丝材的办法可解决这一问题。有资料表明,利用“伪”合金和粉芯丝材技术向涂层中添加质量分数为 0.7％ ～ 1.4％ 的 Mg 后,涂层的抗红锈能力是纯 Zn 或纯 Al 涂层的 4 倍。本实验室对 ZnAlMg 系列合金涂层也展开了研究,采用高速电弧喷涂技术并结合粉芯丝材制备了不同质量分数 Al、Mg 的 ZnAlMg 系列合金涂层,并利用盐雾腐蚀试验和电化学试验研究了 Al、Mg 的质量分数对 ZnAl 涂层耐腐蚀性能的影响,为这种新型防腐涂层的大规模工业应用奠定了基础。

　　近几年,人们发现在 ZnAl 合金中加入适量的 Mg 元素,能显著改善涂层的耐腐蚀性能。ZnAlMg 涂层较 ZnAl 涂层有着更为优异的耐腐蚀性能,并在国外已开始广泛应用。但是当 Al 的质量分数大于 15％ 或 Mg 的质量分数大于 0.5％ 时,ZnAlMg 合金变硬变脆导致无法拉拔成丝材。进行高速电弧喷涂时,采用两根材料不同的金属丝材,通过调节进给速度,或者选用两根不同直径的丝材,可以制备出不同质量分数 Al、Mg 的 ZnAlMg“伪”合金涂层。但由于丝材直径或进给速度不同,降低了喷涂稳定性,并导致雾化粒子大小参差不齐,进而涂层的成分很不均匀,影响了涂层的耐腐蚀性能。而粉芯丝材的出现在一定程度上解决了这一问题。粉芯丝材能通过调节填充粉末的成分来满足所需涂层成分的要求,采用粉芯丝材制造的涂层比“伪”合金涂层的组织更加均匀致密。由于粉芯丝材通常采用纯 Zn 带作为外皮,而 Zn 带的硬度和刚性极低,制备的丝材柔软易变形而导致其无法长时间保持可靠稳定的送丝速度,限制了粉芯丝材的应用。陈永雄等研制出采用 ZnAl 合金取代 Zn 来制造带材,利用 ZnAl 合金带材包裹合金粉末的方法制备粉芯丝材,发现 Al 质量分数为 2％ 的 ZnAl 合金带材和美国 Alltrista 公司新近研制的 ZnAl 合金带材(A220)都能够满足粉芯丝材的生产要求,并且这两种带材长时间喷涂不会发生脆断,制备的涂层组织致密,有良好的耐腐蚀性能,有利于大规模推广应用。研究发现,若向ZnAl涂层中添加质量分数为 $0.7\%\sim1.4\%$ 的 Mg,涂层的抗红锈能力得到大幅度提升。徐滨士等采用高速电弧喷涂技术结合粉芯丝材制备了不同质量分数 Al、Mg 的 ZnAlMg 系列合金涂层,并研究了不同质量分数 Al、Mg 对 ZnAl 涂层耐腐蚀性能的影响,为以后的科研工作提供了理论参考,并为 ZnAlMg 涂层的工业应用奠定了理论基础。

付东兴等系统地研究了 ZnAlMgRE 涂层的耐腐蚀性能和耐腐蚀机理,并在 ZnAlMgRE 涂层上涂装了有机涂层,并与涂装有机涂层的 Al 涂层做对比试验。试验发现 ZnAlMgRE 复合涂层的电容能长时间保持稳定,并能保持较高的孔隙电阻,具有优异的耐腐蚀性能。ZnAlMgRE 涂层的腐蚀产物微观结构致密,堵塞了涂层中的微观孔隙,切断了腐蚀介质的通道,弥补了有机涂层的缺陷。涂层的自封闭特性使得它与有机涂层具有良好的协同性。

从善海等利用浇铸法制备了 ZnAlMgCe 合金,将其浸泡在长江水溶液及 3.5% NaCl 溶液中长达 360 h 研究其耐腐蚀性能,并制备了 Zn、ZnAl、ZnAlMg 等合金做对比试验,分别测试了其电化学性能。研究发现:ZnAlMgCe 合金比其他合金拥有最负的电极电位、最小的腐蚀电流和最小的腐蚀速度。其主要原因是稀土 Ce 显著地细化了 ZnAlMg 合金的组织,并降低了组织中晶粒与晶界的电位差,从而减缓了晶界腐蚀,提高了 ZnAlMgCe 合金的耐腐蚀性能。邢士波等利用电弧喷涂法制备了 ZnAlMgLaCe 涂层,试验表明稀土元素 La 和 Ce 可以细化涂层颗粒组织,改善了涂层组织的致密性,提高了其均匀性,使得涂层具有较好的自封闭效果,具有优异的耐腐蚀性能。

刘奎仁等用 ZnAlMgRESi 粉芯丝材在极冷的条件下通过电弧喷涂法制备了形似玻璃态的非平衡组织涂层,这种涂层无明显晶界和颗粒状物质,但并非是非晶态,其孔隙率仅为 2.5%,约为正常涂层的1/4。非平衡组织非常致密,生成的耐腐蚀产物同样致密,阻碍了腐蚀的继续进行,具有极强的自封闭效果。腐蚀失重试验表明涂层腐蚀速率比正常涂层的更小,分析极化曲线和电化学阻抗谱,也证明了 ZnAlMgRESi 的耐腐蚀性能非常优异。

3. ZnAl 系合金材料的形成及防腐蚀机理

从 ZnAl 二元相图(图 3.5)可知,Zn、Al 两元在液态能无限固溶,而在固态只能有限固溶,不形成化合物,只形成共晶组织。ZnAl 系合金在室温下实际上是"伪"合金组织。制备 ZnAl 合金热喷涂涂层的合金材料经历了从加热熔化到冷却结晶的过程,形成具有层状结构的组织,呈现出快速凝固的特征,致使涂层中存在富 Zn 相和富 Al 相,涂层组织不均匀。在 ZnAl 涂层的腐蚀过程中,其腐蚀产物较为致密,封闭了涂层表面的孔隙,阻止了腐蚀的进一步发展,即产生了"自封闭"效应。即使涂层由于外界因素出现了局部剥落,其致密的腐蚀产物也可以很快填补缺陷,避免基体与外界直接接触,从而有效地保护基体。

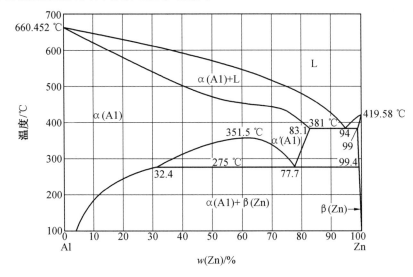

图3.5　ZnAl 二元相图

在 ZnAlMg 合金涂层中加入稀土元素可以细化晶粒。RE、Ce 和 La 元素的加入都可以减小雾化溶滴尺寸,且涂层中的扁平颗粒厚度明显变薄,组织更为致密均匀,减少了孔隙率。有研究表明,RE 元素活性强,能够脱除涂层中的 O 和 S;Ce 元素的加入降低了涂层中晶粒与晶界的电位差。RE、Ce 元素的存在都减缓了晶界腐蚀,而涂层的腐蚀主要是晶界腐蚀,涂层的耐腐蚀性能随稀土元素的加入得到进一步提高。

3.5.2　非晶合金涂层材料体系

1. 非晶合金材料及形成机理

非晶态合金俗称金属玻璃,是由熔体以足够高的冷却速度(大于 10^5 K/s)快速凝固避免结晶,从而使液态溶液的"无序"原子组态冻结下来形成的合金。因此,非晶态合金是兼有液体和固体、金属和玻璃特性的金属合金材料,它具有独特而优异的物理、化学及力学性能,如极高的强度、韧性、硬度、耐磨性、抗腐蚀性、软磁特性等。自 20 世纪 60 年代出现非晶态合金以来,它一直是材料与物理学界非常感兴趣的研究对象。

为了对非晶态合金的性能进行研究,人们不断地探索其制备方法,期望制备出不同体系的非晶态合金。从理论上来讲,几乎所有的合金都能制备出非晶态合金,但金属玻璃化是一个大难题,因为金属合金的形核和长大过程很快,过程难以控制。事实上,不同合金系的非晶态合金的形成能力存在很大差异。

目前,已发现的非晶合金材料按成分划分主要有 Mg 基、Al 基、Ti 基、Fe 基、Co 基、Ni 基、Cu 基、Zr 基、Pd 基、Au 基、Ag 基、Ce 基、Gd 基、La 基、Sn 基等,其具体成分配比见表 3.2。

表 3.2 常见的非晶合金体系成分配比

编号	非晶合金系	非晶合金的具体成分配比
1	Fe 基	$Fe_{72}CO_8Si_{15}B_5$,$Fe_{73.5}Cu_1Nb_3Si_{13.5}B_9$, $Fe_{76}Si_{7.6}B_{9.5}P_5C_{1.9}$,$Fe_{79}Si_{15}B_6$, $Fe_{80}Si_6B_{14}$,$Fe_{78}Si_9B_{13}$,$Fe_{80}Si_9B_{11}$, $Fe_{83}B_{17}$,$(Fe_{50}Ni_{50})_{77.5}Cr_{0.5}Si_{11}B_{11}$, $Fe_xPt_ySi_z(x=60\sim90,y=10\sim70,z=10\sim40)$, FeCoBSiNb,FeB 合金, $Fe_{85.1}Mo_{0.5}Zr_{3.3}Nb_{3.3}B_{6.8}Cu_1$,$Fe_{73.5}Si_{13.5}B_9Cu_1Nb_3$, $FeNb_{11.9}B_{1.9}Co_{4.77}$,$FeNb_{11.9}B_{6.42}Co_{5.15}$, $Fe_{36}Co_{36}Nb_4Si_{4.8}B_9$,$Fe_{80}Si_4B_{14}C_2$, $Fe_{57.6}C_{7.1}Si_{3.3}B_{5.5}P_{8.7}Cr_{12.3}Al_{2.0}Mo_{2.5}Co_{1.0}$, $Fe_{86-x}Pr_8B_6Zr_x(x=0,1,2)$,FeWYB
2	Ti 基	$Ti_{47.5}Zr_{15}Cu_{30}Pd_{7.5}Sn_5$,$Ti_{40}Zr_{25}Ni_{15}Cu_{20}$,$Ti_{35}Zr_{35}Ni_{10}Cu_{20}$, $Ti_{40}Zr_{20}Ni_{20}CuB_{0.2}$,$Ti_{40}Zr_{20}Ni_{25}CuB_{0.2}$
3	Co 基	$Co_{66.3}Fe_{3.7}Si_{12}B_{18}$,$Co_{68.15}Fe_{4.35}Si_{12.5}B_{15}$, $Co_{68.25}Fe_{4.5}Si_{12.25}B_{15}$,$Co_{71.8}Fe_{4.9}Nb_{0.8}Si_{7.5}B_{15}$, CoFeVSiB,CoSiBNb
4	Ni 基	$BNi-1(NiCr_{14}Fe_{4.5}Si_4B_{3.5}C_{0.75})$, NiNbZrCo,NiNbZrCoSn, $BNi-2(NiCr_7Fe_3Si_{4.5})$,$BNi-3(NiB_{3.2}Si_{4.5})$,NiPdSi(P)
5	Mg 基	$Mg_{80-x}Cu_{10+x}Y_{10}(x=0,5,10,15)$,$Mg_{65}Cu_{22}Ni_3Y_{10}$,MgZnCa, MgNiGd(Nb),MgLiAlCuZn

续表3.2

编号	非晶合金系	非晶合金的具体成分配比
6	Cu 基	$Cu_{87.6-x}Ni_{8.3}Sn_{4.1}P_x(x=11.9\sim16.5),CuZrAl,CuGdAl,$ $Cu_{90-x}Ni_{10}P_x,CuPdSi,CuZrAlGd,GuZrTiBe$
7	Zr 基	$Zr_{65}Al_{10}Ni_{10}Cu_{15},Zr_{65}Al_{7.5}Ni_{10}Cu_{17.5},$ $Zr_{55}Al_{10}Ni_5Cu_{30},ZrCuAlAg,$ $Zr_{70}Cu_{30},Zr_{41.2}Ti_{13.8}Cu_{12.5}Ni_{10}Be_{22.5},ZrCuNiAlNb,$ $(Zr_{41.2}Ti_{13.8}Cu_{12.5}Ni_{10}Be_{22.5})_{100-x}Nb_x(x=0,0.1,1,2,3,5)$
8	Ce 基	$Ce_{75}Al_{25-x}Ni_x(x=4,8,16),Ce_{68}Al_{17}Ni_{15},$ $Ce_{73}Al_{15}Ni_{12},CeAlNiCu$
9	Al 基	$AlFeGd,AlNiCoYLa,$ $AlZnCe,AlCuZnSn$
11	Pd 基	$PdCuNiP,PdCuNi$
12	Au 基	$Au_{75}Si_{25},AuCu$
13	Ag 基	$AgMgRe$
14	Gd 基	$Gd_{65}Fe_{20}Al_{15}$
15	La 基	$LaAlNi,La_{62.0}Al_{15.7}(Cu_{50}Ni_{50})_{22.3}$
16	Sm 基	$SmCeCuNiAl$

非晶形成理论和晶体形成理论都属于凝固理论的范畴,因此,可以说非晶合金的形成机理始于凝固理论。从凝固过程来看,非晶合金的形成过程:通过高温加热,使合金形成过热熔体,在急速条件下发展为过冷熔体,并快速凝固成非晶固体。为了获得非晶合金,必须抑制过冷熔体向结晶固体的转变和非晶固体向结晶固体的转变。

液态金属经过降温形成晶体时,首先要发生原子扩散,当液体中成分起伏和结构起伏发展到一定条件时,就会形成临界尺寸晶核,然后经过扩散、生长形成晶体。因此只要合金液体不发生形核和长大,液体结构就能保存到室温,即形成非晶体。因此,可以说关于抑制合金液体形核和长大的理论和机理也都是非晶合金的形成机理。

实际上,非晶合金材料的原子排列并非绝对无规则的,其临近原子的数目和排列是有规则的,即存在化学短程有序(Chemical Short-Range Orders,CSRO)。CSRO与无序原子间存在动态平衡。CSRO是在均匀熔体中产生的,但不会导致均匀熔体分层。在连续冷却过程中,液态熔体中原子位形结构不断地由非稳态向亚稳态转变。尽管体系处于最稳定的平衡态,但稳定平衡态的建立需要熔体中组分原子的长程扩散。当熔体中有多种组元短程有序存在时,熔体的吉布斯自由能可能在某些成分点处达到最小值,存在 CSRO 的熔体的自由能要比均匀理想的液态结构的自由能低,因此形成一个稳定核心就需要更大的过冷度,而大的过冷度意味着熔体黏度的增加。由于高黏度过冷熔体中原子长程迁移困难,亚稳的原子构形便有机会在一定时间内存在,即增加了均质形核的难度,有利于形成非晶。

2. 热喷涂非晶合金涂层材料

近些年来,随着非晶合金基础研究和制备工艺的不断进步,非晶材料优异的软磁、光、电特性已经得到实际应用,如变压器磁芯、录音机磁头、敏感元件用非晶合金薄带(丝),可刻录光盘用银铟锑碲非晶涂层,太阳能电池用非晶／微晶硅薄膜等。然而,非晶合金的高抗腐蚀性、高强度、高硬度、高抗磨损性等化学和力学特性,除了非晶高尔夫球杆头等极少数成功应用案例外,还未得到很好的开发应用。近年来出现的热喷涂非晶合金涂层及在金属防护、强化、修复中的应用正好弥补了这一缺陷,标志着非晶合金的高抗腐蚀性、高强度、高硬度、高抗磨损性等优异的化学和力学特性大量应用时代的开始。

近年来,国内外对热喷涂非晶合金涂层材料进行了大量研究。在 Ni 基体系中有 NiZrTiSiSn、NiCrMoB 等非晶涂层。研究表明,与 Ni 基多晶合金涂层相比,Ni 基非晶涂层具有极其优异的抗腐蚀性能。Jayaraj 等采用气雾化粉末和低压等离子喷涂技术在钢基体上喷涂了 Ni59Zr20Ti16Si2Sn3 多晶和非晶涂层,并对其抗腐蚀性能进行了比较,结果表明,在 $0.5\ mol/L\ H_2SO_4$ 溶液中成分相同的多晶合金涂层腐蚀率为 2 000 $\mu m/a$ 左右,而非晶合金涂层降低到几微米,抗腐蚀性能提高了上千倍。

在 Fe 基非晶涂层体系中,在 20 世纪 70 年代 Naka 等发现了 Fe10Cr7P3C 块状非晶涂层具有极其优异的抗腐蚀能力,在 1 mol/L HCl 溶液中腐蚀速率为 $1\sim5\ mm/a$,而 304 不锈钢为 1 mm/a 左右。1996 年 Kishitake 发现 Fe10Cr7P3C 非晶涂层也具有同样优异的抗腐蚀性能,随后许多研究者对 Fe 基非晶涂层及抗腐蚀性进行了大量研究,发现 FeCrMo(C,B)、FeCrPC、FeCrMoPC、FeCrSiBMn 等非晶涂层均具有优异的抗腐蚀性能。最近研究还发现更多组元的 FeCrMnMoWBCSi 系列结构非晶金属具有极好的抗腐蚀性能,如 SAM2X5($Fe_{49.7}Cr_{17.7}Mn_{1.9}Mo_{7.4}W_{1.6}B_{15.2}C_{3.8}Si_{2.4}$)非晶合金涂层在海水中的腐蚀速率不到 316L 不锈钢的 1/50,约为 0.18 $\mu m/a$(316L 不锈钢在海水中的腐蚀率约为 10 $\mu m/a$)。

Fe 基类非晶涂层另一个优点是高硬抗磨,涂层硬度普遍达到 HV1 000 水平,抗磨性能优异,如 Kim 等采用 Lquid Metal 公司的 Fe49Cr48Si1.7Ni0.6Co0.3Mo0.1 铁基合金粉末(牌号 LMC－MTMP)在碳钢基体上用热喷涂法制备了 500 μm 厚的非晶涂层,硬度达到 HV1 000;SAM 系列非晶涂层则是达到了 HV1 200 ~ 1 400。由于非晶涂层具有高硬度,因此其抗磨损性能也是非常优异的。

3. 热喷涂非晶合金涂层制备工艺

制备非晶合金涂层的热喷涂材料主要有丝材和粉末两种形式。非晶合金丝材的制备工艺为:合金熔炼 → 铜模水冷快淬 → 非晶棒 → 轧制拉丝 → 非晶丝材;非晶合金粉末的制备工艺为:合金熔炼 → 气(水)雾化 → 筛分 → 非晶粉末。铜模水冷快淬冷却速率可达 10^2 K/s 左右,气(水)雾化冷却速率可达 10^4 ~ 10^7 K/s,比较而言,雾化法生产非晶粉末更容易实现,大批量生产成本也更低。根据相关文献资料,国外非晶合金涂层的热喷涂材料主要采用非晶合金粉末。

根据涂层非晶化程度不同,目前热喷涂非晶合金涂层可分为两类,一类是完全非晶涂层,一类是非晶／纳米晶混合涂层,完全非晶涂层的防腐抗磨性能比混合涂层更好。但这并不能说明热喷涂丝材或粉末必须是完全非晶的。最近 Seok 等根据试验结果和理论计算指出,由于等离子喷涂时熔滴冷却速率要比气雾化制粉时的熔滴冷却速率高 5 000 倍左右,因此即使是多晶合金粉末经等离子喷涂后也可能得到完全非晶涂层。

目前,热喷涂非晶涂层主要有等离子喷涂和超音速火焰喷涂技术两种制备工艺。根据 Otsubo 等对低压等离子喷涂、高功率等离子喷涂、超音速火焰喷涂制备的 FeCr(Mo)CP 金属合金非晶涂层研究结果可知,低压等离子喷涂涂层为完全非晶相,耐腐蚀性最高;超音速火焰喷涂涂层次之,高功率等离子喷涂涂层最差,后两者均存在纳米多晶或氧化现象。然而,低压等离子喷涂无法对大型部件进行喷涂,从应用角度看,超音速火焰喷涂更具优势。

超音速火焰喷涂喷嘴焰流速度一般约为声速的 4 倍,约为 1 250 m/s,最高可达2 400 m/s,粉末撞击到工件表面的速度为 550 ~ 760 m/s,与爆炸喷涂相当。超音速火焰喷涂法具有如下特点:① 粉粒温度较低,含氧低,可喷涂金属和陶瓷粉末;② 粉粒运动速度大;③ 粉粒尺寸要求小(10 ~ 53 μm)、分布范围窄,否则不能熔化;④ 涂层结合强度、致密度高,无分层现象;⑤ 涂层表面粗糙度低;⑥ 喷涂距离可在较大范围内变动,不影响喷涂质量;⑦ 可得到比爆炸喷涂更厚的涂层,残余应力得到改善;⑧ 喷涂效率高,操作方便。

近年来,超音速火焰喷涂在国外得到迅速发展,在不少领域中超音速火焰喷涂逐步取代了传统的等离子喷涂,将来可能会成为热喷涂制备非晶合金涂层的主要工艺。

3.5.3　热喷涂 WC－Co 系复合材料体系

磨损是机械零件的最主要失效形式之一,据统计约 50％ 的机械零件失效是由磨损造成的。根据调查,2006 年我国由摩擦磨损造成的损失为 9 500 元,占我国 GDP 的 4.5％,据此推算,2019 年我国由此所造成的损失将超过 4.3 万亿元。另据资料统计,目前全球的能源约有 1/3 最终表现为消耗或用于克服某种形式的摩擦,每年要消耗相当于 30 亿 t 的石油能源。由此可见,机械设备的摩擦磨损已造成了巨大的经济损失及能源消耗,并由此对环境造成严重的污染,因此,提高机械零件的耐磨性能,延长设备的使用寿命不仅能创造巨大的经济效益,同时能节材节能,有利于资源节约型及环境友好型社会的建立。

由于零件的摩擦磨损仅发生在零件的表面,因此可通过改进零件的表面性能来提高零件的耐磨性。近年来,随着表面工程技术的迅速发展,各种表面技术在提高零件的耐磨性方面得到了不同程度的应用,其中热喷涂 WC－Co 耐磨涂层得到了迅速发展及广泛应用。WC－Co 涂层的耐磨性主要取决于它的组织结构特性,即涂层的孔隙率、粒子之间的结合状态及涂层的相组成,这些涂层特性受 WC－Co 喷涂材料特性、涂层制备方法及喷涂参数的影响。

1. 热喷涂 WC－Co 系复合涂层材料

常规的 WC－Co 金属陶瓷复合粉末是由高硬度 WC 颗粒及高韧性 Co 金属组成,其制备的涂层硬度高、韧性好、耐磨性能优良。在 WC－Co 涂层材料中,Co 的质量分数为 8％ ～ 20％,随着 Co 质量分数的增加,热喷涂涂层的韧性和强度提高,裂纹敏感性降低,耐磨性降低。WC－Co 热喷涂复合粉末可采用熔化破碎法、包覆法及团聚法制造,WC 颗粒尺寸一般为 $1 \sim 6 \ \mu m$,大部分 WC 颗粒尺寸为 $1 \sim 3 \ \mu m$。

在普通的 WC－Co 硬质合金中,WC 颗粒尺寸的减小虽然能提高复合材料的硬度,但同时会引起材料断裂韧性的降低,然而近年来随着纳米材料的发展,人们开始认识到纳米材料的独特性能。在 WC－Co 复合材料中,随着 WC 颗粒尺寸进一步减小到纳米尺寸范围,烧结的 WC－Co 硬质合金的硬度和韧性会同时增加,WC－Co 硬质合金的耐磨粒磨损与滑动磨损性能得到了有效提高,由此热喷涂纳米结构 WC－Co 涂层的研究在国内外引起了广泛重视。21 世纪以来,由纳米及微米 WC－Co 颗粒组成的多峰WC－Co 涂层由于具有涂层性能优良及经济性更好的特点,其研究受到广泛的重视。

1994 年,美国 Connecticut 大学的 Strutt 研究小组首先应用高速火焰喷涂进行了纳米结构 WC－10Co 涂层的制备研究,研究结果显示,利用高速火焰喷涂技术不仅可以制备出具有纳米结构的金属陶瓷涂层,而且所制备的纳米结构 WC－10Co 涂层还具有较高的硬度和很好的结合强度。Qiao、Bartuli、Pugsley 和 Kim 等在研究纳米结构涂层的摩擦磨损性能时发现,纳米材料可以同时提高材料的硬度和韧性,从而提高了涂层的耐磨性。

考虑到纳米 WC－Co 材料在热喷涂中 WC 颗粒会产生不同程度分解脱碳,这会对涂层性能产生不确定的影响,以及纳米 WC－Co 粉末制造成本高,21 世纪以来,新制备的一种新的多峰 WC－Co 涂层材料,其粉末一般由一定比例的纳米 WC－Co 颗粒和微米 WC－Co 颗粒组成,或由纳米WC－Co 颗粒与亚微米 WC－Co 颗粒组成。Guilemany 等介绍了一种多峰WC－Co 粉末(Nanomyte M－1),它由质量分数为70％的2～3 μm 的WC－Co 颗粒与质量分数为 30％ 的约 30 nm 的 WC－Co 颗粒混合组成,采用团聚烧结法制备,喷涂粉末的颗粒尺寸为 5～40 μm。Ajdeisztajn 等介绍了多峰 WC－Co 涂层的制备及性能,其多峰粉末由约为 50 nm 的细小 WC 颗粒与1.7 μm 的大颗粒 WC 及金属 Co 混合后团聚而成。Aw 等研究了多峰 WC－17Co 涂层的显微硬度、相组织及显微组织结构,并与常规的 WC－17Co 涂层进行了比较,在多峰 WC－17Co 粉末中,WC－Co 颗粒尺寸为 50～500 nm。Marple 与 Bouaricha 等在研究 Nanomyte M－5 多峰 WC－Co 涂层组织结构、机械性能与耐磨性时,采用的多峰 WC－Co 粉末是由质量分数为 50％ 的 1～3 μm 的 WC－Co 颗粒与质量分数为 50％ 的 30～50 nm 的 WC－Co 颗粒组成的,有研究者对 Nanomyte M－1 多峰 WC－Co 超音速火焰喷涂涂层进行了进一步的研究,并比较了多峰 WC－Co 涂层与纳米 WC－Co 涂层、常规 WC－Co 涂层的组织结构与性能。

王玉江等在研究 WC－Co 涂层的摩擦磨损特性及抗气蚀性能时,使用了两种新的多峰粉末 MP－1 及 MP－2,这两种粉末都是由 50～90 nm 的纳米 WC－Co 颗粒与 0.2 μm 的亚微米 WC－Co 组成,其纳米

WC－Co 颗粒的质量分数分别为 30％ 和 50％。

2. 热喷涂 WC－Co 系复合涂层的制备方法

目前制备 WC－Co 涂层的热喷涂方法主要有等离子喷涂及超音速火焰喷涂。

（1）等离子喷涂。等离子喷涂是将粉末材料送入等离子体（射频放电）中或等离子射流（直流电弧）中，粉末颗粒经加速、熔化或部分熔化后，在冲击力的作用下，在基底上铺展并凝固形成层片，进而通过层片叠加形成涂层的一类加工工艺。它具有生产效率高，制备的涂层质量好，喷涂的材料范围广，成本低等优点。

等离子喷涂的显著特点是等离子射流温度高，由于等离子射流温度过高（大于 10 000 ℃），速度较低，因此在制备 WC－Co 系涂层时 WC 颗粒会因高温及在等离子射流中停留时间长，导致过热、氧化及脱碳分解为 W_2C 和 W，并导致脆性 η 相产生，从而影响涂层的耐磨性，致使等离子喷涂在制备 WC－Co 系涂层方面的应用受到了限制。

（2）超音速火焰喷涂。超音速火焰喷涂技术是 20 世纪 80 年代发展起来的一种高速火焰喷涂工艺，其突出的特点是火焰速度高，可达 2 000 m/s 以上，温度较等离子喷涂低，约为 3 000 ℃，可有效防止喷涂过程中颗粒的过度氧化，特别适合喷涂加热后易于分解的 WC－Co 金属陶瓷材料。超音速火焰喷涂优异的低温、高速特性使 WC－Co 金属陶瓷涂层保持良好的组织结构，涂层具有结合强度高、致密性好、耐磨性能优越等优点。由于超音速火焰喷涂的 WC－Co 涂层质量与爆炸喷涂的质量相当，并且超音速火焰喷涂成本相对爆炸喷涂低，喷涂效率高，因此超音速火焰喷涂工艺出现后快速地取代了爆炸喷涂。

超音速火焰喷涂工艺发展迅速，根据使用燃料及助燃剂种类的不同，目前已有超音速氧－燃料火焰喷涂、超音速空气－燃料火焰喷涂、AC－超音速空气－燃料火焰喷涂等不同种类的超音速火焰喷涂技术方法可供选择，因此扩大了 WC－Co 涂层制备时喷涂方法及参数的选择范围。

3. 热喷涂 WC－Co 系复合涂层的组织与性能

WC－Co 涂层的耐磨性在很大程度上取决于它的显微组织结构，涂层的组织结构主要与喷涂粉末特性、喷涂方法及喷涂参数有关。

Babu 等研究了爆炸喷涂 WC－Co 粉末时，WC 脱碳与喷涂参数、组织结构及性能之间的关系，发现氧与燃料的比例（O/F）对 WC 的脱碳程度、涂层组织结构与性能有显著的影响，随着 O/F 的增大，WC 脱碳增加，涂层中 W_2C、W 及 Co_xW_yC 相随之增加，涂层的显微硬度开始随 O/F 的增大而增大,然后随 O/F 的继续增大而降低。

Zhao 等利用大气等离子喷涂制备了普通及纳米结构的 WC－12Co 涂层,研究发现,等离子喷涂制备的纳米 WC－12Co 涂层中 WC 脱碳分解明显地比普通 WC－12Co 涂层严重,在涂层中除 WC 与 Co 相外,还存在 W_2C、WC_x、Co_3W_3C 等新生相,涂层的硬度比普通 WC－12Co 涂层高 35% 以上,其耐磨性优于普通涂层,特别是当温度达到 400 ℃ 时,纳米结构 WC－12Co 涂层的耐磨性比普通涂层得到了更大程度的提高。

Chen 等采用大气等离子喷涂制备了纳米结构 WC－17Co 涂层,研究发现在涂层中除存在 WC 及 W_2C 相以外,还存在 Co_xW_yC 非晶相,与普通 WC－17Co 涂层相比,涂层的显微硬度、开裂韧性及结合强度都得到了显著提高。Kim 等研究了超音速火焰喷涂制备的纳米结构 WC－Co 涂层的性能,表明纳米结构 WC－Co 涂层比普通 WC－Co 涂层具有更优异的耐磨性。

Sahraoui 等研究了超音速火焰喷涂技术制备的 WC－Co 涂层的组织结构、机械性能与摩擦磨损特性之间的关系,发现喷涂参数极大地影响涂层的组织结构,通过改变喷涂参数、涂层中会不同程度地存在 WC、W_2C、W_3C、Co_3C、及 CoC_x 相,这些组织结构决定了涂层的机械性能与摩擦磨损特性,涂层的高硬度并不能说明它具有优良的耐磨性。Saito 等研究了 WC 颗粒尺寸及 Co 质量分数变化对涂层耐磨性的影响,发现当 WC 颗粒尺寸为 $0.6 \sim 6\ \mu m$ 时,随着 WC 颗粒尺寸的增大,Co 质量分数增加,其耐磨性下降。Bartuli 等采用 JP5000 型超音速喷涂工艺设备制备了纳米结构 WC－15Co 涂层,研究了喷涂参数的变化对涂层性能的影响,发现虽然通过参数优化,但纳米涂层仍有部分 WC 产生分解,生成 W_2C、WC_{1-x}、W 及 Co_3W_3C 相,纳米涂层的显微硬度与开裂韧性得到了提高,同时摩擦系数减小,涂层的耐磨性提高。

Bouaricha 等采用 3 种超音速火焰喷涂方法通过改变喷涂工艺参数制备了 24 种多峰 WC－12Co 涂层,详细地研究了超音速火焰喷涂参数对多峰 WC－12Co 涂层相结构及机械性能的影响。研究发现,不管采用何种超音速火焰喷涂工艺方法,WC 脱碳分解产生的新相均为 W_2C、W 和非晶态／纳米晶相。特别发现只要没有大量 W 存在的涂层中,WC 的脱碳分解产生的非晶态／纳米晶相 W 相的存在对增加涂层的机械性能是有利的。Skandan 等采用 DJ2700 型超音速火焰喷涂设备制备了两种多峰 WC－12Co 涂层,研究了它们的组织结构、硬度及耐磨性,研究发现虽然多峰涂层的显微硬度比亚微米及纳米 WC－12Co 涂层小,但它们的耐磨粒磨损及抗滑动磨损性能优于常规、亚微米及纳米结构 WC-12Co 涂层。

Guilemany 等采用超音速火焰喷涂工艺制备了纳米结构、双峰及常规 WC-Co 涂层,比较了这 3 种涂层的组织结构、硬度及耐磨性,研究发现在纳米 WC-Co 涂层中 WC 的脱碳分解最为严重,多峰涂层中的 WC 脱碳程度略好于纳米涂层,但比普通 WC-Co 涂层严重,在 3 种涂层中纳米涂层的显微硬度最高,常规涂层的最低,多峰 WC-Co 涂层处于二者之间。多峰 WC-Co 涂层具有最优异耐磨粒磨损性能及滑动磨损性能,纳米 WC-Co 涂层的滑动磨损性能优于常规涂层,但它的耐磨粒磨损性能与常规涂层相当。

Qiao 等采用 DJ2700 超音速火焰喷涂设备通过改变喷涂粉末的结构及燃气性能制备了 10 种 WC-Co 涂层,喷涂粉末包括纳米、亚微米、多峰及常规微米粉末,研究了粉末结构特性及燃气性能对涂层组织结构、机械性能及耐磨性的影响,发现涂层的相结构一方面取决于粉末特性,另一方面取决于喷涂参数,纳米结构 WC-Co 涂层的硬度与韧性可同时提高,这是因为涂层中 W_2C 颗粒尺寸太小以致不能对断裂行为产生有效影响,多峰 WC-Co 涂层的耐磨粒磨损性能优于纳米与亚微米涂层,但亚微米 WC-Co 涂层有更优良的滑动磨损性能。

WC-10Co4Cr 涂层的综合性能非常好。它不仅具有普通陶瓷涂层的耐磨损、耐腐蚀、化学性能稳定等特点,同时具有抗震性能好,热膨胀系数小等优点。由于其综合性能优异,国内外学者对它的研究也越来越广泛,越来越深入。殷傲宇等采用超音速火焰喷涂技术在 30CrMnSiA 钢表面制备 WC-10Co4Cr 防护涂层,与传统硬铬镀层对比显示,WC-10Co4Cr 涂层孔隙率低,结构均匀致密。显微硬度与摩擦磨损测试表明,WC-10Co4Cr 涂层较硬铬镀层硬度提高了 1.4 倍,耐磨性提高 4 倍以上;耐腐蚀性测试表明,WC-10Co4Cr 涂层的自腐蚀电位高于电镀硬铬,盐雾试验 480 h 后 WC-10Co4Cr 涂层未发现明显的腐蚀痕迹,具有良好的长期防护效果。

Hong 等采用超音速火焰喷涂技术在 AISI1045 钢表面制备纳米 WC-10Co4Cr 涂层。研究结果表明:涂层中存在非晶相、纳米晶相、WC 及少量 W_2C。涂层孔隙率低(0.85%),结构致密,热稳定性好,耐腐蚀性好。Puchi-Cabrera 等采用超音速火焰喷涂技术在 7075-T6 铝合金表面制备 WC-10Co4Cr 涂层,通过腐蚀试验和弯曲疲劳试验研究发现,涂层的存在不仅提高了耐腐蚀性,而且提高了基体的抗弯曲疲劳强度。

在制备涂层的过程中,喷涂工艺对涂层微观组织有着非常重要的影响,最终决定了涂层的性能。喷涂工艺主要包括喷涂距离、喂料的粒度、喷涂角度、气体流量、喷涂功率和基体状态等。随着对 WC－10Co4Cr 涂层性能研究的深入,很多学者通过改变不同的喷涂工艺,进一步研究开发了 WC－10Co4Cr 涂层的各种性能和应用价值。

Guo 等通过超音速火焰喷涂技术制备 WC－10Co4Cr 涂层,研究了飞行中的粒子特点与涂层性能之间的关系。结果表明,粒子的大小很大程度上影响了粒子的温度和飞行速度,进而对涂层的孔隙率和显微硬度等产生重要的影响。通过分析燃料甲烷和氧气的流量大小对粒子速度和温度的影响可知,甲烷流量比氧气流量对粒子温度和速度的影响更加明显。丁坤英等在 300M 钢表面上,利用超音速火焰喷涂技术将两种不同颗粒致密度的 WC－10Co4Cr 粉末制成涂层,并对涂层的耐腐蚀性能进行研究。结果表明,高致密度粉末制备的 WC－10Co4Cr 涂层孔隙率为 1.52%,是低致密度粉末制备涂层的 1.95 倍。在质量分数为 3.5% NaCl 溶液中,前者所制备的涂层耐腐蚀性较差,腐蚀电流密度是后者的 2.67 倍。同时,低致密度粉末制备的涂层孔隙率低,能够对基体起到更好的保护作用。周伍喜等在不同喷涂距离参数下制备了 3 种 WC－10Co4Cr 涂层,研究喷涂距离对超音速火焰喷涂技术制备的 WC－10Co4Cr 涂层沉积效率及耐磨粒磨损性能的影响。研究发现,随着喷涂距离的减小,WC－10Co4Cr 涂层孔隙率降低,显微硬度增加,耐磨粒磨损性能增强,但粉末的沉积效率降低;当喷涂距离为 $300 \sim 380$ mm 时,WC－10Co4Cr 涂层的物相组成均为 WC、W_2C 及少量非晶相;当喷涂距离为 $300 \sim 340$ mm 时,WC－10Co4Cr 涂层显微硬度和耐磨粒磨损性能变化较小。万伟伟等通过改变喷涂角度研究了喷涂角度对超音速火焰喷涂技术制备 WC－10Co4Cr 涂层性能的影响。结果表明,当喷涂角度在 60° 以下时,粉末的沉积效率随着喷涂角度的增大而逐渐增大;当为 $60° \sim 90°$ 时,沉积效率比较稳定。总体来看,涂层的显微硬度和结合强度随喷涂角度的增加呈现先高后低再升高的趋势。

3.5.4　纳米结构涂层材料

纳米材料和技术是纳米科技领域最富有活力、研究内涵十分丰富的学科分支。刚刚发展起来的纳米材料具有许多传统材料不具备的奇异特性,有十分广阔的应用前景,引起了材料科学研究者的极大兴趣。

纳米结构是以纳米尺度的物质单元为基础,按一定规律构筑或营造一种新的体系,它包括一维、二维和三维体系。制备纳米结构材料的方法较多,如溶胶－凝胶法、化学气相沉积法、电子束蒸发法、磁控溅射法、电化学沉积法和热喷涂法等。其中采用热喷涂技术制备纳米结构涂层是构筑纳米结构材料最具前途的方法之一。该技术通过开发特殊的纳米结构喂料，采用热喷涂技术工艺，在基体表面构筑具有纳米结构材料特征的涂层体系，以期改善和强化材料的表面性能。目前，这方面的研究还处于起步阶段，国外在这方面的研究开展较早，一些大学和科研机构采用不同的工艺和材料，进行了喂料制备和热喷涂纳米结构涂层方面的研究。国内近几年也有相关的研究报道。从目前的研究情况来看，与传统材料的热喷涂涂层相比，纳米结构涂层在力学、摩擦学等方面的性能得到了一定程度的提高，但与真正的纳米结构材料尚有很大差距。从涂层结构来看，也尚未获得单一的纳米结构或纳米晶涂层。

1. 纳米结构涂层喷涂材料的制备

（1）纳米颗粒重构法制备微米尺度喂料。热喷涂技术所用的传统粉末材料，其颗粒尺寸通常在几十微米左右。一般说来，由于纳米粉体颗粒非常细小（小于 100 nm），而热喷涂工艺的温度很高，因此，在喷涂过程中粉末汽化现象比较严重。此外细微的粉体颗粒难以形成集中的束流，从而严重影响涂层的致密度和涂层的化学成分，甚至根本得不到涂层。因此，通常的纳米粉体一般不能直接用来热喷涂，必须进行造粒处理，使其形成微米尺度的喂料，才可用于热喷涂。纳米陶瓷材料的喷涂通常采用这种方法来制备喂料。

重构法制备喂料是将纳米尺度的粉体，通过特殊工艺进行构筑，形成几十微米大小的纳米结构喂料，其基本工艺过程为：纳米粉体混合 → 纳米粉体分散 → 喷雾造粒 → 热处理。

喷雾干燥法是将纳米颗粒制备成微米尺度颗粒的主要方法，包括离心式、二流体式及挤压式等多种方式。该方法制备的颗粒具有以下特点：造粒后的粉体形状基本为规则的球形和椭球形，流动性非常好，便于喷涂过程中均匀连续送粉；通过调节雾化工艺参数，可制备尺度在几微米至几十微米的颗粒，适于热喷涂工艺使用；由于造粒过程中液滴表面可蒸发物质快速蒸发和内部物质扩散迁移效应，该方法制备的粉体通常是空心结构。随着浆料中固相物质量分数的增加，空心尺寸减小直至消失；受浆料黏度和工艺限制，浆料中固含量不高。随着颗粒尺寸的减小，固含量显著降低。

喷雾造粒粉通常强度不高，喷涂过程中易被强气流吹散，影响喷涂质量甚至无法形成涂层。因此，对热喷涂喂料而言，对喷雾造粒粉的热处理是十分必要的。如何保证喂料强度的提高，同时防止晶粒的长大都是热处理工艺中要考虑的问题。

美国 Inframat 公司开发了一种 $Al_2O_3 - 13\%TiO_2$ 纳米结构陶瓷喂料。其制备方法分为 4 步：① 将商用的纳米 Al_2O_3 和 TiO_2 粉体按一定的比例进行混合，并添加部分氧化物添加剂，形成纳米陶瓷混合粉；② 将混合粉与水、水基胶黏剂混合均匀，制成浆料，采用喷雾干燥法进行造粒处理；③ 对喷雾造粒后的粉体在 $800 \sim 1\ 200\ ℃$ 下进行热处理；④ 对粉体进行等离子热处理及空气淬火处理。此外，该公司还开发了部分稳定 ZrO_2 喂料 $ZrO_2 - 7\%Y_2O_3$。

陈煌等也开展了热喷涂技术制备纳米结构 ZrO_2 涂层的研究工作。喷涂喂料为纳米结构氧化钇稳定的氧化锆（YSZ），其制备方法是：首先通过化学共沉积工艺，制备出纳米尺度的 ZrO_2 粉体，其尺寸为 $70 \sim 110$ nm。其后，采用喷雾干燥法，制备出了直径为 $570\ \mu m$ 的球形或椭球形纳米结构热喷涂喂料颗粒，其中部分颗粒是空心结构。Sun Moon 大学材料工程系的 Zheng 等也采用类似的方法制备出了纳米结构的 ZrO_2 喂料。Segers 和 Hansz 等制备了含纳米 SiO_2 的微米尺度 TiO_2 喂料，用于热喷涂工艺。SiO_2 采用热等离子反应器制备，粒度为 $20 \sim 200$ nm。采用喷雾干燥法进行造粒，制备直径为 $150\ \mu m$ 左右的 $TiO_2 - 2\%SiO_2$ 复合粉，作为热喷涂工艺的喂料。

（2）机械研磨加工法制备纳米结构喂料。通过机械研磨、机械合金化和高能球磨等方法，直接将微米粉或非晶金属箔等材料加工成纳米结构喂料。研磨过程中，高速运转的硬质高能磨球与研体相互碰撞，然后对粉末粒子反复进行熔结、断裂、再熔结，使晶粒不断细化，达到纳米尺度。

He 等采用 Metco 公司生产的预合金 $Cr_3C_2 - NiCr$ 粉末［Dialloy3004 与 $Cr_3C_2 - 25(Ni20Cr)$ 混合］，将其浸入正乙烷中并进行机械研磨，来制备热喷涂用喂料。 透射电子显微镜（Transmission Electron Microscope，TEM）分析显示研磨后的粉末为纳米结构，含 NiCr 相和 Cr_3C_2 相粒子，其中碳化物的平均晶粒仅为 15 nm。Lugscheider 等采用高能球磨法制备了弥散的 $Al_2O_3/NiCr$ 颗粒。喂料制备的起始粉末为商用的 NiCr80/20 及 3 种 Al_2O_3 粉末（一种为商用 Al_2O_3 的喷涂粉末；将该粉末进行预先研磨处理，作为第二种粉末；第三种为纳米尺度 Al_2O_3 粉末。3 种 Al_2O_3 粉末均采用热处理工艺转变为稳定的 α 相），按一定的比例将 NiCr 颗粒与 Al_2O_3 颗粒进行混合，采用高能球磨法进行干磨，制备了 3 种喂料直接用于喷涂。试验结果表明：研磨过程中前两种材料中 Al_2O_3 颗粒的尺寸迅速减小，氧化物弥散强化的涂层硬度及耐磨性明显提高，纳米尺度的氧化物颗粒弥散分布不均匀。美国加利福尼亚大学的 Lau 等采用机械研磨法制备了纳米晶 316 不锈钢热喷涂喂料。该喂料为薄片,平均晶粒尺寸小于 $50~\mu m$。

（3）热化学转化法制备纳米结构喂料。纳米结构 WC－Co 喂料通常采用热化学转化法制备：① 制备 WC－Co 复合溶液；② 采用喷雾干燥法进行造粒；③ 采用流化床进行转化,将无定形的 WC－Co 转变为纳米结构的 WC－Co 复合粉体；④ 通过加入黏结剂并进行烧结,将制备的纳米结构粉体重构为大颗粒粉末。

美国新泽西州立大学采用该方法制备了 WC－Co 纳米结构喂料,其中 WC 平均晶粒可达 35 nm。欧阳亚非等也采用该方法合成了纳米结构 WC－Co 材料,并对 WC－Co 复合溶液的研制申报了专利。

（4）液体前驱体化合物喂料。与其他几种纳米喷涂材料的制备方法有很大区别,该方法直接采用液体作为喂料进行喷涂,同时也可用来制备纳米颗粒。这种液体分为两类：一种是有机溶剂,即将前驱体盐类,包括异丙醇盐、丁氧金属、醋酸盐和硝酸盐等,溶解到有机溶剂（异丙醇或丁醇）中；另一种为水溶液,即将适当的盐溶入蒸馏水中。采用液体前驱体直接喷涂的方法,需对热喷枪进行改造,并加装液体注入器。热喷涂过程中,液体前驱体被雾化并喷射到喷枪中。在喷涂的火焰中合成纳米材料,喷射到基体表面形成沉积层。

该方法的优点较多,如成本低、操作简便、既可制备各种纳米结构粉末又可沉积涂层、合成率高、便于制备复杂的复合材料等。采用该方法沉积的涂层由粉末状颗粒组成,内聚强度及结合强度均较低,通常需后续的热处理工艺。

（5）直接填充法制备粉芯丝材。可用于电弧喷涂的粉芯丝材,外皮通常选择较软的金属或合金材料,内部填充纳米结构材料和其他材料。Atteridge 等进行了这方面的尝试。他们分别采用 Ni 和 430 不锈钢作为外皮,内部填充纳米结构的 WC－Co 颗粒,制成 3 种含纳米材料的电弧喷涂丝材,分别为 Ni－WC6Co、Ni－WC15Co 和 430SS－WC6Co。

2. 纳米结构涂层喷涂材料的性能

（1）纳米结构陶瓷涂层。随着纳米材料研究的深入与发展,其涉及的领域也越来越广泛。目前,纳米材料研究的重点已由单一的纳米粉体制备逐渐转向纳米材料应用研究。20 世纪 90 年代初,美国 California－Irvine 大学的 Lavernia 研究小组进行了前瞻性的研究工作,他们利用热喷涂的方法进行纳米金属粉末的热喷涂试验。研究中的一个重要发现是金属粉末未完全熔化,原料粉的纳米结构在喷涂后仍保留在涂层中。这一发现给从事热喷涂陶瓷涂层材料研究工作的研究者极大的启发。1994 年，美国康涅狄格州立大学的 Strutt 研究小组首先应用热喷涂技术进行了纳米结构 WC－10Co 涂层的制备研究。研究结果显示：利用高速火焰喷涂技术不仅可以制备出具有纳米结构的陶瓷涂层，而且所制备的纳米结构 WC－10Co 涂层还具有较高的硬度（HV18～19）和很好的结合强度。其他研究小组，如 Sanjay Sampsth（纽约州立大学石溪分校）、David Stewart（诺丁汉大学）和 Milt Scholl（俄勒冈州立大学）等也取得了同样的研究结果。1995 年，美国 Inframat 公司针对纳米粉的特点进行了喷涂纳米粉的喷枪设计研究及可喷涂纳米粉的研究。中国科学院上海硅酸盐研究所利用等离子喷涂技术，对纳米 TiO_2、ZrO_2 及 WC－Co 涂层进行了初步研究，取得了一定的进展。

1997 年 8 月在瑞士的 Davols 召开了第一届国际热喷涂纳米材料会议，此次会议的目的是强调热喷涂技术在纳米结构涂层制备中的地位，同时强调要求对纳米结构涂层材料的制备工艺、物理和化学特征展开研究。会上对 SiO_2－尼龙复合、Al_2O_3－ZrO_2、TiO_2 和 WC－Co 纳米结构涂层的制备和性能做了报告。第二届会议于 1999 年 8 月在加拿大的 Quebec 举行。会议总结和评估了最近热喷涂纳米结构涂层科学和技术发展的情况，强调要对喷涂过程中飞行颗粒的特征进行研究，要重视发展新的纳米结构涂层测试技术，注重分析研究纳米结构涂层与传统涂层的性能差异。Ahmed 尝试对热喷涂纳米结构陶瓷涂层工艺过程进行研究，并建立了热喷涂纳米陶瓷涂层工艺过程的模型。

纳米结构陶瓷涂层是目前纳米结构涂层中研究最多的。陶瓷材料由于具有高硬度、优异的耐磨性、耐腐蚀性等，能满足许多恶劣环境下工作的使用要求，但传统的陶瓷材料也有其致命的弱点，即韧性较差，在受冲击载荷的情况下容易产生裂纹、断裂现象，因此制约了陶瓷材料的使用。

随着纳米科学技术的发展，具有纳米结构的陶瓷材料与传统材料相比，其韧性显著增强，机械性能也得到了改善。在纳米陶瓷块体材料的制备过程中，为保证陶瓷的致密度和强度，造粒后的纳米结构陶瓷颗粒须经过等静压高温烧结过程。这一过程难以控制陶瓷晶粒的生长，制备的陶瓷材料容易因晶粒生长过大而失去纳米材料的特性，而热喷涂技术是制备纳米结构陶瓷材料的有效手段之一。

Gell 等采用等离子喷涂设备，制备出了 Al_2O_3－TiO_2 纳米结构涂层，并与成分相同的 Metco130 商用普通粉末制备的涂层性能进行了对比。涂层分析结果表明，纳米结构涂层由完全熔化的部分和未熔化部分组成，其

中 $\gamma - Al_2O_3$ 晶粒尺寸为 $20 \sim 70$ nm。杯凸试验、弯曲试验及裂纹生长抗力试验结果表明：纳米结构涂层的韧性较传统涂层大大提高。此外，与普通涂层相比，纳米结构涂层的耐冲蚀性、耐磨损性能提高了 3 倍。

陈煌等应用空气等离子喷涂技术，制备了纳米结构氧化钇稳定的氧化锆（YSZ）涂层。其试验分析表明，涂层中 ZrO_2 晶粒的尺寸呈现"双峰"分布。一部分晶粒较小（为 $60 \sim 80$ nm），另一部分晶粒较大（为 $70 \sim 120$ nm），大尺寸晶粒是涂层中的主要结构。涂层的结合强度高于传统材料涂层，达 45 MPa。Segers 等采用等离子喷涂技术制备了 $SiO_2 - TiO_2$ 纳米结构涂层。与不掺杂纳米 SiO_2 的 TiO_2 涂层相比，纳米结构涂层的显微硬度约提高了 10%，同时孔隙率降低。Lima 等应用 Inframat 公司生产的纳米结构部分稳定氧化锆喂料（$ZrO_2 - 7\% Y_2O_3$），采用等离子喷涂工艺制备了纳米结构涂层。他们采用了不同的喷涂工艺参数，并研究了表面粗糙度与力学性能的关系。结果表明，涂层表面越光滑，显微硬度就越大，弹性模量也越大。

美国康涅狄格州立大学的 Gell 教授报道了钇稳定氧化锆纳米涂层的研究情况。他们认为，钇稳定氧化锆纳米涂层可提高热障涂层的性能的主要原因有：① 减少涂层中裂纹的长度，使涂层的断裂韧性增加；② 晶界光电子散射的增强，降低了涂层的热导率；③ 通过可控微气孔的引入，增加辐射和散射。涂层中晶界和层间的电子、光子散射和辐射的改变，加上其良好的机械性能，有望制备出新一代的热障涂层。纳米结构热障涂层具有高的结合强度和较大的应力容纳能力，可增加硬度和提高断裂韧性。涂层的组成和显微结构能长期保持稳定。

Lima 等对大气等离子喷涂的纳米 ZrO_2 涂层的表面粗糙度、显微硬度和弹性模量进行了研究。发现纳米 ZrO_2 涂层的表面比较光滑，随着涂层粗糙度的降低，涂层的显微硬度和弹性模量随之增加。涂层显微硬度的增加得益于喷涂过程中熔滴好的平铺性，从而增加了彼此间接触点的数量。表面与断面的显微硬度比值为 0.78 ± 0.13。作者对大气等离子喷涂纳米 ZrO_2 涂层与不锈钢基材间的抗拉强度进行了测定，其结果为 45 MPa，明显优于传统 ZrO_2 涂层与不锈钢基材之间的抗拉强度。所制备的纳米 ZrO_2 涂层结构致密，气孔率约为 7%。涂层中大于 10 μm 的气孔，呈不规则的长条状，约占总气孔数的 45%。小于 1 μm 的气孔呈圆形，分布比较均匀，约占气孔总数的 55%。

Zhu、Shaw、Elizabeth 等分别报道了大气等离子喷涂、真空等离子喷涂、低压等离子喷涂 TiO_2 和 Al_2O_3 及其复合纳米涂层的研究情况。研究表明，TiO$_2$ 纳米结构涂层具有较小的电阻、较大的电容和良好的电化学稳定性。等离子喷涂制备的 TiO$_2$ 纳米涂层之所以表现出显著的离子注入特性，与其较大的比表面积和大量孔隙与晶界的存在有关。低压等离子喷涂制备的纳米结构 Al$_2$O$_3$ 涂层，结构致密，气孔率小于1%。涂层显微结构与介电强度大小密切相关。致密的结构使涂层具有较高的介电强度（250 ～ 450 kV/cm）。

纳米结构 Al$_2$O$_3$ 涂层具有优良的抗磨损性能，纳米结构 Al$_2$O$_3$－TiO$_2$ 复合陶瓷涂层也具有优良的抗磨损性能，同时显示出良好的韧性和吸纳应力的能力，其黏结强度是传统涂层的 2 倍，抗磨损性是传统涂层的 3 ～ 4 倍，抗冲击性能也得到很大提高。涂层抗磨损性能和涂层的硬度不是简单的对应关系，添加 CeO$_2$ 或 ZrO$_2$ 到 Al$_2$O$_3$－TiO$_2$ 纳米粉中进行热喷涂，在保持与传统涂层相同硬度的条件下，其抗磨损性能也将大大提高。涂层的抗磨损性能取决于涂层的韧性、摩擦过程中的显微变化及涂层的密度和硬度。

WC－Co 是一种优良的抗摩擦磨损材料，已被用于制备硬质涂层并在工业上加以应用。真空等离子喷涂制备的纳米结构 WC－Co 涂层具有比传统涂层更小的摩擦系数。据报道，在 Al$_2$O$_3$ 陶瓷作为摩擦副，载荷为 80 N 的条件下，纳米 WC－Co 涂层的摩擦系数为 0.39。同样条件下，传统 WC－Co 涂层的摩擦系数为 0.32。真空等离子喷涂的纳米 WC－Co 涂层还具有较高的抗磨损性能。在 40 ～ 60 N 的载荷下，其磨损率仅是同条件下传统涂层磨损率的 1/6。

（2）金属－陶瓷纳米复合材料。金属基复合材料（MMC's）由于兼具良好的硬度和韧性，而被广泛应用于耐磨损的工况条件下。但这类材料各组元的密度及其特性不同，在常规熔炼过程中组织极易发生偏析，影响材料的性能。热喷涂技术是制备金属基复合涂层的有效途径。随着纳米材料的发展，传统的金属基复合涂层的性能得到了很大的提高。

He 等采用超音速火焰喷涂技术，制备出了具有纳米结构的 Cr$_3$C$_2$－NiCr 涂层。喂料中碳化物晶粒平均尺寸为 15 nm。喷涂后的涂层组织均匀，碳化物晶粒平均尺寸为 24 nm。经 1 073 K 下热处理 8 h 后，碳化物晶粒增大到 39 nm。同时，涂层中出现析出相，平均尺寸为 8.3 nm。纳米结构涂层的显微硬度达 HV1 020，而相同材料的传统涂层 显微硬度仅为 HV846。当热处理温度达 900 K 时，涂层的显微硬度明显增加，在 HV1 200 以上。此外，纳米结构涂层划痕抗力明显增强，摩擦系数降低。

Atteridge 等采用高能等离子喷涂法（HEPS）制备了 WC－12%Co 纳

米结构涂层,且对比了采用传统材料、空心纳米结构喂料、实心纳米结构喂料制备的涂层的性能,耐磨性能测试结果表明,纳米结构喂料制备的涂层优于传统材料涂层。

河南大学等单位采用真空等离子喷涂技术制备了 WC－Co 纳米结构涂层,并与传统材料制备的纳米结构涂层的性能进行了对比。WC－Co 纳米结构喂料中含质量分数为 9.1% 的 Co 及 90% 平均晶粒为 35 nm 的 WC。试验结果表明,真空等离子喷涂纳米结构涂层与传统材料涂层相比,摩擦系数低,耐磨性好。特别是在重载荷的情况下,纳米结构涂层耐摩擦磨损性能表现尤为突出。其磨损机制主要为塑性变形,并伴有轻微的表面划痕。而传统 WC－Co 涂层磨损机制则为黏结相材料的损失及碳化物颗粒的破碎和脱落。

Skandan 等进行了多峰 WC－Co 喂料的研究工作。采用新型的超音速火焰喷涂工艺,喷涂材料为系列多峰 WC－Co 喂料,制备出了新型的涂层体系。这种喂料由传统的粗大 WC－Co 颗粒和纳米相的细小 WC－Co 颗粒(WC 晶粒小于 30 nm) 通过两种不同方法按一定的比例构筑而成。其中喂料 1 为粗细颗粒按照一定的比例进行混合(粗细比为 70∶30),通过喷雾造粒和烧结工艺,形成了直径为 5～40 μm 的喂料;喂料 2 为采用黏结剂将细颗粒黏结包覆在粗颗粒表面,然后进行烧结处理,以便在超音速火焰喷涂工艺中表面细颗粒先熔化,将粗颗粒更好地固定在涂层中。多峰喂料制备的涂层性能明显优于传统材料 WC－Co 制备的涂层,特别是抗磨损性能。从磨损试验后的涂层表面可以看出,磨损过程发生了塑性变形。

Marple 等也进行了纳米结构 WC－12Co 涂层的研究工作。采用超音速火焰喷涂工艺,燃料分别为柴油、氢气和丙烯,喷涂粉末为 Nanocarb WC－12Co,其中 WC 晶粒的尺寸小于 50 nm。对喷涂后的涂层进行了分析,结果表明,采用纳米结构喂料很容易获得沉积效率为 60%～70% 的涂层。采用氢气作为燃料和采用丙烯作为燃料进行对比,涂层沉积率提高,碳化物烧损减少。随着喷涂粒子温度和速度的增加,涂层硬度增大。

Atteridge 等应用含纳米 WC－Co 的 Ni－WC6Co、Ni－WC15Co、430SS－WC6Co 等丝材,分别采用双丝电弧喷涂和高能等离子喷涂工艺制备了涂层。涂层耐磨性随电压和 WC 质量分数的增加而增强。电弧喷涂涂层的结合强度很高,当 Co 的质量分数为 15% 时,涂层的结合强度为 63.1 MPa;当 Co 的质量分数为 6% 时,涂层的结合强度为 71.3 MPa。涂层中 WC－Co 分布不均匀,说明丝材中的 WC－Co 不能很好地与外皮材料融合。

　　Lugscheider 等采用超音速火焰喷涂工艺制备了 $Al_2O_3 － NiCr$ 纳米结构涂层。涂层性能试验结果表明,氧化物弥散强化的涂层硬度及耐磨性明显提高。

　　(3)金属纳米结构涂层。Lau 等应用超音速火焰喷涂工艺获得了 316 不锈钢纳米晶涂层。该研究开发了一个数学模型,来研究机械研磨后不同颗粒尺寸对喷涂过程粒子行为的影响。日本 Mazda 公司利用热喷涂技术制备 2618 涂层时,获得了 50 nm 的粒状 $S － Al_2CuMg$ 和针状的 $S' － Al_2CuMg$ 纳米相。

　　此外,Sulzer － Metco 公司通过特殊设计的双丝电弧喷涂设备,在钢结构件上获得了具有纳米晶结构的 NiAl 耐磨合金保护涂层。

3.5.5　雷达吸波材料体系

　　目前,雷达吸波材料按成形工艺和承载能力可分为结构型和涂覆型两类。结构型吸波材料是在结构材料中添加吸收剂制成,它具有承载和吸收电磁波的双重功能。涂覆型吸波材料主要由树脂基体(胶黏剂)添加吸波材料(吸收剂)及各类助剂组成。其中,吸波材料是主体,决定了涂层吸波性能的好坏;树脂基体是基材,决定了吸波材料的加入量及涂层力学性能的好坏;各类助剂起辅助作用。

　　涂覆型吸波涂层具有施工方便、吸波性能好、不改变武器装备原有设计和结构的优点,广泛应用在武器装备的表面。在武器装备的全寿命周期,吸波涂层在贮存、运输和使用过程中,均会受到环境因素的影响和作用,从而引起涂层变色、粉化、起层、开裂、附着力下降等问题,尤其在遇到潮湿、含盐量大、光照充足的海洋环境时,其抵抗能力更弱。此外,在平时的训练中,吸波涂层会因刮划、蹭伤等现象导致破损;或在战争中吸波涂层受到炮弹冲击而脱落。自然损伤和机械损伤会造成涂层使用性能下降,将严重影响武器装备的隐身性能。

　　影响涂层附着力大小的原因主要有以下几个方面:

　　(1)涂层与基体表面极性的适应性,即涂层的附着力产生于涂料中聚合物的分子基定向与基体表面极性分子的极性基之间的相互吸引力,附着力随成膜物质极性增大而增强,在成膜物质中加入极性物质,附着力增强。

　　(2)涂层与基体表面任何一方极性基减少都会影响附着力。如基体表面存在油脂、灰尘等会降低极性,聚合物分子内的极性基自行结合,造成极性点减少。

（3）涂料中低分子质量物质或助剂，如水、灰尘、酸、碱、硬脂酸盐、增塑剂等在涂层和基体的界面形成弱界面层，减少极性点，使附着力降低。

（4）涂层干燥过程中，溶剂挥发产生交联，涂层收缩引起附着力降低。吸波涂层容易失效的原因主要在于涂层中含有树脂基体。一方面树脂基体容易受到自然环境的影响而老化、开裂、附着力下降；另一方面，树脂基体韧性虽好，但强度较差，容易划伤、擦伤，进而影响到吸波涂层的使用性能。因此，材料研究工作者考虑采用其他的技术和工艺制备吸波涂层。

1. 高温吸波涂层

武器装备的隐身部位的涂层按照工作温度可分为常温吸波涂层和高温吸波涂层。高温吸波涂层主要是针对发动机、排烟管等高温部件的隐身需要。由于绝大部分磁性吸收剂激励温度较低，在高温状态会退磁，而失去电磁波吸收能力，因此武器高温部位的隐身必须采用高温吸波材料，一般为陶瓷类吸波材料，如 SiC、ZnO、C（乙炔炭黑）、$BaTiO_3$ 等陶瓷吸收剂。

中国农业机械化科学研究院何箐等采用磷酸盐玻璃黏结剂和分散剂，使用改性的 $\beta-SiC$ 材料作为吸收剂，分别使用真空烧结破碎和喷雾干燥造粒两种工艺制备热喷涂粉末。首先采用电弧喷涂制备厚约 $50~\mu m$ 的 $NiAl$ 金属黏结层，以减少吸波涂层和基体间的热膨胀系数差异。之后采用火焰喷涂方法制备吸波涂层，涂层厚度控制在 $1~mm$ 左右。吸波测试结果表明：喷雾干燥造粒粉末喷涂涂层性能优于相同成分的烧结破碎粉末喷涂涂层，当吸收剂的质量分数为 20% 时，涂层的吸波性能最佳，为 $12\sim18~GHz$，涂层反射率低于 $-8~dB$。

吕艳红应用机械化学法将纳米 SiO_2 包覆在微米镍粉表面制备纳米复合镍粉吸波材料。采用等离子喷涂工艺制备纳米复合镍粉／羰基铁粉双层吸波涂层。测试结果表明：双层涂层的吸波性能优于单层涂层，涂层中低频段的吸波性能明显增强。在涂层总厚度为 $1~mm$ 的前提下，底层纳米复合镍粉涂层的厚度为 $0.4~mm$ 时涂层吸波性能最佳，反射率小于 $-5~dB$ 的频段范围为 $6\sim18~GHz$，吸收峰值为 $-17.96~dB$。此外，作者还研究了 SiC 在复合材料中质量分数的变化对涂层吸波性能的影响。SiC 的质量分数为 10% 时，纳米复合涂层的吸波性能最佳。与镍粉吸波涂层相比，该纳米复合涂层中频段的吸波性能明显提高，反射率小于 $-5dB$ 的带宽由 $7~GHz$ 增加到 $10.4~GHz$，涂层最高吸收值达到 $-23.4~dB$。

袁晓静应用喷雾造粒技术对纳米 $\beta-SiC/LBS(Li_2O-B_2O_3-SiO_2)$ 复合吸波粉末进行团聚造粒，采用超音速火焰喷涂技术工艺制备高温纳米复合吸波涂层，颗粒状 $\beta-SiC$ 弥散在半熔融状态的 LBS 中形成涂层。涂层与基体的结合强度为 8.46 MPa,随涂层厚度的增加,涂层最小反射系数向低频移动,涂层在高频段(12 ~ 18 GHz)对电磁波的吸收能力较强。考虑到涂层兼具吸收与较高的结合强度的要求,涂层厚度需要控制在 0.7 ~ 1.0 mm。在涂层厚度相同时,$\beta-SiC$ 的质量分数为 46% 的涂层对电磁波的反射率最小,为 − 13 dB。当在涂层厚度相同而微波频率大于14 GHz时,复合涂层的电磁波反射率均小于 − 10 dB。

江礼等采用喷雾造粒技术制备了 $Mg_3Si_4O_{10}(OH)_2$、C 与莫来石组成的复合吸波粉末,并采用等离子喷涂技术制备了复合吸波涂层。涂层的结合强度随厚度增加而降低,反射率曲线随涂层厚度增加向低频移动。当 $Mg_3Si_4O_{10}(OH)_2$、C 与莫来石的质量分数比为 0.2∶0.6∶0.2,涂层厚度为 0.8 mm 时,在频率为 15 ~ 18 GHz时反射率均小于−5 dB,其中在频率为 16.5 GHz 时,为 − 8 dB。

碳纳米管(CNTs)/ 纳米 $Al_2O_3-TiO_2$ 复合涂层是热喷涂制备高温吸波涂层的一个研究热点。原第二炮兵工程学院在这方面开展了大量工作。王汉功等采用微弧等离子喷涂技术制备碳纳米管 / 纳米 $Al_2O_3-TiO_2$ 复合涂层,涂层厚度为 1.5 mm 时,碳纳米管 / 纳米 $Al_2O_3-TiO_2$ 复合涂层的吸波能力最佳,最小反射率为−22.14 dB,小于−10 dB 的频带宽度为 4.00 GHz。汪刘应等以碳纳米管作为高温吸波剂,$Al_2O_3-TiO_2$ 陶瓷材料作为黏结剂,采用微弧等离子喷涂在 45 钢基体上喷涂了 5%CNTs/$Al_2O_3-TiO_2$ 复合涂层,涂层厚度为 2 mm。环境温度由 25 ℃ 升高到 300 ℃,复合涂层的高温吸波性能逐渐增强,反射率峰值不断减小,谐振频率向低频移动。当环境温度为 300 ℃ 时,复合涂层的反射率峰值减小为 − 12.88 dB,小于 − 5 dB 频带宽增加到 4.48 GHz,谐振频率移至 10.56 GHz。华绍春等将碳纳米管与纳米 $Al_2O_3-TiO_2$ 陶瓷粉末超声共混制备了碳纳米管 / 纳米 $Al_2O_3-TiO_2$ 复合粉末。测试了复合粉末在 2 ~18 GHz 频段的电磁参数,随着碳纳米管质量分数的增加,碳纳米管 / 纳米 $Al_2O_3-TiO_2$ 复合粉末的复介电常数和损耗角不断增大。当碳纳米管质量分数和厚度增加时,复合粉末对电磁波的反射率峰值先增加后减小,而谐振频率不断向低频移动。采用微弧等离子喷涂技术制备了 7% 碳纳米管 / 纳米 $Al_2O_3-TiO_2$ 复合吸波涂层,当涂层厚度为 1.5 mm 时,涂层最小反射率为 − 24 dB;当涂层厚度为 2.0 mm 时,小于 − 10 dB 的频带宽度为 3.6 GHz。当温度提高到 500 ℃ 时,1 mm 厚的涂层最小反射率为 − 12.2 dB,小于−10 dB 频带宽度为 2.0 GHz。刘顾采用微弧等离子喷涂技术制备了 $CNTs-SiC/Al_2O_3-TiO_2$复合涂层,$CNTs-SiC/Al_2O_3-$

TiO_2 复合涂层随涂层厚度的增加,吸波能力有较大提高,谐振频率不断向低频移动,当涂层厚度从 0.9 mm 增加到 1.8 mm 时,反射率峰值由 -4.10 dB 增加到 -12.27 dB,小于 -5 dB 的频带宽度增加到 9.36 GHz。

2. 铁氧体吸波涂层

Bégard 等以 $BaCO_3$、Co_3O_4、TiO_2 和 Fe_2O_3 为原料,通过固态反应合成了 Co、Ti 取代钡铁氧体 $BaCoTiFe_{10}O_{19}$,并采用高速火焰喷涂技术和大气等离子喷涂技术在玻璃陶瓷基体上制备了吸波涂层。研究表明高速火焰喷涂涂层并未形成钡铁氧体的晶化相,而是形成了部分非晶相。而通过调整大气等离子喷涂工艺参数,发现涂层中形成了钡铁氧体相。厚度为 $1\sim4$ mm 的涂层适合用作吸波材料,当涂层厚度为 2.5 mm 时,反射率计算值在频带宽度为 4.2 GHz 时可达到 -15 dB。

Lisjak 等以 $BaCO_3$、Co_3O_4、TiO_2 和 Fe_2O_3 为原料,通过固态反应法合成了 $BaFe_{12}O_{19}$ 和 $BaCoTiFe_{10}O_{19}$ 钡铁氧体。作者对这两种铁氧体采取了不同的烧结工艺。将 $BaFe_{12}O_{19}$ 钡铁氧体于 1 100 ℃ 烧结 6 h,而把 $BaCoTiFe_{10}O_{19}$ 烧结 3 h,并采用等离子喷涂工艺制备了涂层。发现涂层在 $1\,100\sim1\,300$ ℃ 时对其进行退火处理会得到单相结构。通过热喷涂技术制备的钡铁氧体涂层适合作为微波和毫米波的吸波材料。

Bobzin 通过水 $-$ 乙醇体系将 $BaCO_3$ 与 Fe_2O_3 分散混合,并采用喷雾干燥法将混合物团聚造粒制备喷涂粉体。粉体一部分经过 1 150 ℃ 烧结 5 h 处理形成活性钡铁氧体相,一部分未经过任何处理。采用等离子喷涂技术将烧结粉体与未烧结粉体喷涂到基材表面。测试结果表明,未经烧结的粉体喷涂后没有形成钡铁氧体结构,而经过反应烧结的团聚体喷涂后形成了钡铁氧体含量高的吸波涂层,磁性能与大块钡铁氧体相当。

3. 其他类型吸波涂层

Zhao 通过喷雾干燥的方法制备了 $Al-Fe_2O_3$ 粉体,采用等离子喷涂技术制备了 $Al-Fe_2O_3$ 复合涂层,并研究了涂层在频率为 $8.2\sim12.4$ GHz 时的吸波性能。通过计算反射损耗发现,吸波性能与涂层的厚度和涂层中 Fe 的质量分数密切相关。当 Al 和 Fe_2O_3 的质量分数比为 $1:5$ 时,涂层厚度为 1.4 mm,反射率在 12.2 GHz 时,达到最小值为 -11 dB。

Fenineche 等采用等离子喷涂的方法在铜基体上制备了 FeB、FeSi、FeNb 3 种合金涂层。FeB 和 FeSi 合金涂层显示出软磁性能,而 FeNb 涂层显示出部分非晶结构,但未表现出磁性能。

Yuan 等通过低温高速火焰喷涂技术制备了 $\alpha-Fe$/聚酰胺复合吸波

涂层。复合粉体的质量分数对涂层的吸波性能影响较大。微波反射系数与电磁波的频率密切相关,当 $\alpha - Fe$ 的质量分数为 75% 时,复合涂层能有效吸收电磁波,吸收峰值为 -8 dB。随涂层厚度的增加,吸收峰值向低频移动。

Bartuli 通过大气等离子喷涂技术制备了 11 种 Cr_2O_3 陶瓷与金属或铁氧体或其他陶瓷构成的复合涂层。涂层的平均厚度为 3 mm,并测试了涂层在 $8 \sim 12$ GHz 的电磁性能。研究表明,涂层的厚度与反射损耗密切相关。当涂层厚度为 1.8 mm 时,$Cr_2O_3 - 40\%NiO$ 复合涂层的反射损耗峰值为 -40 dB。

通过热喷涂技术制备雷达吸波涂层是近几年才发展起来的新技术,目前国内外的研究还处于起步阶段,且报道多集中于高温陶瓷涂层和铁氧体涂层,所制备的涂层的反射率有些还不是很理想,因此,尚有许多研究工作还有待开展。今后采用热喷涂技术制备吸波涂层可能会在以下几个方面开展:① 采用新的喷涂技术并优化喷涂工艺参数,进一步提高涂层的结合强度;② 扩大喷涂材料体系,制备多种类型的吸波涂层;③ 研究涂层的厚度、结合强度、反射率三者的关系,从中寻找一个平衡点,使制备的涂层满足轻薄、强吸收的使用要求。

3.5.6 　生物陶瓷材料体系

不锈钢、钛合金等金属材料作为人体硬组织的修复材料在临床上已应用多年。但是,金属材料在人体内释放的大量金属离子会导致机体产生过敏、肉芽肿等症状。金属基生物陶瓷涂层材料将金属优良的力学性能和陶瓷涂层的生物学性能结合起来,能够满足临床植入材料的需要,受到广泛关注。生物陶瓷涂层主要分为生物惰性陶瓷涂层和生物活性陶瓷涂层两类。生物惰性陶瓷涂层其化学性质较为稳定,植入人体后与人体组织之间形成一层纤维组织,从而使人体组织与植入体表面形成结合。但是其惰性不利于促进骨组织的结合和生长,临床上的应用受到限制。生物活性陶瓷涂层在植入人体后,能形成骨性结合,因此在临床上得到广泛应用。生物活性陶瓷涂层主要包括羟基磷灰石、生物活性玻璃及钙硅基生物活性陶瓷涂层等。羟基磷灰石成分与人体骨和牙齿相近,含有人体骨新陈代谢所需的 Ga、P 等元素,植入人体后,其羟基($-OH$)可与骨细胞发生化学键结合,因而成为研究的热点。

1. 热喷涂羟基磷灰石涂层材料

1986 年,荷兰的 Groot 等和美国的 Kay 分别利用等离子喷涂技术成功制备了羟基磷灰石涂层。我国也于 1988 年制备了羟基磷灰石涂层的牙种植体,并试用于临床。采用热喷涂技术制备的羟基磷灰石涂层 —— 医用金属复合植入体克服了块体羟基磷灰石的脆性,发挥了金属材料强度高、韧性好的特点,提高了植入体的承载和抗冲击能力;同时,又利用了羟基磷灰石良好的生物活性,使其能与骨组织更好地结合。运用等离子体喷涂技术制作的羟基磷灰石涂层是目前临床应用较多的骨替换材料,特别是用于人工关节和牙种植体等受力部件。

2. 热喷涂羟基磷灰石涂层组成与性能

热喷涂羟基磷灰石涂层的组成与粉末原料通常有较大差异。热喷涂尤其是等离子体喷涂过程中,羟基磷灰石粉末经高温焰流作用发生相变,转变为非晶态或发生分解。非晶态的形成是喷涂过程中的熔化颗粒在基底上沉积时急冷所致。图 3.6 所示为非晶相 / 羟基磷灰石的 TEM 晶格像照片。羟基磷灰石粒子在等离子射流中的表面温度可达 2 294 ~ 2 707 K,远高于羟基磷灰石的分解起始温度(1 400 ℃)。羟基磷灰石分解产生的 CaO 和亚稳相磷酸四钙(TTCP)的质量分数分别可高达 14.6% 和 49.5%。亚稳相磷酸四钙会继续分解为磷酸三钙(TCP)和 CaO。CaO 的存在导致体液局部 pH 增大,从而影响材料的生物相容性。

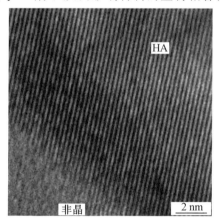

图3.6　非晶相 / 羟基磷灰石界面的 TEM 晶格像照片

为控制羟基磷灰石的分解,人们分别从组分设计、粉体筛选、喷涂方式改进、工艺参数优化及后处理等方面进行研究。羟基磷灰石涂层后处理是提高结晶度的重要方式。真空退火处理可将羟基磷灰石涂层的结晶度从 44% 提高到 68%,但处理温度超过 600 ℃ 会使涂层应变增大、裂纹增多、结合强度下降。蒸气 — 火焰处理的羟基磷灰石涂层结晶度高达 98.7%。

但过高结晶度的羟基磷灰石涂层早期骨整合性能不佳。

　　与常规大气等离子喷涂相比较,真空等离子喷涂技术具有射流速度快、温度较低、喷涂室气氛可控等特点,可制备合适结晶度(60% ~ 80%)的羟基磷灰石涂层。真空等离子体喷涂方法制备的羟基磷灰石涂层,植入羊松质骨4周后与骨组织接触率达68%,明显优于对照Ti涂层组(46%)。目前,采用真空生离子喷涂技术制备的羟基磷灰石涂层已被广泛应用于临床实践。

　　人体骨组织中含有少量Na、Mg元素及微量的K、Sr、Zn、F、Cl、Si等。研究发现,在羟基磷灰石涂层中添加微量F、Mg等元素可明显改善其生物活性及生物相容性,加速与人体骨组织的融合。在羟基磷灰石涂层中添加Sr不但可提高涂层的机械性能,也能较好地促进骨细胞的增殖与分化。Si的掺杂对于增加骨密度、促进DNA合成、加速骨细胞增殖,以及提高碱性磷酸酶、Ⅰ型胶原和骨钙素的基因表达,效果也较明显。

　　羟基磷灰石与医用金属(特别是Ti)间由于热膨胀系数失配,两者的结合强度较低,影响其在人体内长期使用的效果。制备复合或梯度涂层,可有效改善涂层与基体之间的结合。羟基磷灰石与Ti(或Ti6Al4V)复合或制成梯度涂层,拉伸强度最高可达40 MPa。羟基磷灰石涂层中复合金属组分,特别是与基材相同组分的金属,可提高其结合强度,这主要是由于掺杂物的加入缓和了涂层与基材之间的热膨胀系数失配,减小了残余热应力。另外,掺杂物本身力学强度较高也是复合涂层结合强度提高的重要原因。在羟基磷灰石涂层中添加ZrO_2、TiO_2及SiO_2等复合组分,均可不同程度地得到强化,有时还能对其生物学性能产生积极影响。

　　在热喷涂羟基磷灰石涂层中添加抗菌组分可抑制骨植入过程或术后的感染。生物材料诱导感染是植入体手术感染的主要模式之一。为防止术后感染,在骨植入材料表面加载抗菌剂的研究受到重视。庆大霉素、氯己定等抗生素均可用于植入体(包括羟基磷灰石涂层)的抗感染。但植入体表面形成的生物膜会增加细菌对抗生素的抗药性,导致药效降低。Ag、Cu等广谱抗菌金属元素可用于植入体表面的抗菌改性。真空等离子体喷涂方法制备的含银羟基磷灰石涂层,对大肠杆菌、绿脓杆菌和金黄色葡萄球菌均具有显著的抗菌效果。上述材料的动物试验显示,含银羟基磷灰石涂层可有效防止伤口感染的发生。有菌(金黄色葡萄球菌)条件下抗菌涂层[羟基磷灰石+3%Ag(HA3)]和常规羟基磷灰石涂层螺钉植入狗胫骨,3周后常规羟基磷灰石涂层螺钉组周围出现骨膜反应,而抗菌涂层组周围无炎症出现;6周时羟基磷灰石涂层螺钉组与骨之间出现明显的钉痕,发生松动,而抗菌涂层组与骨之间结合良好。

3. 新型硅酸钙类生物陶瓷涂层

羟基磷灰石涂层是典型的生物活性材料,可促进新骨生长,具有较好的骨整合效果。但是,羟基磷灰石与 Ti 等医用金属基材间热膨胀系数相差较大,热喷涂羟基磷灰石涂层结合强度较低(一般为 $10 \sim 20$ MPa),生理环境下易从 Ti 基体表面剥离,影响其使用效果。鉴于此,良好生物活性和优良力学性能(特别是结合强度)的新型生物涂层值得研究。硅酸钙类陶瓷涂层是近年受到关注的生物涂层材料之一。

硅酸钙类陶瓷涂层的化学组分与生物玻璃类似,在模拟体液中诱导类骨磷灰石形成能力较强,生物活性良好。大气等离子体喷涂硅灰石涂层,与 Ti6Al4V 基体的结合强度高达 42.8 MPa,明显高于羟基磷灰石涂层。硅酸二钙(Ca_2SiO_4)和透辉石($CaMgSi_2O_6$)涂层的结合强度分别达 38.9 MPa 和 32.5 MPa。此类涂层与钛(或钛合金)间热膨胀系数匹配性较好,可减少涂层制备过程中产生的热应力,这也是其结合强度较高的主要原因。将等离子体喷涂硅灰石涂层植入狗股骨和骨髓腔,新骨能在其表面正常生长成熟,优良的骨传导性得到初步验证。但硅灰石涂层存在生理环境中降解过快的问题。

为控制硅酸钙类涂层的降解速度,可采用添加稳定组分的方式制备复合涂层。等离子体喷涂技术沉积 $Ca_2SiO_4 - Ti$ 复合涂层可控降解,但过量 Ti 的添加会降低涂层诱导类骨磷灰石形成的能力。制备 $Ca_2SiO_4 - Ti$ 复合涂层,也可抑制涂层在生理环境中的降解。采用机械混合粉体制备的复合涂层存在组分分布不均匀的问题,局部硅酸钙组分的过度溶解,会导致涂层的坍塌。采用一种具"核-壳"结构的硅酸钙复合粉末制备的涂层,不仅使两种组分均匀分布,而且明显改善其在生理环境中的稳定性,在 Tris - HCl 缓冲溶液中的质量损失降低了约 10%。人骨髓基质干细胞(hBMSCs)培养试验证实,细胞在复合涂层表面的黏附与增殖行为优于临床应用的羟基磷灰石涂层;ALP(碱性磷酸酶)、COLI(Ⅰ型胶原)、BSP(骨涎蛋白)、OPN(骨桥蛋白)和 OC(骨钙素)等成骨标志基因分析发现,复合涂层表面细胞的大部分成骨基因表达量均优于羟基磷灰石涂层。通过 Zn 掺杂改性,可在改善硅酸钙涂层化学稳定性的同时,使涂层对大肠杆菌和金黄色葡萄球菌产生显著的抑菌效果。

第4章 等离子喷涂技术及其在再制造中的应用

4.1 等离子喷涂技术概述

现代工业的发展对材料及其制品提出了越来越苛刻的要求,如耐高温、耐腐蚀、耐摩擦和耐磨损等。在高温、高湿、重载、腐蚀的情况下,现代工业设备的一些重要旋转零部件,如轴、轧辊、凸轮及齿轮等,常常因磨损和接触疲劳而失效,严重影响了装备的服役性能,造成巨大的经济损失。因此,世界各国在集中力量开发各种新材料的同时,也致力于各种材料表面改性技术的研究,以改善材料的性能。与传统的表面淬火、表面渗碳等技术相比,采用表面防护技术能在低成本的基材表面形成高硬度、高耐磨性、耐腐蚀性的异质金属涂层,并能使涂层与基体材料实现牢固的结合,既可以充分发挥基材的塑性与韧性优势,也可以充分利用金属表层高硬度与高耐磨的性能特点,从而使工件同时具有心部韧性而表层高耐磨、高耐蚀的特点,大幅度提升工件的整体性能,实现高强度、高韧性、高硬度及高耐磨性能的结合。而等离子喷涂技术就是当前众多表面处理技术中一种突出的零件表面处理技术。

等离子喷涂技术是20世纪50年代末期发展起来的。它是一种使材料表面获得各种功能涂层的有效手段,可以使基材表面具有耐磨损、耐腐蚀、耐高温氧化、隔热、密封等性能,并且具有喷涂效率高、涂层组织细密、与基材结合强度高、孔隙率低、喷涂材料来源广、成本低及对零件热变形影响极小等优点,从而可以达到提高机器设备零部件的表面质量、延长使用寿命、修复已损坏的旧件等目的。因此,等离子喷涂技术在现代工业和尖端科学技术中得到了广泛的应用。

20世纪50年代,为了满足航空航天、原子能等尖端领域对于耐高温和隔热涂层的迫切需求,人们在提高喷涂热源温度、速度及控制喷涂气氛等方面进行了新的探索。1957年,美国联合碳化物公司(Union Carbide Co.)和等离子动力公司(Thermal Dynamic Co.)相继开发了温度达10 000 K以上的以等离子电弧为热源的大气等离子喷涂(Air Plasma

Spray）技术，实现了难熔金属和氧化物陶瓷材料的喷涂，促进了热喷涂技术的飞速发展。20 世纪 70 年代，80 kW 级高能等离子喷涂设备研制成功并获得广泛应用。从 20 世纪 80 年代起，随着计算机、机器人、传感器、激光等先进技术的发展，等离子喷涂设备的功能也得到了不断的强化。20 世纪80 年代，100～200 kW 高功率等离子喷涂设备也相继出现；20 世纪 90 年代，以超音速火焰喷涂技术作为典型代表的新型热喷涂技术问世，目前，国内外先进的等离子喷涂设备正向轴向送粉技术、多功能集成技术、实时控制技术、喷涂功率两极分化（小功率或大功率）的方向发展。

从等离子喷涂技术出现到现在仅仅 60 余年，其已发展成为一种工艺成熟、应用广泛的热喷涂方法。据资料统计，1960 年等离子喷涂在热喷涂市场所占比例为 15%，而 1980 年该比例已上升到 55%，2000 年该比例为48%。如今，等离子喷涂技术的应用几乎覆盖了所有工业领域，成为制备各种性能涂层的最先进的工艺方法之一，在机械制造、航空工业、火箭技术、原子能、冶金、造船、交通、微电子、无线电、新能源材料、复合材料等领域有着广泛的应用。通过等离子喷涂技术可以制造耐磨、减磨、固体润滑的涂层，抗表面疲劳涂层、耐腐蚀涂层、耐热涂层、热障涂层等保护性涂层以及具有磁性、导电、绝缘、超导、红外线、辐射、太阳能吸收等作用的功能性涂层，在国民经济建设中有着不可替代的作用。

4.1.1 等离子喷涂技术的原理及特点

等离子喷涂技术是利用等离子火焰来加热熔化喷涂粉末并使之形成涂层的热喷涂方法。它是将粉末材料送入等离子体（通过射频放电）中或等离子射流（通过直流电弧）中，使粉末颗粒在其中加速、熔化或部分熔化后，在冲击力的作用下，伴随等离子射流高速喷射并沉积到预先经过处理过的工件表面上，从而形成一种具有特殊性能的涂层的一类加工工艺。由于等离子喷涂火焰的温度和速度极高，几乎可以熔化并喷涂任何材料，形成涂层具有结合强度较高、孔隙率低且喷涂效率高、使用范围广等优点，因此在航空、冶金、机械、原子能、微电子等行业得到广泛的应用。

等离子喷涂基本工作原理如图 4.1 所示。等离子喷涂是采用刚性非转移型等离子弧为热源，以喷涂粉末材料为主的热喷涂方法。其喷涂原理是通过等离子喷枪（又称等离子弧发生器）产生等离子射流（电弧焰流），喷枪的钨电极（阴极）和喷嘴（阳极）分别接电源负极和正极（工件不带电），通过高频振荡器激发引燃电弧，使供给喷枪的工作气体（Ar 或 N_2）在电弧的作用下电离成等离子体。在热收缩效应、电磁收缩效应和机械收缩效应的联合作用下,电弧被压缩,形成非转移型等离子弧(高温高速等离子射流)。送粉气流推动粉末进入等离子射流中后粉末被迅速加热和加速,形成熔融或半熔融的粒子束,撞击到经预处理的基材表面,在基体表面流散、变形、凝固,后来的熔融粒子又在先前凝固的粒子上层叠压、堆积形成涂层,从而使零件被喷涂表面获得不同的硬度、耐磨、耐热、耐腐蚀、绝缘、隔热、润滑等特殊的物理化学性能,以满足零件在不同工作条件下的要求。

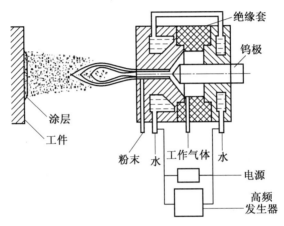

图4.1　等离子喷涂基本工作原理

等离子喷涂的特点如下:

(1)等离子喷涂可以获得多种性能的涂层。等离子喷涂有温度较高的喷涂射流,射流温度可达 32 000 K,熔点和硬度较高的材料都能被熔化,可以根据工件表面性能要求制备不同性能的涂层。这是一般氧－乙炔火焰喷涂和电弧喷涂所不能达到的。

(2)等离子喷涂涂层组织致密、结合强度高。由于等离子喷涂时的射流速度高,粉末颗粒能获得较大的动能,所以喷涂后的涂层致密度高,一般在88%～99%之间,涂层孔隙率可控制在1%～10%之间,结合强度可达70 MPa。

(3)等离子喷涂涂层表面质量好。喷涂后涂层平整、光滑,并可精确控制涂层厚度,误差在 0.025 mm 的范围内,因此切削加工涂层时可直接采用精加工工序。

(4)等离子喷涂可获得氧化物少、杂质少的涂层。采用惰性气体作为工作气体时可防止工件表面和粉末材料被氧化,从而获得比较纯净的涂层。

（5）等离子喷涂对工件热变形影响小，基体组织不会发生变化。在等离子喷涂过程中，工件表面不带电、不熔化（可控制温度低于 250 ℃），再加上粉末的喷射速度高，工件与喷枪的相对位移速度快，所以对工件表面的热影响很小，因此也可在塑料、油漆、玻璃、石棉布等非金属材料上喷涂。

（6）等离子喷涂工作效率以及粉末利用率高。由于等离子喷涂时的粉末具有高速的特点，因此单位时间内粉末的沉积速率很高。在采用高能等离子喷涂设备时，粉末的沉积速率高达 8 kg/h，充分显示了等离子喷涂的高效性。

4.1.2　等离子喷涂设备的研究进展及趋势

喷涂装置的研究始终是等离子喷涂技术的研究热点。从 20 世纪 80 年代起，随着计算机、机器人、传感器、激光等先进技术的发展，等离子喷涂设备的功能也得到了不断的强化。当前国外先进等离子喷涂设备主要向高能、高速、真空的方向发展，同时在轴向送粉技术、液体给料技术、多功能集成技术及实时控制技术等方面也取得了进展。目前根据电离介质的不同，等离子喷涂技术主要分为气稳和液稳两大类，其中气稳等离子喷涂又包括低压等离子喷涂、保护气体等离子喷涂和大气等离子喷涂；液稳等离子喷涂包括水稳等离子喷涂和其他液稳等离子喷涂。这些不同类型的等离子喷涂技术除了具有以上共同的优点之外，还有各自独特的优点。低压等离子喷涂的等离子射流较长，可达 50 cm，这使得粒子受热充分，粒子温度和飞行速度提高，喷涂时允许较高的预热温度，并且还能进行自净化表面的预处理，由于喷涂距离对喷涂涂层的性能影响较小，可进行形状复杂工件和曲面工件的表面喷涂。保护气体等离子喷涂利用保护气体可以有效避免粉末和基体的表面氧化，从而制备活泼金属材料涂层。大气等离子喷涂的喷涂粒子速度在 150 ~ 250 m/s，其中近年来发展起来的高效能等离子喷涂技术的喷涂粒子速度可接近声速，而且喷涂参数可调节的范围较大。水稳等离子喷涂的射流温度可到 33 000 K。

目前，国外生产等离子喷涂设备的公司主要有瑞士的 Sulzer Metco 公司、美国的 PRAXAIR − TAFA 公司、德国的 GTV 公司等，国内则以北京航空制造工程研究所为代表。Sulzer Metco 公司的 Multicoat 等离子喷涂系统第一次将计算机的先进性（过程再现、数据管理）和可编程逻辑控制器的稳固性结合起来。Multicoat 等离子喷涂系统可以进行大气等离子喷涂、真空等离子喷涂和超音速火焰喷涂。喷涂的涂层质量高、重现性好、能自动记录打印喷涂参数、自动报警和处理操作事故，是目前多功能集成等离子喷涂系统的代表。PRAXAIR－TAFA 公司开发的 5500－2000 等离子喷涂系统则是实时控制技术的代表,它采用专有软件实时控制和监测等离子弧的实际能量,使等离子喷涂系统的闭环控制提高到了一个新的水平。此外,国外对小功率等离子喷涂设备的研究主要集中在枪内送粉(包括轴向和径向)和层流等离子喷涂方面。俄罗斯航空工艺研究院对层流等离子射流及其喷涂工艺进行了多年研究,工艺较成熟,并已在航空领域得到应用。大功率等离子喷涂系统目前比较成功的是 PRAXAIR－TAFA公司的 PlazJet,其喷枪功率可达 200 kW。国外的等离子喷涂电源主要为整流式电源,国外著名的公司(如 Metco 公司)采用的是晶闸管整流式电源,整机质量达 930 kg。瑞士 Casolin 公司采用小型晶体管式电源,设计紧凑,体积小,质量轻。

我国自从 20 世纪 70 年代引进美国 Metco 公司等离子喷涂装置起,便开始了对等离子喷涂技术的研究与应用,与国外的先进水平相比,还有较大的差距。目前,从事等离子喷涂技术研究的机构有中国人民解放军陆军装甲兵学院、北京航空制造工程研究所、武汉材料保护研究所、华南理工大学、北京矿冶研究总院及广州有色金属研究院等。北京航空制造工程研究所研制的 APS－2000 型等离子喷涂设备采用了许多新技术,总体性能已达到国外 20 世纪 90 年代的相应水准。由中国航天科技集团公司一院七〇三所研制成功的 HT－200 型超音速等离子喷涂设备额定使用功率为200 kW,填补了我国在研制生产大功率等离子喷涂设备方面的空白。北京航天材料及工艺研究所开发了 80 kW 和 200 kW 晶闸管式等离子喷涂电源。兰州理工大学研制成功了 PLC 控制的 120 kW 晶闸管整流式等离子喷涂电源。陆军装甲兵学院成功研制出在低功率、小气体流量条件下获得高效能的超音速等离子弧喷涂系统,而且突破了传统依靠提高功率和气体流量来获得超速射流的方法,提出并研制成功了在低功率、低气体流量的情况下实现超音速等离子射流的方法。目前,在小功率喷涂设备方面,北京航空制造工程研究所也正在开展层流等离子喷涂设备的研制。

等离子喷涂设备必须具备稳定可靠的工作性能、性能良好的程序控制电路及对突发事件的保护能力(如过电压保护、水压和气压欠压保护),并能实时检测输出电压及引弧成败等。为保证等离子电弧的稳定性,等离子弧喷涂电源应具有垂直陡降的输出特性。另外,在熄弧时,喷涂电源应具有可调的电流衰减速率;在起弧时,喷涂电源应具有可调的电流上升速率。等离子喷涂设备主要由 3 部分组成,第一部分是以 PLC 为核心的等离子喷涂设备控制柜;第二部分是喷涂专用机械、喷枪、送粉器等;第三部分是4台同型号硅整流电源串并联后的等离子弧喷涂电源,如图4.2所示。等离子喷涂电源(主弧电源和维弧电源)是等离子射流能量提供装置,其工作电流和电压是影响涂层质量的重要参数。喷枪是集所有喷涂资源(电、气、粉、水)于一体的核心装置,为喷涂材料的熔化、细化及其喷涂能量转换提供空间。喷枪设计的好坏直接影响喷涂涂层的质量。因此,等离子喷涂电源和等离子喷枪是等离子喷涂系统中最为关键的部分。

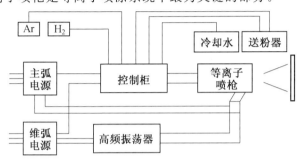

图4.2　等离子喷涂设备配置示意图

由于等离子弧具有温度高、能量集中、射流速度高、稳定性好、调节性好等特点,因此等离子喷涂技术能熔化包括高熔点的 W、TaC 在内的各种金属、金属氧化物及氧化物陶瓷材料,制备出各种高硬度、耐磨损、耐高温、抗氧化、耐腐蚀的物理、化学性能稳定的涂层,在航空、航天、原子能等工业领域有着广阔的应用前景,也促使了等离子喷涂技术的不断发展。纵观等离子喷涂技术及设备的研究现状与发展,等离子喷涂技术的发展方向如下:

(1)理论研究。结合各种在线监测技术确定粉末在等离子射流中的流体动力学特征,深入理解涂层的形成过程,从而得出各喷涂参数对涂层结构和性能的影响机制;利用多尺度模拟技术和先进测试手段研究等离子喷涂制备的梯度涂层的化学动力学行为,建立梯度涂层材料及其结构在高温化学环境下与时间相关的破坏理论。

(2)涂层性能评价方法和标准。随着物理、化学性能测试技术的发展,开发和建立涂层的评价方法和标准。

(3)涂层设计和喷涂工艺参数的优化。通过建立各种材料的喷涂工艺参数数据库,可使用合理的模型预测涂层的性能,减少环境对高温粒子的污染和氧化,对涂层进行优化。利用激光、超声波等现代技术,研究并应用复合工艺,使涂层结构更趋完善。

（4）研制全方位微电脑控制的高能、高速、高熔的新型等离子喷涂设备。深入研究探索新的诊断技术，利用现代测试技术，探索应用神经网络和模糊控制策略，实现等离子喷涂过程的智能控制，完善喷涂过程的实时诊断。

（5）向大功率、高生产效率的等离子喷涂工艺与设备发展。目前等离子喷涂技术主要以高能等离子喷涂技术、感应等离子喷涂技术、水稳等离子喷涂技术和超音速等离子喷涂技术为代表。以提高电弧功率和特殊喷枪结构设计作为主要研究方向，提高等离子喷涂粒子速度和改善涂层质量。但是，喷涂系统功率的增大使得其在应用方面存在喷涂成本显著增加、沉积效率低、等离子弧能源利用率低以及设备体积大、笨重、运送安装困难等不足。

（6）向低功率、高效节能的等离子喷涂工艺与设备发展。目前低功率等离子喷涂技术主要以微等离子喷涂技术和微束等离子喷涂技术为代表，以改进喷涂送粉方式和提高等离子弧能源利用率为主要研究方向，满足低功率条件下制备高性能涂层和野外现场喷涂的需要。但低功率等离子喷涂技术研究还存在喷涂粒子速度低、涂层结合强度低、电弧不稳定及阴极与喷嘴黏结等诸多技术难题。

4.2　大气等离子喷涂技术及其在再制造中的应用

4.2.1　大气等离子喷涂技术的特点

等离子喷涂技术是采用非转移型等离子弧为热源，喷涂材料为粉末的热喷涂方法。近十几年来等离子喷涂技术发展很快，目前已开发出大气等离子喷涂、可控气氛等离子喷涂、溶液等离子喷涂等喷涂技术，等离子喷涂技术已成为热喷涂技术中最重要的一项工艺方法。大气等离子喷涂简称等离子喷涂。等离子喷涂技术通过等离子喷枪来实现，喷枪的喷嘴（阳极）和电极（阴极）分别接电源的正、负极，喷嘴和电极之间通入工作气体，借助高频火花引燃电弧。电弧将气体加热并使之电离，产生等离子弧，等离子弧在喷枪孔道中受到压缩，温度升高，喷射速度加快，此时送粉气流将粉末从喷嘴内（内送粉）或喷嘴外（外送粉）送入等离子射流中，粉末被加热至熔融或半熔融状态，并被等离子射流加速，以一定速度喷射到经预处理的基体表面形成涂层。大气等离子喷涂技术因其成本低廉、涂层制备迅速且沉积效率高等优点，而成为制备涂层常见的手段。这种技术常用的等离子气体有氩气、氢气、氦气、氮气或它们的混合物。

在等离子喷涂技术中最常用的是大气等离子喷涂技术。大气等离子喷涂技术的一般功率范围为 30 ~ 80 kW，典型的喷涂速率为 0.1 kg/(h·kW)。它是用等离子体发生器——等离子喷枪产生氮、氢等离子体来提供粉末加热区，在加热区内温度为 4 500 ~ 5 500 ℃，这将使由送粉管输送到等离子射流中的陶瓷或金属粉末粒子加热至熔融或半熔融状态，并高速喷向工件。当粉末撞击到工件表面时，会发生塑性形变、铺展，形成扁平层状结构并瞬间凝固，附着在工件表面，最终形成由无数变形粒子相互黏结、相互交错、呈波浪式堆叠的层状组织结构的喷涂涂层。大气等离子喷涂技术具有对涂层材料要求宽松、沉积率高、操作简便、制备成本低、隔热性能好等优点，是目前国内外常用的一种制备陶瓷涂层的方法。它应用在零部件表面具有强化与防护作用，大大提高了零部件的寿命，更重要的是它还可以应用到维修与再制造方面，有效地节约了资源。等离子喷涂技术现在已经从航空、航天领域向船舶、汽车、能源等方面迅速发展。大气等离子喷涂技术可在金属基体表面喷涂陶瓷涂层，这样将陶瓷的优点与金属的韧性相结合，使机械零部件既具有金属的强韧性、可加工性，又具有陶瓷的耐磨损、耐腐蚀、抗高温氧化以及绝缘性等性能，为社会经济效益的提高和机械零部件使用寿命的延长做出了巨大的贡献。

Al_2O_3 基涂层由于其优异的化学稳定性、绝缘性而广泛被作为耐磨损、耐腐蚀和耐高电压击穿涂层。目前常用的涂层制备工艺是大气等离子喷涂。然而，该工艺制备 Al_2O_3 基涂层的沉积率较低，而且粉末送粉量少，涂层的生产效率比较低。其主要原因是粉末粒子偏离等离子射流中心或者在射流中心因粒子运动速度快，粉末由于来不及熔化，不能完全铺展，沉积效果不好。因此，在尽可能使粉末粒子进入射流中心的前提下，适当降低射流速度，使粒子的运动速度降低，延长粉末在射流中的停留时间，促进粒子达到熔融。邓春明等分别采用大气等离子喷涂和带延长 Laval 喷嘴的大气等离子喷涂制备了 $Al_2O_3 - 3\%TiO_2$ 涂层，对涂层的相组成、显微结构、结合强度、显微硬度等进行了评价，并和常规大气等离子喷涂 Al_2O_3 涂层的性能进行了对比，根据粒子在射流中的特征对涂层性能差异进行了讨论。结果表明，两种 $Al_2O_3 - 3\%TiO_2$ 涂层均以 $\gamma - Al_2O_3$ 为主，其中还含有少量的 $\alpha - Al_2O_3$ 和微晶或非晶。带延长 Laval 喷嘴的大气等离子喷涂所制备涂层的孔隙率、显微硬度和结合强度均明显低于普通的大气等离子喷涂涂层，但前者涂层的沉积率达到 70%，明显高于后者，大大降低了涂层的生成成本。粒子特征分析表明，延长的 Laval 喷嘴降低了粒子在等离子射流中的速度,延长了粒子在射流中的停留时间,从而使涂层的结合强度和致密度降低,使涂层的沉积率明显升高,如图 4.3 所示。

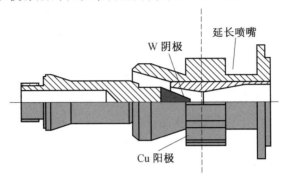

图4.3　带延长 Laval 喷嘴的大气等离子喷涂喷枪示意图

　　与普通等离子喷涂相比,在带 Laval 喷嘴的大气等离子喷涂产生的射流中,粒子温度较普通等离子喷涂高,但粒子速度较低。在确保粉末充分熔融的前提下,粒子较高的运动速度有助于获得较致密和结合强度较高的涂层。因此普通离子喷涂获得的 $Al_2O_3-3\%TiO_2$ 涂层致密度和结合强度明显高于带 Laval 延长喷嘴的大气等离子喷涂涂层。而带 Laval 喷嘴的等离子喷涂由于会产生更大的射流,因此可以以较大的送粉量进行喷涂,而且粒子运动速度慢,粒子受热充分,涂层的沉积率非常高。较大的送粉量和较高的沉积率可以大大提高涂层的生产效率和降低涂层的生产成本。

　　安宇龙等选用 Fe10W4Cr3Ni2Mo4B4Si1C(质量比) 合金粉末作为喷涂原料,采用大气等离子喷涂工艺在 1Cr18Ni9Ti 不锈钢基底上制备了 Fe 基涂层,并利用扫描电子显微镜、透射电子显微镜和 X 射线衍射仪表征了粉末和涂层的相组成和微观形貌;用 Olyciam3 分析软件对涂层的孔隙率进行了测定;用热分析系统对喷涂粉末和涂层从室温(25 ℃)到1 173 K范围的 DSC 曲线进行了记录;同时,测定了涂层的显微硬度和结合强度。结果表明,大气等离子喷涂制备的 Fe 基涂层与基底的结合程度较好,涂层较为致密并且存在灰色氧化带组织,表现出典型的层状组织结构;涂层不但具有较低的表面粗糙度和孔隙率,而且具有较高的显微硬度和结合强度;所制备涂层中的非晶含量约为89.2%,涂层中形成的晶相组织为纳米晶结构。大气等离子喷涂制备的 Fe 基非晶涂层整体较为致密,涂层内没有出现微观裂纹,但存在灰色氧化带组织。涂层由熔融良好的粉末形成的光滑区域和部分熔融的粉末及其孔隙组成,表现为典型的波浪形层状组织结构。

闫坤坤等采用大气等离子喷涂方法分别以 Ar—H_2 和 Ar—He 作为工作气体,在 Al 基体上制备 Y_2O_3 涂层。Y_2O_3 粉末在扫描电子显微镜下的表面形貌如图 4.4(a) 所示,其为由纳米级 Y_2O_3 粒子构成的团聚体,颗粒整体呈多孔球形结构,图 4.4(b) 所示为 Ar—He 环境下制备的 Y_2O_3 涂层表面形貌,可见 Y_2O_3 颗粒未充分熔融,涂层由 Y_2O_3 纳米颗粒堆叠而成,极少颗粒达到扁平化效果。图 4.4(c) 和(d) 所示分别为 Ar—H_2 环境下喷涂距离为 100 mm 和 140 mm 时制备的 Y_2O_3 涂层表面形貌,可见 Y_2O_3 颗粒熔化良好,高速射流中的熔滴与基底接触后充分延展、平化,堆叠效果良好,局部区域呈现熔融结晶态。同时有少数粉末在射流中未完全熔融,又或在到达基体形成涂层前,又重新凝固而沉积到涂层中,形成图中所示的球形颗粒。因此,在氢气氛围下,通过增大喷涂距离既可消除黑色 Y_2O_3 斑点又可保证 Y_2O_3 颗粒的熔融效果,使涂层的质量达到最优。采用扫描电子显微镜、X 射线衍射仪和 X 射线光电子能谱仪对涂层的成分及结构进行了分析。结果表明,以氢气作为辅助气体制备的 Y_2O_3 涂层,涂层中有少许立方相转变为单斜相。喷涂距离小于 120 mm 时,涂层表面出现黑色斑点。经 700 ℃ 以上退火,黑色斑点减少并消失。而使用氦气作为辅助气体,可以得到纯正白色单一相结构的 Y_2O_3 涂层,但由于氦气熔值比氢气的低,Y_2O_3 颗粒未完全熔融,涂层不致密。

在国际热核聚变试验反应堆计划实施过程中,聚变反应堆由实验室装置走向实际商业发电还存在许多问题,其中面向等离子体防护的涂层制备是关键问题之一。在聚变堆试验装置中偏滤器部件要承受严酷的热负荷和等离子体冲刷。钨由于具有高熔点、高溅射阈值、低腐蚀率和氚滞留,被选为聚变堆偏滤器高热负荷部件的候选材料。张小锋等采用等离子球化技术对不规则钨粉进行球化,以还原后的球形钨粉为原料,在 CuCrZr 合金基体上,在氮气保护下,使用大气等离子喷涂制备聚变堆用厚钨梯度涂层。利用 X 射线衍射对钨粉和涂层进行物相分析,采用扫描电子显微镜对钨粉和涂层的微观形貌进行观察,使用 O/N 测量仪、激光热导仪和拉伸试验机分别对涂层含氧量、热导率和结合强度进行测量,采用 X 射线光电子能谱对钨涂层中钨元素的价态进行分析。结果表明,在氮气保护下,采用大气等离子喷涂成功制备了以 CuMo/MoW 为过渡的约 2mm 厚的钨涂层,其结合强度为 15.2 MPa。相较于真空热处理,H_2 还原热处理能显著降低等离子球化钨粉和钨涂层的含氧量,用 H_2 处理后涂层中的氧的质量分数从 0.93% 降至0.17%。在钨涂层制备过程中存在对流氧化和扩散氧化,导致涂层存在微量的氧化物,其中氧化物主要为 $WO_{2.72}$ 和 WO_3。

(a) Y$_2$O$_3$粉末的表面形貌

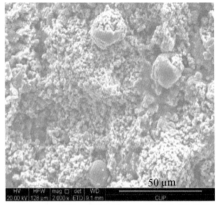

(b) Ar－He环境下制备的Y$_2$O$_3$涂层表面形貌

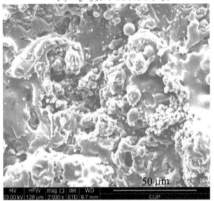

(c) Ar－H$_2$环境下喷涂距离为100 mm
时制备的Y$_2$O$_3$涂层表面形貌

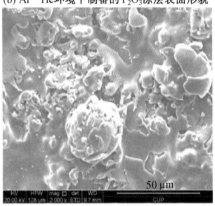

(d) Ar－H$_2$环境下喷涂距离为140 mm
时制备的Y$_2$O$_3$涂层表面形貌

图4.4   不同工作气体的大气等离子喷涂制备 Y$_2$O$_3$ 涂层的微观形貌

刘安强等采用大气等离子喷涂方法在 45 钢基体上制备了 WC－12Co 涂层。用扫描电子显微镜、X 射线衍射仪对涂层的微观形貌和成分进行了分析;采用显微硬度计和万能试验机分别测定了涂层的显微硬度和结合强度,并用 SRV－Ⅳ 摩擦磨损试验机测试了涂层的耐摩擦、耐磨损性能。结果表明,WC－12Co 涂层组织均匀致密,在喷涂过程中仅有少量的 WC 发生了氧化分解,生成 W$_2$C 和 Co$_3$W$_3$C 相。涂层力学性能优异,结合强度平均值为 50.63 MPa,涂层表面平均硬度为 HR15N 85.7,截面平均显微硬度为 HV$_{0.3}$1 053.8。相对于 304 不锈钢,等离子喷涂 WC－12Co 涂层具有十分优良的耐磨损性能,在室温(25 ℃) 至 300 ℃ 范围内,WC－12Co 涂层的磨损机制为磨粒磨损。

　　为满足核辐射屏蔽材料对结构－功能一体化的需求,杨文锋等采用大气等离子喷涂工艺在 321 不锈钢基体上设计并制备了 FeNiB 合金涂层复合材料,用于防护从裂变反应堆释放的中子与 γ 射线。在介绍该层状复合材料设计与制备的关键参数与技术细节的基础上,本节主要研究了层状复合材料对中子及 γ 射线的屏蔽性能。该层状复合材料具有结构－功能一体化特征,理论计算及测试结果的对比分析表明该材料对中子及 γ 射线拥有良好的综合屏蔽能力。

4.2.2　大气等离子喷涂在再制造中的应用

1. 大气等离子喷涂在再制造表面强化中的应用

　　随着科学技术的发展,航空航天、舰艇、汽车等领域对机械关重部件的表面性能要求越来越高,其表面耐磨损、耐腐蚀、抗高温氧化、导电和磁等功能的要求进一步提高。在高温、高湿、重载、腐蚀的情况下,机械零部件表面出现局部损坏,影响零部件的正常工作,甚至导致整体设备损坏停机。因此,表面材料性能的强化与再制造对零部件的使用寿命和生产力的提高及资源的节约有着重要的意义。为改善再制造后材料的耐摩擦、磨损性能,一般采用表面硬化方法在材料表面获得硬面层。目前,常见的表面硬化方法包括电镀、气相沉积、激光处理及热喷涂等。热喷涂因能高效获得致密的硬面涂层而得到广泛的应用,其中大气等离子喷涂具有射流温度高的特点,可以熔融几乎所有材料,其具有以下几个优点:

　　(1) 喷涂材料种类众多。等离子喷涂有温度较高的喷涂射流,射流温度可达 32 000 K,熔点和硬度较高的材料都能被熔融,因此比较适用于陶瓷及高熔点物质的喷涂。

　　(2) 喷涂的涂层致密,有较高的结合强度。等离子喷涂射流将粉末熔融,并使其获得较大的动能,所以喷涂的涂层致密且结合强度高。

　　(3) 涂层厚度可控。其厚度误差在 0.025 mm 的范围内。

　　(4) 对零部件的热影响较小。等离子喷涂输送给零部件的热量较少,喷涂后基体金相组织无变化,零部件不产生形变。在不影响基体原有机械性能的情况下,提高了基体的耐磨损、耐热、抗高温氧化的性能,同时大气等离子喷涂也可以喷涂精密零部件。

　　(5) 喷涂材料和基体材料可以自由搭配选择。大气等离子喷涂技术因喷涂涂层致密、结合强度高、喷涂效率高、喷涂材料广泛、成本低等优点在表面工程中迅速发展。大气等离子喷涂 Al_2O_3－TiO_2 陶瓷涂层是新型 Al_2O_3 基复合陶瓷涂层,TiO_2 粉末的加入有效地降低了纯 Al_2O_3 涂层的脆性,减少了复合涂层的孔隙率,提高了材料的强度、韧性和耐磨性。等离子喷涂在大型舰船传动轴及减速齿轮等关重部件的表面强化及维修与再制造中应用广泛。由于舰船在高温、高湿、高盐雾的海洋环境中长时间远距离航行,其关重部件极易损坏失效,严重影响舰船的正常航行。在维修过程中发现,关重部件表面常会出现磨损或腐蚀等失效现象,因此关重部件的表面修复与强化就显得十分重要。之前的研究人员大多对纳米 $Al_2O_3-TiO_2$ 涂层的性能进行研究,但 $Al_2O_3-40\%TiO_2$ 涂层在机械零部件的维修与再制造中应用的研究很少。刘前等采用大气等离子喷涂技术制备 $Al_2O_3-40\%TiO_2$ 陶瓷涂层,分析了该涂层的微观结构,测试了涂层的显微硬度、气孔率等性能,研究其在干摩擦条件下的摩擦磨损性能,以便为舰船关重部件的绿色维修与再制造提供技术支持和理论参考。研究表明,涂层与基体的结合强度、硬度降低,易于磨削加工。在干摩擦条件下,磨损量明显低于 45 钢。采用此等离子喷涂技术,对某舰艇主机正时齿轮密封部位进行改性修复,恢复其原尺寸后,运行效果良好。

2. 大气等离子喷涂在再制造部件中的应用

随着航空航天及军工技术的快速发展,发动机等热端部件的使用温度越来越高,已达到高温合金和单晶材料的极限状况。以燃气轮机的受热部件(如喷嘴、叶片、燃烧室)为例,它们处于高温氧化和高温气流冲蚀等恶劣环境中,承受的温度已超过 1 100 ℃,如推重比 10 一级发动机叶片表面的工作温度在 1 170 ℃ 以上,超过了使用高温 Ni 合金的极限温度(1 075 ℃)。目前,将金属的高强度、高韧性与陶瓷的耐高温、耐腐蚀等特点相结合,通过大气等离子喷涂技术制备的热障涂层已被用于解决上述问题,热障涂层能起到隔热、抗氧化、防腐蚀的作用,已在汽轮机、柴油发电动机、喷气式发动机等热端部件上取得一定应用,并延长了热端部件的使用寿命。热障涂层是将耐高温、抗腐蚀、高隔热的陶瓷材料涂覆在耐高温金属或超合金的表面,对基底材料起到隔热作用,并提高基体合金的抗高温氧化腐蚀性、降低合金表面工作温度的一种热防护手段。目前,国内外众多学者在热障涂层材料、制备方法、性能研究及延长涂层寿命等应用在再制造领域开展了广泛而深入的研究。

热障涂层在金属表面沉积一层或多层陶瓷涂层来保护在高温工作环境下的金属基体,其在航空航天、汽车及大型火力发电等再制造领域有着重要的应用。其中最典型的应用是在发动机上面,早在 20 世纪 70 年代,稳定的热障涂层就已经成功应用于航空发动机的燃烧室及其他高温部件,不仅提高了发动机的工作温度,还提高了其耐腐蚀性能,减少了燃油的消耗,延长了使用寿命。热障涂层对材料有严格的要求,材料要具有相稳定性、热导率低、耐腐蚀、高热反射率、高熔点、与基体相近的热膨胀系数、与基体有较强的结合力、较低的烧结速率等重要性能特征,因此能够用于热障涂层的材料十分有限。Y_2O_3 部分稳定的 ZrO_2 具有较低的热导率、热膨胀系数、韧性等,且具有良好的耐腐蚀、抗热冲击性能,加之特有的微裂纹和相变增韧机制和稳定性较好、价格便宜等优势,而成为目前使用最广泛的热障涂层材料。但是随着现代航空工业的飞速发展,现有的热障涂层在使用时容易发生相变,已不能满足使用的要求,所以寻找在高温条件下使用性能更好、使用寿命更长、更可靠的新型热障涂层材料和体系成为近年来的研究热点。国内外学者对涂层材料、黏结层材料、涂层结构、制备工艺和失效机制等方面进行了大量的研究。纳米材料具有量子尺寸效应、小尺寸效应、表面效应等特性,使其在热障涂层再制造领域具有极大的潜在应用价值。

3. 大气等离子喷涂再制造领域的工艺参数研究

等离子喷涂技术用以制备具有耐磨损、耐腐蚀、抗氧化、耐高温等功能的涂层,其应用已从航空航天等领域向其他领域迅速扩展,特别是在船舶、汽车等领域的关重部件的维修强化与再制造方面得到了广泛的应用。涂层的质量受到喷涂粉末颗粒大小和形貌、喷涂电压、电流、主／辅气流量、喷涂距离等诸多因素的交互影响,导致涂层质量不易控制。等离子喷涂工艺对涂层性能的影响十分复杂,刘前等为进一步提高大气等离子喷涂 $Al_2O_3 - 40\%TiO_2$ 涂层的质量,采用正交试验法,考虑喷涂电压、喷涂电流、主气流量和喷涂距离 4 个因素,对涂层的显微硬度、孔隙率和断裂韧性进行综合评价,优化大气等离子喷涂 $Al_2O_3 - 40\%TiO_2$ 陶瓷涂层的工艺参数,分析各因素对涂层质量的影响,这对大气等离子喷涂 $Al_2O_3 - 40\%TiO_2$ 陶瓷涂层的维修与再制造有着重要的意义。基于涂层的显微硬度、孔隙率和断裂韧性,利用四因素三水平正交试验并结合极差分析方法,对大气等离子喷涂 $Al_2O_3 - 40\%TiO_2$ 陶瓷涂层的喷涂电压、喷涂电流、主气流量和喷涂距离 4 个工艺参数进行优化。结果表明:4 个工艺参数因素相互交错影响着涂层的性能,且喷涂距离对涂层显微硬度影响较大,喷涂电压对涂层的孔隙率、断裂韧性也有明显的影响,对涂层的综合性能有影响的因素顺序是:喷涂电流 > 喷涂距离 > 主气流量 > 喷涂电压。

采用等离子喷涂方法制备的 Al_2O_3 涂层具有良好的化学稳定性、绝缘性和耐磨性,是目前被广泛应用的陶瓷涂层之一。利用 Al_2O_3 涂层的耐高温、耐酸碱腐蚀、耐磨损及绝缘强度高的特点,可以在高温(400 ℃)条件下用来替代有机高分子绝缘材料,以满足对高绝缘性能的要求,因而在冶金、航空航天等众多领域拥有广泛的应用前景。季珩等采用大气等离子喷涂方法,在不同喷涂功率和喷涂距离下制备 Al_2O_3 涂层,研究了喷涂工艺参数变化对涂层显微结构、气孔率及介电常数的影响。用 Spray Watch 2I 热喷涂在线监测系统测量等离子射流中熔融 Al_2O_3 粉末的表面温度和飞行速度;用扫描电子显微镜观察涂层的显微结构;用莱卡 QWIN 图像软件对涂层剖面照片进行分析,计算涂层的气孔率;用精密阻抗分析仪测量并计算 Al_2O_3 涂层的介电常数。结果表明,喷涂功率和喷涂距离的改变可影响 Al_2O_3 涂层的气孔率。合适的功率和喷涂距离能使粉末获得良好的熔融和较快的粒子飞行速度,形成致密的涂层。

4.3　超音速等离子喷涂技术及其在再制造中的应用

超音速等离子喷涂由美国 Browning 工程公司在 1986 年推出,商品名为 Plaz Jet,它是利用转移型等离子弧与高速气流混合时出现的"扩展弧",得到稳定集聚的高焓、超高速等离子射流进行喷涂的方法。其主要原理是借助超音速等离子射流,将入射其中的喷涂粉末熔融颗粒加速到声速以上(根据粒子的密度、尺寸和形状不同,速度在 $400 \sim 900$ m/s),故其具有射流温度高、粒子飞行速度快、沉积效率高、涂层质量好等优点。由于粒子的速度相对于传统等离子有大幅度提高,因而形成涂层的致密性和结合强度提高。

4.3.1　超音速等离子喷涂的原理

超音速等离子喷枪的原理图如图 4.5 所示。由后枪体输入的主级气(Ar)和次级气(N_2 或 N_2 与 H_2 的混合气)经气体旋流环作用,通过拉瓦尔管的二次喷嘴射出。钨极接负极,引弧时一次喷嘴接正极,在初级气中经高频引弧,正极转接二次喷嘴,即在钨极与二次喷嘴内壁间产生电弧,在旋转的次级气强烈作用下,电弧被压缩在喷嘴中心并拉直至喷嘴外缘。在此种情况下,弧柱被拉长至 100 mm 以上,形成的弧电压高达 400 V,在弧电流为 500 A 的情况下,电弧功率可高达 200 kW。这样长的拉伸电弧对等离子气体能充分加热,使其具有很高的焓值。当极高温度的等离子气体离开喷嘴后,产生超音速等离子射流,使送入的喷涂粉末被有效地加温加速并撞击工件形成涂层。

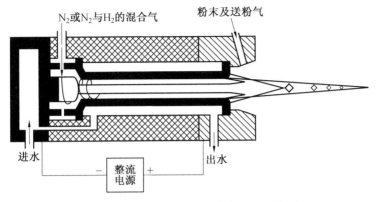

图4.5 超音速等离子喷枪的原理图

大流量气体在耐热绝缘的陶瓷材料制成的气体旋流环的作用下,开始强烈地旋涡送气,旋涡气流中大部分冷气体沿着二次喷嘴壁面通过,增加了气流速度、压缩了电弧,如图 4.6 所示。强烈旋转气流还有助于使电弧阳极斑点转移,使喷嘴均匀烧损;另外,压力较高的冷气膜可增大对喷嘴的保护。除旋流气流压缩电弧外,二次喷嘴有效地强制水冷,热收缩作用使电弧进一步收缩。细长的二次喷嘴采用拉瓦尔管型,使得喷枪中高温气体进一步加速成为超音速射流。超音速等离子弧喷涂功率高,气流量大,射流速度极高,可喷涂任何高熔点的陶瓷粉末,进而得到结合强度高、致密且坚硬的涂层。

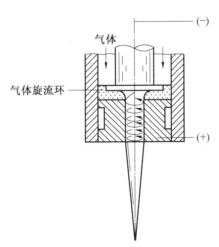

图4.6 旋涡气流示意图

4.3.2　超音速等离子喷涂特点

影响涂层质量的关键因素之一是喷涂粒子的飞行速度。提高喷涂粒子的飞行速度有利于增加粒子的塑性变形能力,提高涂层与基体的结合力,降低涂层的孔隙率和减少微裂纹的数量。超音速等离子喷涂是利用非转移型等离子弧与高速气流混合时出现的"扩展弧",得到稳定聚集的超音速等离子射流。粉末被送入能量密度更高、压力和刚性更大的超音速等离子射流中,容易获得更加细密的涂层组织,涂层的塑性和韧性也有所改善。与普通等离子喷涂(喷涂粒子的飞行速度为 $200 \sim 400$ m/s)相比,超音速等离子喷涂的突出优势就是射流的速度快($450 \sim 900$ m/s),涂层结合强度、致密性和孔隙率都有所改善。表 4.1 为多种热喷涂工艺的热源温度和粒子速度,可知与传统喷涂技术(粉末火焰喷涂、丝材火焰喷涂、爆炸喷涂)相比,超音速等离子喷涂粒子温度更高,可以更完全地熔融喷涂颗粒,使制备得到的涂层具有更好的结合强度和较小的孔隙率。与大气等离子喷涂相比,超音速等离子喷涂使得粒子可获得高速(使颗粒获得较高的动能),以超音速撞击基体达到与基底的紧密结合,从而提高涂层和基底的结合强度。

表 4.1　多种喷涂方法的热源温度和粒子速度

喷涂方法	热源温度 /℃	粒子速度 /(m · s^{-1})
火焰粉末喷涂	3 100	$100 \sim 200$
火焰丝材喷涂	3 100	$60 \sim 80$
爆炸喷涂	3 900	$700 \sim 1\ 000$
超音速火焰喷涂	3 100	$610 \sim 1\ 060$
大气等离子喷涂	$10\ 000 \sim 15\ 000$	$200 \sim 350$
超音速等离子喷涂	25 000 以上	$450 \sim 900$

王海军等采用大气等离子喷涂、超音速火焰喷涂技术和超音速等离子喷涂制备 $NiCr/Cr_3C_2$ 涂层,试验结果表明超音速等离子喷涂和超音速火焰喷涂技术制备得到的涂层具有更高的致密性、硬度和结合强度。在高温摩擦测试下,超音速等离子喷涂和超音速火焰喷涂技术得到涂层的摩擦因数均低于等离子喷涂得到的涂层,表现出更好的耐磨性能。虽然超音速火焰喷涂技术和超音速等离子喷涂制备出的涂层在综合性能方面相差不大,

都具有良好的综合性能,但是采用超音速等离子喷涂技术制备陶瓷涂层,可以有效地阻挡高温气体和腐蚀性介质的侵蚀,减缓涂层中合金成分的氧化和腐蚀,延长零件的使用寿命。王海军研究分析了超音速等离子喷涂与超音速火焰喷涂 WC-Co 涂层的冲蚀磨损性能,结果表明超音速等离子喷涂制备的涂层更为致密,涂层与基体结合紧密,界面没有明显缺陷。组织结构分析表明,超音速等离子喷涂涂层的质量优于超音速火焰喷涂涂层。涂层力学性能试验结果显示,超音速等离子喷涂涂层表面和截面的显微硬度高于超音速火焰喷涂涂层,超音速等离子喷涂的涂层孔隙率、结合强度和冲蚀质量损失均有所改善。此外,超音速等离子喷涂不受空间限制,工艺稳定,成本低,效率高,具有良好的工程应用前景。

超音速等离子喷涂技术具有以下特点:

(1)等离子射流速度高、功率大、喷枪热效率高。喷枪的热效率可达 70%,而一般等离子喷涂在电弧功率达 80 kW 时,热效率只有 40% 左右。

(2)由于喷嘴外等离子射流长度可达 1 m,粉末在弧焰中加热时间长,熔粒的飞行速度是一般等离子喷涂的 6~8 倍,使喷涂速率提高 5~10 倍。

(3)由于提高了射流对喷涂粒子的热传输率,尤其是喷涂粒子动能提高,涂层质量明显优于常规等离子喷涂,其与爆炸喷涂和超音速火焰喷涂技术得到的涂层相近,涂层结合强度高、气孔率极低。如采用超音速等离子喷涂技术获得的 WC-Co 涂层几乎没有气孔,加工后可达到镜面的效果。

(4)可以喷涂任何高熔点的陶瓷材料,具有喷涂粉末及丝材的双重功能。

超音速等离子喷涂技术由于具有高温、高速的独特优点,且制备的陶瓷涂层结合强度和致密度高、孔隙率低,具有优良的耐磨损、耐腐蚀、抗氧化和热冲击性能,已成为一些发达国家竞相研究的热点。但是超音速等离子喷涂也有其自身难以克服的缺点:

(1)超音速等离子喷涂工艺的影响因素较多,喷涂前需进行工艺参数的优化,有些最优工艺参数很难控制。影响超音速等离子喷涂的工艺参数主要有电弧功率、送粉量、气体流量、喷涂距离、喷枪移动速度及基体金属的温度等。

(2)要求喷涂粉末的粒度细,粒度分布狭窄。由于超音速等离子喷涂大幅度提高了喷涂过程中颗粒的飞行速度,火焰温度又较低,粉末被加热时间仅有数千分之一秒,因此对喷涂粉末的粒度及分布要求很高。

（3）超音速等离子喷涂设备（图 4.7）在喷涂参数适宜的情况下一般采用高电压运行方案，喷嘴寿命不长。

（4）能耗高，因而涂层成本高，另外喷涂时噪声较大。

为改善喷涂工艺，提高超音速等离子喷涂效率，今后的发展方向是：

（1）开发智能化的超音速等离子系统设备，简化设备操作流程，固定喷涂工艺，以获得性能稳定、质量更加优良的涂层。

（2）不断优化喷涂工艺参数，力求得到最佳性能涂层的制备工艺参数。工艺参数的选择对涂层耐磨损性能及综合性能有较大影响，不合理的工艺参数会降低涂层结合强度，改变涂层相组成进而缩短涂层的使用寿命。

（3）热喷涂产业链是个完整的系统，喷涂原料的自主制造、喷枪和控制系统的整体设计、工业化实践等应通盘考虑。必须完善超音速等离子喷涂的理论研究，实践以理论为指导的前提下方能得到满意的成果。因此，要不断完善超音速等离子喷涂理论研究并用它指导超音速等离子喷涂在实际中的应用。

（4）加大产学研联合的力度，关注超音速等离子喷涂在航空、新能源、半导体、生物工程等高新技术领域的应用，促进热喷涂产业的优化和产品结构调整。

4.3.3 超音速等离子喷涂设备

超音速等离子喷涂设备主要由喷枪、送粉装置（送丝装置）、送气装置、冷却水循环系统、控制系统和主机电源组成，并带有计算机接口线路，如图 4.7 所示。超音速等离子喷枪示意图如图 4.8 所示。超音速等离子喷枪分为前枪体、后枪体。前枪体主要有二次喷嘴、气体旋流环和送粉管，后枪体包括钨极和一次喷嘴。

喷枪工作过程如下：

（1）送气。由枪体输入主气（Ar）和次级气（H_2 或 N_2 与 H_2 的混合气），从钨极与一次喷嘴之间通过的主气流量较小（15 ~ 30 mL/min），大流量（100 ~ 200 L/min）的次级气在气体旋流环的作用下，通过二次喷嘴射出。

（2）引弧。钨极接负极，引弧时一次喷嘴接正极，经高频引弧后，正极接二次喷嘴，即在钨极与二次喷嘴内壁间产生电弧，在旋转的次级气强烈作用下，电弧被压缩在喷嘴中心并拉长至喷嘴外缘，形成扩展等离子弧。扩展弧弧长可达 80 mm，电压为 300 ~ 400 V，因此可在较小电流下得到较大功率（80 ~ 200 kW）。大功率的扩展弧可有效加热主级气和次级气，从而在喷嘴喷射出高温、高焓、高速的压缩细长的超音速等离子射流。

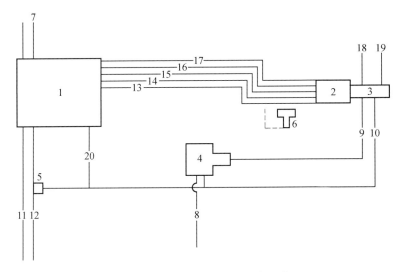

图4.7　超音速等离子喷涂设备组成

1— 主机;2— 喷枪后枪体;3— 喷枪前枪体;4— 前枪体冷却水循环系统;5— 安全内锁;6— 远控机构;7— 输入电源;8— 水冷系统输入电源;9— 前枪体进水管;10— 前枪体回水管／正极电缆;11— 主机的次级气供给;12— 主机的初级气供给;13— 喷枪的启动引线;14— 后枪体进水管／负极电缆;15— 后枪体回水管／正极电缆;16— 喷枪的初级气进水管;17— 喷枪的次级气进水管;18— 前枪体压缩空气进水管;19— 送粉气进管;20— 主机正极输出电缆

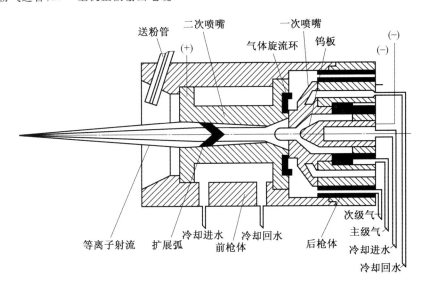

图4.8　超音速等离子喷枪示意图

4.3.4　超音速等离子喷涂工艺

超音速等离子喷涂的常用功率范围为 $80 \sim 200$ kW。扩展弧电压一般为 $300 \sim 400$ V,扩展弧电流一般为 $400 \sim 500$ A。主级气(Ar)流量一般为 $15 \sim 30$ L/min;次级气(H_2 或 N_2 与 H_2 的混合气)流量一般为 $100 \sim 200$ L/min。送粉量一般为 $3 \sim 5$ kg/h;喷涂距离一般为 130 mm。

由图 4.9 可以看出常规大气等离子喷涂与超音速等离子喷涂制备的陶瓷涂层的性能差异。超音速等离子喷涂涂层的孔隙率低,涂层硬度较大。

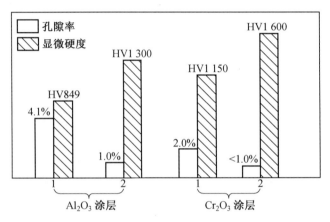

图4.9　陶瓷涂层性能比较

1— 常规大气等离子喷涂;2— 超音速等离子喷涂

4.3.5　超音速等离子喷涂在再制造中的应用

超音速等离子喷涂处于国际热喷涂技术的前沿,由于其等离子射流速度通常可达到声速的 $5 \sim 8$ 倍,远高于普通亚音速等离子喷涂,而射流速度的提高使其可以制备多种高密度、高质量的难熔金属和陶瓷涂层,特别是可以有效改善陶瓷涂层的致密性、韧性和结合强度,在航空航天、军事等领域具有广阔的应用前景,因此成为目前国际热喷涂界研究的热点之一。

1. 超音速等离子喷涂在工程机械活塞杆再制造中的应用

目前我国工程机械领域有多种型号、不同尺寸的液压油缸活塞杆表面均出现了镀铬层的点状剥蚀或局部划伤。这主要是由于油缸外露部分长期与空气中的腐蚀介质接触造成的。油缸活塞杆如果整件报废会浪费资源和能源,因此有必要对其进行再制造、再利用、再循环,运用先进的再制造修复技术恢复零部件的表面尺寸,进一步强化表面质量,提高零部件的使用寿命和使用性能,这样既可提高设备的使用寿命和生产效率,又可降低企业的成本,具有极高的推广价值和应用前景。徐滨士院士及其科研团队与某工程机械研究院合作,开发了活塞杆超音速等离子喷涂再制造技术。

针对活塞杆表面镀铬层因磕碰或锈蚀而导致不同程度脱落的技术难题,采用装备再制造技术国防科技重点实验室自行研制的高效能超音速等离子喷涂设备(图 4.10),对失效活塞杆进行再制造研究。

图4.10 高效能超音速等离子喷涂设备

以某工程机械厂失效活塞杆为研究对象,采用市场上常用的 3 种耐磨粉末材料(AT13($Al_2O_3 + 13\%TiO_2$)、$WC-10Co4Cr$ 和 316 不锈钢粉)作为喷涂材料,通过正交试验法优化喷涂工艺,制备出不同涂层,并对涂层的显微组织、微观力学性能、结合强度等性能指标进行综合分析与评价,得出最优的工艺实施方案,用优化的材料及制备工艺修复强化油缸活塞杆,考核评价超音速等离子再制造油缸活塞杆的综合性能,其具体研究技术路线如图 4.11 所示。

喷涂电压、喷涂电流、喷涂距离等工艺参数对涂层结合强度都会有影响。如图 4.12 所示,喷涂距离过大或过小都不利于涂层性能,较大的喷涂距离必然会削弱粒子的飞行速度,从而大大降低粒子的动能,同时粒子到达基体时温度较低,熔融粒子表面张力大,粒子撞击基体后与基体的浸润性和流动性不好,所形成的涂层结构就会疏松,造成孔隙率增加。而当喷

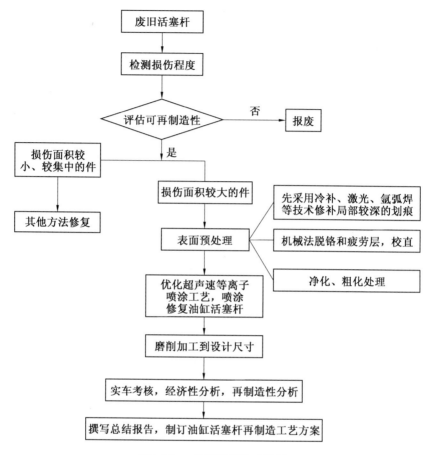

图4.11　具体研究技术路线

涂距离较小时,喷涂距离较近,等离子高温弧必然会加大对涂层的加热,导致涂层过热甚至熔化,涂层内应力增加。另外,粒子在短距离之内动能没有达到最大值,也会影响涂层的结合质量。通过正交试验获得最优喷涂工艺参数:喷涂电流为 380 A,喷涂电压为 130 V,喷涂距离为90 mm。

喷涂电流对结合强度的影响也呈现先上升后下降的趋势。当喷涂电流较小时,喷涂粒子冷却快,出现粒子加热不完全、粒子粗大等现象,导致其与涂层结合得不好。随着电流的增加,喷涂粉末的熔化越来越完全,粒子所含的热熔高,当熔融金属粒子高速飞行陆续撞击基体表面形成涂层时,其撞击基体表面后变形增大,有利于粒子铺展,涂层的致密性提高,粒子之间的内聚力增强,涂层结合强度增强。但是随着电流的进一步增加,导致熔点较低的 AlSi － 20Al/Ni 粉末产生过熔现象,进而影响其结合

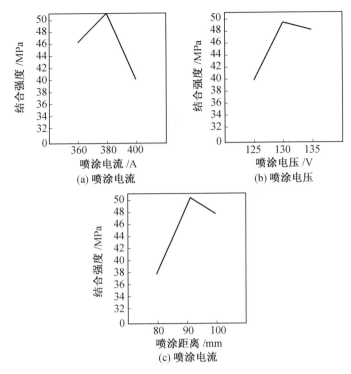

图4.12 喷涂工艺参数对涂层结合强度的影响

强度。

喷涂电压对结合强度的影响也呈现先上升后下降的趋势。本试验所用到的等离子喷涂设备的电压是通过调节辅气(H_2)流量来调节的。辅气流量的增加会促进等离子射流温度的升高,而有利于粉末的充分熔化,从而提高涂层的致密性和结合强度。但是过高的辅气流量会增加涂层中氢的含量,导致涂层变脆;同时也会使等离子射流的温度过高,导致喷涂粉末过熔,进而降低涂层的结合强度。

如图 4.13 所示,对等离子喷涂所得的 AT13 涂层截面微观形貌进行SEM 测试,由图可见,AT13 涂层与基体之间的 AlSi — 20NiAl 黏结层可以减小陶瓷涂层与基体金属之间较大的物理性能差异,以松弛应力,避免涂层开裂,同时也增强了涂层材料与基体的结合力。AT13 涂层组织致密,呈不同颜色的富 Al_2O_3 区和富 TiO_2 区均匀分布,相与相之间结合良好,经测定涂层的孔隙率约为 2.41%。

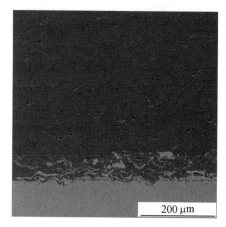

图4.13　AT13 涂层截面的微观形貌

　　如图 4.14 和图 4.15 所示,分别对 AT13 喷涂粉末和等离子喷涂 AT13 涂层进行 XRD 测试。由图 4.14 可见,AT13 喷涂粉末主要包括 $\alpha - Al_2O_3$ 稳定相、Ti_2O_3 相和 Al_2TiO_5 相。如图 4.15 所示,等离子喷涂 AT13 涂层中有很强的 $\gamma - Al_2O_3$ 峰,这是因为在等离子喷涂过程中,Al_2O_3 熔融粒子急速冷却,易于生成具有低形核能的 $\gamma - Al_2O_3$ 亚稳相。

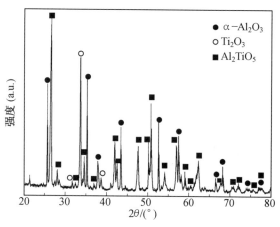

图4.14　AT13 喷涂粉末的 XRD 图谱

　　采用 ⅡMT－3 型显微硬度计测量了 AT13 涂层截面的维氏硬度,加载质量选用 50 g,加载时间为 15 s,在个别压痕尖端出现微小裂纹,取有效长度估算可得涂层的硬度。每个试样取 5 个测量点,然后对结果取平均值,见表 4.2。

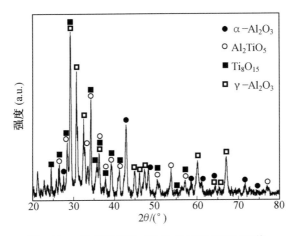

图 4.15 等离子喷涂 AT13 涂层的 XRD 图谱

表 4.2 AT13 涂层的显微硬度

试样	维氏硬度测试值（$HV_{0.05}$）					平均值（$HV_{0.05}$）
超音速等离子喷涂涂层	815	837	895	846	874	853.4

采用对偶件拉伸试验法，按照《热喷涂铝及铝合金涂层试验方法》（GB 9796—1988）标准在 WE—10A 万能材料试验机上测试涂层的结合强度。对试件进行喷砂处理后用 E7 高强度胶进行对心黏结，在烘干箱内于 100 ℃ 烘干 4 h，待完全固化后进行拉伸试验。每种涂层的结合强度值均为 5 个数据的平均值。当 AT13 涂层厚度为 0.40 mm 时，将其结合强度测量值列于表 4.3 中，其结合强度的平均值为 40.26 MPa。

表 4.3 AT13 涂层的结合强度

试样	结合强度测试值 /MPa					平均值 /MPa
超音速等离子喷涂涂层	37.5	41.0	39.2	40.6	43.0	40.26

如图 4.16 所示，采用超音速等离子喷涂技术，对在最优化的工艺参数下制备的 WC—10Co4Cr 涂层横截面形貌进行测试，结果显示涂层组织致密，与基体结合良好，具体工艺参数见表 4.4。

表 4.4 超音速等离子喷涂制备 WC—10Co4Cr 涂层的工艺参数

电流 /A	电压 /V	主气压强 /MPa	主气流量 /(L·min⁻¹)	H_2 压强 /MPa
400	140	1.1	160	1.0
氢气流量 /(L·min⁻¹)	送粉气压强 /MPa	送粉气流量 /(m³·h⁻¹)	送粉量 /(g·min⁻¹)	喷涂距离 /mm
12	0.8	0.6	40	100

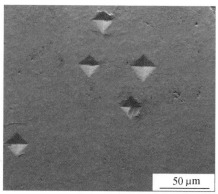

图4.16　超音速等离子喷涂 WC－10Co4Cr 涂层的截面形貌

采用ⅡMT－3 型显微硬度计测量了 WC－10Co4Cr 涂层截面的维氏硬度,加载质量选用 300 g,加载时间为 15 s,每个试样取 5 个测量点,取其测试结果的平均值,见表 4.5。采用对偶件拉伸试验法,按照 GB 9796－1988 标准在 WE－10A 万能材料试验机上测试涂层的结合强度。对试件进行喷砂处理后用 E7 高强度胶进行对心黏结,在烘干箱于 100 ℃ 烘干4 h,待完全固化后进行拉伸试验。取 5 个数据的平均值作为涂层的结合强度,试验结果见表 4.6。

表 4.5　WC－10Co4Cr 涂层的显微硬度

试样	维氏硬度测试值（$HV_{0.30}$）					平均值（$HV_{0.30}$）
超音速等离子喷涂涂层	1 145	1 260	1 218	1 098	1 185	1 181.2

表 4.6　WC－10Co4Cr 涂层的结合强度

试样	结合强度测试值 /MPa					平均值 /MPa
超音速等离子喷涂涂层	54.0	56.2	62.0	57.4	59.0	57.72

316L 不锈钢因其优异的耐腐蚀性在化工行业有着广泛的应用。316L 也属于 18－8 奥氏体型不锈钢的衍生钢种,添加 2% ～ 3% 的 Mo 元素,使得该钢种具有优异的抗点蚀能力,可以应用于含 Cl^- 等卤素离子环境中。这种不锈钢最耐氧化性酸的腐蚀,适用于一般腐蚀的环境中。此外,316L 不锈钢还具有韧性大、容易加工等特性。

如图 4.17 所示,对采用超音速等离子喷涂技术制备的 316L 涂层的微观形貌进行测试。由图 4.17 可以看出,5# 涂层中明显存在着未熔颗粒,孔隙较多,致密性也较差。这是因为 5# 参数的主气流量过大,而过大的主气流量导致了粒子浓度的减少,过量的气体会冷却等离子的射流,使焓和温

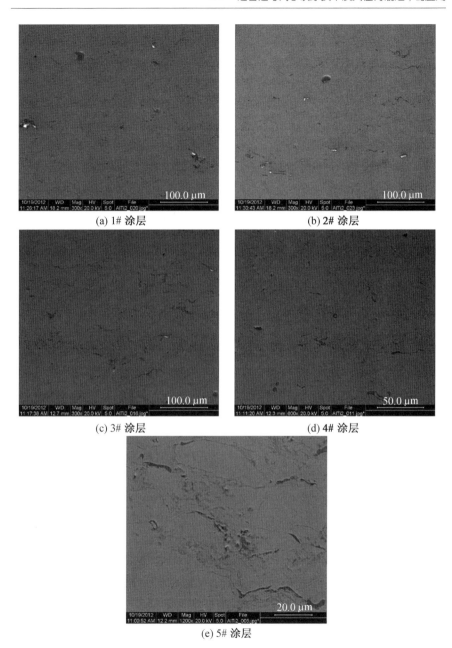

(a) 1# 涂层   (b) 2# 涂层

(c) 3# 涂层   (d) 4# 涂层

(e) 5# 涂层

图4.17 316L 涂层界面微观形貌

度下降,不利于粉末的加热,粉末熔化不均匀,使喷涂效率降低,涂层组织疏松,孔隙率增加。相比于 1# 和 2# 涂层,3# 和 4# 涂层的孔隙率较大,涂层致密性较差。这是因为 3# 涂层比 2# 涂层的喷涂电流较低,当喷涂电流较低时,喷涂粒子冷却快,粒子加热不完全,粒子表现为粗大,影响涂层的致密性。4# 涂层比 1# 涂层的主气流量小,而过小的主气流量会使喷枪工作电压下降,使射流变弱。同时较小的气体流量使等离子射流的焓和温度不能达到理想数值,致使粉末熔化不完全,影响涂层致密性。相比于 2# 涂层,1# 涂层中有明显的大孔隙存在,这是因为 1# 涂层的喷涂距离较近,而较近的喷涂距离会导致粉末加热不良,在撞击基体之前,粒子动能没有达到最大值,使撞击变形不充分,影响涂层致密性。所以,本试验围绕 2# 涂层的相关参数进行正交试验。黏结层参数为主气流量 3.2 m³/h,喷涂电流为 380 A,喷涂电压为 130 V,喷涂距离为 90 mm,其因素水平见表4.7。

采用 ⅡMT-3 型显微硬度计测量了 316 L 涂层截面的显微硬度,加载质量选用 100 g,加载时间为 15 s,每个试样取 5 个测量点,对测试结果再取平均值,试验结果见表 4.8。从上述结果可看出,虽然 316 L 喷涂材料的防腐蚀性能较好且成本低,但涂层硬度偏低,耐磨性比镀 Cr 层差很多。另外,超音速等离子喷涂 WC—10Co4Cr 涂层在涂层硬度、结合强度方面与超音速微粒沉积技术(超音速空气火焰喷涂)还存在一定的差距,从经济性考虑,拟采用超音速等离子喷涂 AT13 涂层解决活塞杆的磨损问题,恢复零件尺寸,提高耐磨性能。

表 4.7　316 L 涂层正交试验因素水平表

因素	水平		
	1	2	3
主气流量 /(m³·h⁻¹)	3.0	3.2	3.4
喷涂电流 /A	370	380	390
喷涂电压 /V	125	130	135
喷涂距离 /mm	90	100	110

表 4.8　316 L 涂层的显微硬度

试样	维氏硬度测试值($HV_{0.30}$)					平均值($HV_{0.30}$)
超音速等离子喷涂涂层	265	285	257	253	278	267.6

采用 CETR 型微动摩擦磨损试验机测试了 AT13 涂层室温不同载荷条件下干摩擦和油润滑涂层／镀层摩擦磨损性能。采用球—面接触方式,上试样为直径 4 mm 的陶瓷球,硬度 ≥ HRC60;下试样为 10 mm × 10 mm×5 mm 的涂层方片,对涂层表面做抛光处理,涂层最终厚度为

0.4 mm。试验过程中,装有陶瓷球的上部结构相对静止不动,装有试样的下部结构在水平方向上做往复运动,材料的摩擦因数由试验机实时记录。试验参数:磨损时间为 15 min,频率为 5 Hz,位移幅值为 5 mm。采用 Talysurf 5P－120 表面形貌仪测试了涂层／镀层摩擦后的二维和三维磨痕形貌及磨损体积。

图 4.18 所示为 AT13 喷涂涂层的二维／三维磨痕形貌,将磨损体积列于表 4.9。与传统镀 Cr 层相比,其抗磨损性能提高 60% 以上。

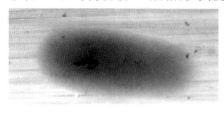

图4.18　AT13 喷涂涂层的二维／三维磨痕形貌

表 4.9　AT13 喷涂涂层在油润滑摩擦条件下的磨损体积

序号	磨损体积 /$(\times 10^6\ \mu m^3)$
2#	2.919
3#	2.012
4#	3.421
5#	3.868

图 4.19 所示为超音速等离子喷涂再制造活塞杆的外观形貌。对其再制造一根活塞杆的开支情况进行分析,见表 4.10。此类型活塞杆的国产价格为 3 000 元,而同类进口活塞杆的价格为 2 万元左右。通过超音速等离

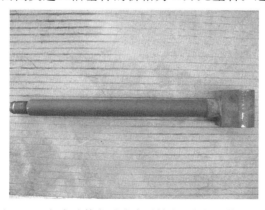

图4.19　超音速等离子喷涂再制造活塞杆的外观形貌

子喷涂制备的活塞杆质量与进口活塞杆寿命相当,经济效益十分可观,已经实现量产。

表 4.10　超音速等离子喷涂再制造活塞杆每平方米的成本分析

项目	喷涂材料	喷砂	前后加工	电费	工时费	其他	合计
费用 / 元	450	50	100	120	80	200	1 000

2. 超音速等离子喷涂在其他再制造行业中的应用

目前,超音速等离子工艺在航空发动机与燃气轮机中成功应用于制备金属结合层与氧化锆陶瓷构成的热障涂层体系(TBCs)。热障涂层在使用过程中将发生氧化锆涂层的脱落而失效,致使其寿命有限。采用"双通道、双温区"超音速等离子喷涂制备的新 GTBCs 涂层,其内部合金与陶瓷成分连续变化,无明显内界面,涂层的抗热震性能大幅度提升。超音速等离子喷涂工艺在造纸业中的应用也相对比较广泛。瓦楞辊在造纸业的使用比例相当大,由于生产过程中,重压下参与啮合的只是齿的顶部和沟部一段很小的范围,相对滑动率很大,齿顶齿根磨损得相当严重,目前瓦楞辊在制造材料的选择上已发挥到极限,但通过高效能超音速等离子喷涂 WC-Co 涂层对磨损报废的瓦楞辊进行修复、硬化和耐磨处理,可使再制造处理的瓦楞辊性能超过新品,而且工艺简单、成本低,修复成本仅为新品的 $1/3 \sim 1/2$。为了提高钢厂使用的各种高温炉辊的耐高温、耐磨损性能,通常采用热喷涂方法制备陶瓷涂层,目前高温段(高于 850 ℃)辊子表面的涂层在很大程度上还依赖进口。国内通常采用爆炸喷涂技术制备涂层,但该技术喷涂效率太低。如果采用高效能超音速等离子喷涂技术,喷涂效率可比爆炸喷涂技术提高 $5 \sim 6$ 倍,涂层质量与爆炸喷涂相当,而且还可以制备爆炸喷涂无法获得的高温耐磨陶瓷涂层。

徐滨士等使用装备再制造技术国防科技重点实验室研究开发的 HEPJt 型高效能超音速等离子喷涂系统在坦克某磨损零部件表面制备了 $12Co-WC$ 涂层,其在油润滑条件下耐砂粒磨损性能极为优异,无论砂粒尺寸如何变化、润滑油中砂粒含量有何不同,其耐磨损性能均明显优于原始基体。利用超音速等离子喷涂技术制备了用于坦克摩擦副耐细砂磨损涂层及 $Al_2O_3-TiO_2$ 纳米结构耐磨涂层,喷涂涂层很好地满足了再制造装备的耐磨、耐腐蚀等要求。泵、缸、阀是组成液压和气动系统的基本单元,在使用中磨损和介质腐蚀一直制约着其使用寿命。这些部件通常要求有较高的精度和较低的表面粗糙度,因而用常规方法难以获得性能优良的涂层。超音速等离子喷涂涂层经磨削后精度和表面质量均较高,利用超音速等离子喷涂技术对泵轴进行强化和修复可以取得显著效果。

近年来,超音速等离子喷涂制备纳米结构涂层成为目前再制造领域的一个研究热点。普通陶瓷最大的缺点是塑性形变能力差、韧性低,而纳米陶瓷由于晶粒大大细化,可使陶瓷的强度、韧性大大提高。利用热喷涂技术在金属表面制备纳米级(0.1 ～ 100 nm)晶粒结构的涂层,即纳米结构涂层,不仅可以改善陶瓷涂层的力学性能,而且可以获得更低的孔隙率、更高的结合强度,以及更高的硬度、抗氧化性、耐腐蚀性等,涂层的可加工性好,损坏后可再进行喷涂。因此,纳米结构涂层将大大拓宽表面涂层的应用领域。而要制备纳米陶瓷涂层,必须抑制纳米晶粒在喷涂过程中长大,快速的加热和短时间的停留是抑制晶粒长大和原始扩散的主要条件,因此,利用超音速等离子喷涂技术制备纳米结构涂层在表面工程领域有着广阔的应用前景。

4.4 真空等离子喷涂技术及其在再制造中的应用

4.4.1 真空等离子喷涂技术

大气中,等离子射流一离开喷嘴就从周围吸入大量空气。在 100 mm 喷距时,吸入空气量可占等离子体的 90% 以上。常压等离子喷涂时,金属粉末氧化严重。另外,有些有毒材料(如 Be 及 BeO)无法在大气中喷涂。为解决上述问题,提出了低压等离子喷涂。真空等离子喷涂又称低压等离子喷涂,是在低于大气压的低真空的密闭空间里进行的等离子喷涂。可控气氛等离子喷涂的原理如图 4.20 所示。等离子喷枪置于密封舱室内,由机械手进行操作。将舱室抽至真空状态即为等离子喷涂;舱室为低压状态时,称为低压等离子喷涂。舱室的气氛可以为惰性气氛或其他保护性气氛。由于环境为低压或气氛可控,等离子射流加长,粒子加热更充分,粒子氧化减少,涂层的质量得到明显改善,并且可以用于制备沉积金刚石膜、超导体氧化物涂层。

现今人们对耐高温、耐腐蚀、耐摩擦、耐磨损等性能优异的先进材料的需求日益增长,这一需求促进了表面技术的快速发展。等离子体、激光、电子束等高新技术取得了丰硕的成果,正越来越多地应用到表面技术领域,这些技术提高了材料的防腐蚀、耐磨损、耐高温等性能,同时创造了巨大的经济效益。

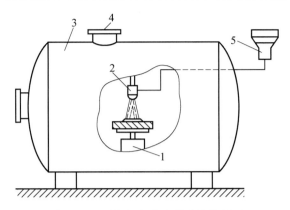

图4.20　可控气氛等离子喷涂的原理
1— 试验台;2— 等离子喷头;3— 真空喷涂室;4— 真空
泵口;5— 送粉装置

真空等离子喷涂技术就是在这种等离子技术迅速发展的背景下出现的新的喷涂技术,其工艺条件先进,涂层质量可得到很大的改善。从20世纪70年代中期发展至今在各个领域取得了丰硕的成果。但由于真空等离子喷涂技术设备价格的原因,我国在这方面发展得较晚。真空等离子喷涂技术是在低压惰性气氛中,利用等离子体产生热源,将被喷涂的粉末材料加热到熔融或半熔融状态,并喷涂到基体工件上形成涂层的技术。该技术得到的涂层密度高,提高真空度有利于减少杂质和污染对其的影响,进而形成高质量的沉积层,由于高温等离子体能量密度大,因此可用来制备高熔点材料涂层(如难熔金属和陶瓷材料的涂层),也可用于制备几乎所有具有稳定液相的粉末材料。与传统的大气等离子喷涂设备相比,真空等离子喷涂主要多了一套真空系统,包括真空喷涂室、粉尘过滤器、真空泵及真空控制装置等。低真空环境下的喷涂与大气等离子喷涂相比具有以下显著的特点:

(1)等离子射流的速度和温度都比大气等离子喷涂明显提高,压力越低,射流速度和温度就越高。

(2)粉末在等离子射流高温区域滞留的时间增加,受热更均匀,飞行速度更高。

(3)可大幅度提高基体表面的预热温度,还可以用反向转移弧对基体进行溅射清洗,清除氧化物和污垢,使涂层和基体的结合状况得到改善。

(4)粉末和基体表面完全避免了氧化,能制备各种活性金属材料涂层。

（5）以上原因使得涂层结合强度大幅度提高，气孔率大幅度降低，涂层残余应力减小，涂层质量明显改善。

（6）真空等离子喷涂设备复杂，价格昂贵，推广应用难度很大。

（7）内表面喷涂受喷涂距离的影响，喷涂工件受真空室大小的影响。

真空等离子喷涂成为近年来发展比较迅速的喷涂技术，适当的变换喷嘴可对形状复杂的工件进行喷涂，采用不同的喷嘴和喷涂材料获得多层、多结构的涂层，真空等离子喷涂在喷涂领域迅速脱颖而出。

4.4.2　真空等离子喷涂技术的原理

将等离子喷枪、工件及其运转机械置于低真空（$4 \sim 13$ kPa）的密闭室里，在室外控制喷涂过程。通过抽真空和过滤系统，保持密闭室的真空度。当喷枪产生等离子弧后，等离子射流进入低真空环境，其形态和特性都将发生变化。首先，射流比在大气环境里体积更加膨胀，等离子射流密度变小，射流速度相应地提高。又由于低真空环境传热性差，射流的温度提高，高温区域扩大。压力越小，射流温度越高，从而使等离子射流的温度场和速度场都发生很大变化。进入等离子射流中的粉末在高温区域滞留的时间增加，粉粒束受热更加均匀，同时熔粒的飞行速度也显著提高，加之是在密闭的惰性气氛里喷涂，喷涂粒子以及工件表面完全避免了氧化，工件温度也比在大气气氛里高。上述原因使得涂层结合强度大幅度提高，孔隙率大幅度降低，涂层残余应力也降低，涂层质量显著提高。图 4.21 所示为真空等离子喷涂示意图。

在低真空的环境里，由于非转移型等离子弧射流变粗拉长，一直接触工件表面，形成导电通道，因而可在其上叠加转移弧。利用转移弧对工件表面进行溅射，去掉表面氧化层和粉尘，并且工件可以加热到较高温度，使得涂层可在光滑表面上沉积，并在界面上发生扩散，提高了结合强度，涂层厚度也可不受限制。在密闭室进行喷涂，噪声和粉尘对环境的污染问题也相应得到了解决。

在气氛可控的负压密闭容器内进行的等离子喷涂过程就是真空等离子喷涂，包括等离子焰形成、送粉和形成沉积层。真空等离子喷涂涂层沉积示意图如图 4.22 所示。

等离子体由离子、自由电子和原子核组成，它可以通过给气体提供足够的能量，使气体局部电离而得到。把粉末注入 10 000 K 等离子体中，通过与等离子体中粒子的碰撞，在喷嘴处的阳极和阴极处产生电弧，整个过程在真空状态下完成。Ar 是产生等离子体最常用的气体，是多种混合气

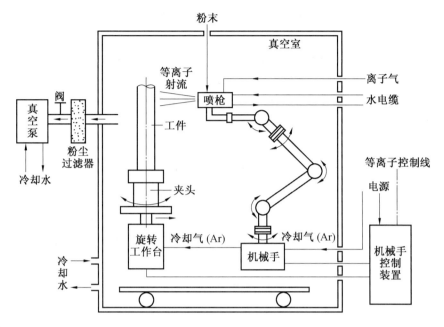

图4.21　真空等离子喷涂示意图

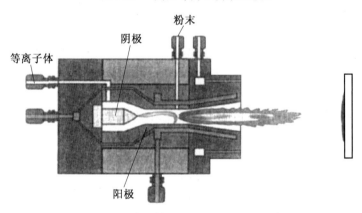

图4.22　真空等离子喷涂涂层沉积示意图

体的重要组成部分,可作为等离子体的主要气体,其他如 N_2、O_2 和 He 以小比例掺入,以改变等离子射流的物理性能。等离子气在阴极和阳极之间,增加电弧密度和更多电离,可以提高电弧电流强度,进而获得高温等离子流。Ar 等离子弧的温度很高,通常能熔化大多数材料,但对陶瓷或者高熔点的难熔材料来说,Ar 等离子弧不能满足要求,需要加入辅助气体提高等离子流的热能。粉末注入等离子射流后,被迅速加热、加速并射向工件表面。喷枪与工件表面距离为 $100 \sim 400\ mm$。熔化粒子以沉积单元的形式在基体或者工件表面附着、变形并固化。在理想的喷涂状态下,所有注入粒子均在熔化状态下到达工件表面。随着时间的推移,熔滴连续沉积,在工件表面形成了由无数个沉积单元组成的涂层。

为了减小真空等离子喷涂的工艺参数对涂层的显微结构的孔隙率的影响,必须对这些参数进行控制。工艺参数变化将会直接影响注入粒子的性能。因此,准确诊断飞行粒子的物理性能可以优化工艺参数,这样可以避免为确定工艺参数而重复进行试验。熔化粒子的温度、尺寸和速度是控制涂层冷却速度、固化过程和获得最终显微结构的关键因素。

真空等离子喷涂的局限性:

(1)涂层的显微结构对基体表面具有各向异性。这是由于存在未熔粒子、半熔融粒子、孔隙、显微裂纹和沉积粒子边界。

(2)在等离子中可能发生相变。相变导致出现亚稳定相,使涂层性能不同于初始粒子的性能。

(3)真空等离子喷涂涂层与采用其他普通方法得到的涂层相比,存在更大的残余应力。

(4)工件受限于真空室的大小。

(5)成本高,且工艺较复杂。

4.4.3 真空等离子喷涂特点

在低真空下进行等离子喷涂,具有如下特点:

(1)等离子射流越长(等离子射流的长度由常压下的 40 ~ 50 mm 被拉长到 400 ~ 500 mm),高温区域越宽,喷涂效率越高,涂层孔隙率越低。

(2)由于在低压条件下工作,工件的预热温度可提高,促使基体表面活化与界面扩散,从而大大增加了涂层与基体的结合强度。同时,采用转移弧清理基体表面,有利于提高涂层的结合强度。

(3)涂层在低压下冷却进度较慢,内应力较低,不易开裂,因而可喷涂较厚的涂层。

(4)能喷涂 Ti 等活性很强的金属,并且能采用更细粉末,能利用混合的粉末或将不同材料混入等离子火焰中,以获得特殊性能的涂层。

(5)由于全部过程均在密闭气室中进行,噪声小,无粉尘。

真空等离子喷涂也存在一些缺点,如不宜喷涂易挥发材料、真空室内限制工件大小等。由于低压等离子喷涂设备比较复杂,要求有良好的真空系统,因此设备的价格很高。目前真空等离子喷涂主要用于尖端技术部门,喷涂一些难熔金属、活性金属及碳化物等材料,如在航空涡轮发动机的叶片上喷涂 CoCrAlY 耐高温涂层。

4.4.4　真空等离子喷涂设备

低压等离子喷涂与大气等离子喷涂相比有许多优点,因而引起了国内外的重视,成套真空等离子喷涂设备和低压等离子喷涂设备相继出现。真空等离子喷涂系统采用了最先进的设备组件,实现计算机控制及机器人(机械手)操作。其中,计算机控制系统可存储百余种涂层的典型工艺参数。在喷涂时,只要确定涂层代号,控制系统就能自动调整好预先确定的标准工艺规范,对喷涂部位和涂层厚度实现精确控制。在运行中,能在屏幕上显示并能打印工艺数据;出现故障后,能自动显示故障部位。较典型的真空等离子喷涂设备有瑞士 PT 公司的 PTA－2000 系统、美国 Metco 公司的 EG－88 系统等。

低压等离子喷涂成套设备包括水冷真空喷涂室、低压等离子喷枪及粉末供给装置等,如图 4.23 所示。

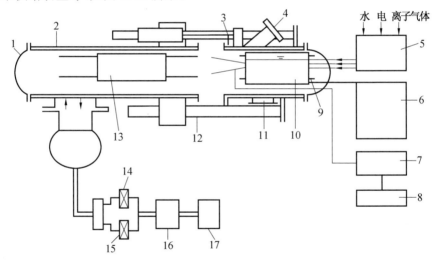

图4.23　低压等离子喷涂成套设备组成示意图

1— 封闭门;2— 固定室;3,12— 可动腔体;4,11— 观察窗;5— 等离子控制屏;6— 等离子弧喷枪行走控制屏;7— 储粉罐;8— 粉末输送装置;9— 等离子喷枪;10— 喷枪行走机构;13— 水冷基体保持器;14— 手动阀;15— 电动阀;16— 罗茨泵($500 \text{ m}^3/\text{h}$);17— 机械泵($180 \text{ m}^3/\text{h}$)

(1)水冷真空喷涂室。水冷真空喷涂室是保证在低压条件下进行等离子喷涂的装置,要求有极好的密封性。为了防止连续喷涂过程中真空室过热,设计有双层水冷壁,同时需要有 1.3 Pa 的气密性。待喷的工件和喷完的工件可以自动送入和移出真空室,并有装工件的真空闭锁装置和未喷涂粉末的回收装置。

(2)低压等离子喷枪。低压等离子喷枪的基本工作原理和结构与大气等离子喷枪相似,但是低压等离子喷枪都装有特殊的拉瓦尔喷嘴,能得到超音速的粒子喷射速度。如联邦德国航空航天试验研究院研发的 DFVLR 低压等离子喷枪是根据终端压力为 $266 \sim 665$ Pa 和马赫数 $M = 3$ 而设计的,其等离子束长度约为 400 mm,在喷嘴内的不同位置,主要是在两个区域安排了几个送粉口,如图 4.24 所示。

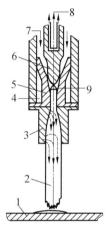

图4.24　DFVLR 低压等离子喷枪示意图

1— 基体;2— 等离子焰;3— 具有联合送粉口的拉瓦尔喷嘴;4,8— 冷却

水;5— 阳极;6— 阴极;7— 气体;9— 高电流电弧

上述安排在很大程度上能满足大量不同材料的熔化需要,可以同时或依次在同样参数下使喷涂不同材料都接近最佳质量。喷涂陶瓷或难熔材料等高熔点粉末时,粉末在接近等离子源处注入,保证了喷涂材料较长的高温停留时间和进行较好的热交换。喷涂较低熔点或较高蒸气压的材料时,最好在喷嘴口处注入。

(3)粉末供给装置。专为真空室设计的粉末供给装置兼备供粉功能及烘干处理功能,包括蒸发、焙烧和用 Ar 气吹洗。粉末供给装置向等离子射流中定量供粉的再现性较好。粉末供给装置一般是由一个带有电磁振荡器储粉容器构成的粉末输送装置承担的,粉末首先进入振动集粉器,振动集粉器可以调节粉末的输送量,粉末进入输送系统而不凝集,然后由送粉器将粉末送入阳极区后的喷嘴中。粉末的输送速度可在 $20 \sim 1\ 000$ g/h

范围内变化,粉末粒度在 $3 \sim 30~\mu m$ 范围内。

4.4.5　真空等离子喷涂工艺

1. 喷涂前的基体表面处理

喷砂处理对低压等离子喷涂的涂层结合强度显得并不重要,相反,在薄的基体上采用喷砂处理是有害的,喷砂有可能给结合区域留存杂质。只采用化学腐蚀几乎不能使涂层与基体产生可靠结合。通常采用的方法是在电清理时,采用反射转移弧,即工件作为阴极,喷枪为阳极,利用电弧对工件表面进行溅射清理,可将工件表面的氧化膜和污染物去除,从而产生一个高活性表面,以提高涂层与基体的结合强度。

2. 工艺参数的选择

影响涂层结构和性能的参数有:

(1)等离子射流。其特性主要取决于电流、气体种类、气体流量,等离子射流由微处理器监控,以保证高的精度和再现性。

(2)供粉。低压等离子喷涂系统要使用相同纯度的粉末。在粉末送到喷枪之前,一定要将粉末仔细干燥并真空除氧。

(3)基体预处理质量。真空等离子喷涂用基体一般采用转移弧清理和加热。

(4)工件的运动。在进行喷涂操作时,为使复杂零件表面获得均匀的涂层厚度,采用机械手系统操纵喷枪,由工件操纵机构移动工件。

(5)粉末输送和注入状态。采用新型容积式送粉系统输送粉末,其中喷嘴上不同位置的送粉孔用以同时喷涂不同的材料。

低压等离子喷涂制备 $MCrAlY + Al_2O_3$ 复合涂层的主要喷涂参数和涂层的物理性能见表 4.11。

表 4.11　低压等离子喷涂制备 $MCrAlY + Al_2O_3$ 复合涂层的主要喷涂参数和涂层的物理性能

项目	Al_2O_3 的质量分数 /%										
	0	5	10	15	20	25	30	35	40	45	100
喷涂压力 /($\times 100$ Pa)	60	65	65	70	70	75	75	80	80	90	100
喷涂电流 /A	685	685	690	695	700	705	710	715	730	745	750
表面积 /($m^2 \cdot cm^{-3}$)	0.31	0.34	0.37	0.40	0.44	0.50	0.55	0.60	0.66	0.71	1.00
涂层粗糙度 /μm	7.5	7.2	7.1	7.0	6.9	6.7	6.9	6.9	6.6	6.2	2.9
涂层硬度(HV_{500})	508	539	639	707	716	753	869	879	936	985	1290
结合强度 /MPa	76	69	75	78	77	64	83	68	74	77	68

4.4.6 真空等离子喷涂在再制造中的应用

现代科学技术的发展要求某些产品能在恶劣环境中长时间稳定地工作,这对工件提出许多特殊要求。如要求工件具有耐高温、耐腐蚀、耐磨损、抗氧化、抗擦伤等性能,甚至还要求其具有导电或绝缘等性能。因此,发达国家在大力开发研究新型材料的同时,把更多的精力投向材料的表面改性技术。材料的表面改性技术方法有很多,其中热喷涂技术是起源较早的一种,工艺较为成熟。早在 20 世纪初期就成功地使用燃气火焰作为热源,将喷涂材料熔化,喷涂在零件表面,来提高其硬度和耐磨性。几十年来对于热喷涂技术,无论是材料或工艺,乃至设备都有很大的发展和提高。其中以等离子喷涂技术的发展最引人注目,其在材料表面改性技术方面发挥了重要作用,为航空、航天、原子能等高科技的发展,做出了巨大贡献。

真空等离子喷涂是在低压充氢密闭容器中进行的。它以电弧等离子体作为热源,将被喷涂材料(粉末)送入长长的等离子射流中,迅速将其加热到熔化或半熔化状态,并以超音速或跨音速的速度喷射到工件表面。这些熔滴不断堆积、重叠交错,经缓慢冷却而成涂层。对于整个工艺过程,从零件的离子溅射清理(活化)、电子轰击预热、等离子喷涂到缓慢冷却,均是在低压充氢气氛中连续进行的。

郑学斌等采用真空等离子喷涂技术,在不锈钢基体上制备 B_4C(碳化硼)涂层,并对涂层的组成、结构、沉积效率、结合强度及抗激光辐照性能进行了表征。结果显示:真空等离子喷涂制备的 B_4C 涂层中没有出现明显的 B_2O_3 相,表明真空等离子喷涂可有效避免 B_4C 被氧化。采用较细粉末制备的 B_4C 涂层更为致密。较高的喷涂功率和较大的 H_2 流量有助于改善粉末的熔化程度,从而提高涂层的沉积效率和结合强度。在适宜的工艺参数下,涂层的沉积效率与结合强度可分别达到 72% 与 49 MPa。激光辐照试验表明在不锈钢表面沉积 B_4C 涂层,可以明显改善其抗激光辐照性能。真空等离子喷涂具有喷涂室气氛可控、射流速度快等特点。采用真空等离子喷涂技术制备的 B_4C 涂层含氧量低,成分与粉末较为接近。

真空等离子喷涂应用广泛,因为它能够通过快速沉积制造高纯度涂层。目前,已经有 300 多种金属、陶瓷和铝合金应用等离子喷涂工艺。真空等离子喷涂提高了基体抗锈、抗腐蚀、抗气穴、抗摩擦磨损的能力,能成功制造出应用于航空领域的密实度达 100%、近似最终形状的零件。有的零件要求材料具有优异的力学性能,如抗拉强度,同时还要有很好的耐磨性和耐腐蚀性,几乎很少有材料能满足这样的要求,但真空等离子喷涂能够获得这样的结构,因此,在医学、再制造等领域有良好的应用前景。

火箭发动机部件在工作中要承受高温、高压和化学气氛下的各种复杂载荷 作用,因此需要在其表面制备高性能的防护涂层。热喷涂工艺可以制备薄涂层,防止材料腐蚀、氧化、发生热瞬变或磨损破坏,该工艺也可用几种材料生产多功能结构。真空等离子喷涂即先雾化合金,然后喷涂在芯模上,芯模具有所要加工部件的内部几何尺寸。真空等离子喷涂工艺的优点是能生产近净成形结构,显著节约材料及机械加工成本。对于航天飞机主发动机高室压(室压可达 21 MPa)火箭发动机,采用铜合金 VPS 工艺可制造出用液氢冷却的燃烧室衬层。衬层支撑在外部结构保护罩上,保护罩通常由 Ni 基合金制造。保护罩及集流腔维持室压和推力载荷,但需要冷却衬层来保护免受高温破坏。 衬层用的 Cu 合金一般为 NARLoy — Z($Cu_3Ag_{0.5}Zr$) 和 NARLoy — A($Cu_{3.5}Ag$)。

真空等离子喷涂大厚度沉积是一种革新技术,非常适合于制造液体火箭发动机推力室,优点是降低成本、减少生产循环、可选材料范围广、有完整的热障涂层且结构简单。该工艺也可用于制造一次性及可重复使用运载器的火箭燃烧室。

为了充分延长零部件的服役寿命,再制造工程技术已经在现代工业维修中发挥着重要的作用。再制造工程中,首先要对服役后的废旧零部件进行评估,然后运用包括真空等离子喷涂在内的先进表面工程技术恢复并提升废旧零部件的使用性能。再制造工程是废旧产品高技术维修的产业化,产品既可以是设备、系统、设施,也可以是其零部件;既包括硬件,也包括软件。再制造是以产品后半生为研究对象,提升、改造废旧产品的性能,使废旧产品重获新生。再制造的重要特征是再制造产品的质量和性能达到或超过新品,成本却只是新品的 50%,相较可节能 60%、节材 70%,对环境的不良影响与制造新品相比显著降低。热喷涂技术是再制造工程的关键支撑技术之一。

4.5　反应等离子喷涂技术及其在再制造中的应用

4.5.1　反应等离子喷涂技术的原理

传统等离子喷涂具有射流温度高、喷涂速度快且喷涂气氛可控的特点,可用于喷涂多种材料,且喷涂效率高、涂层致密、与基体结合强度高、零件热变形小。但是,热喷涂涂层在形成过程中,尤其是在喷涂熔点较高的材料时,部分颗粒不能完全熔化,粉末处于熔融或半熔融状态,容易在涂层中夹杂生粉,难以制备出具有陶瓷固有性能的涂层,陶瓷材料优良的耐磨、耐腐蚀性能得不到充分发挥。自蔓延高温合成(Self-porpagating High-temperature Synthesis,SHS)是利用化学反应自身放热制备材料的新技术,具有耗能少、效率高、产物纯和工艺相对简单等优点。但是 SHS 燃烧过程是典型的非均匀体系燃烧,这一过程具有复杂性和瞬时高温等特点,使 SHS 生产过程不易得到控制。

反应等离子喷涂(又称等离子喷涂合成)是将等离子喷涂和自蔓延高温合成结合,扬长避短,充分发挥两种工艺的各自优点,利用等离子射流来控制自蔓延的反应程度。反应等离子喷涂采用常用的等离子设备,以高放热反应材料体系为喷涂材料,热喷涂过程中同时完成材料的合成和沉积过程。反应喷涂粉末的制备工艺与传统团聚法制粉大致相似,先把原料粉末分别在乙醇或甲醇介质中球磨,再按化学计量比混合,混合均匀后,再加入黏结剂、增塑剂,并制成稀浆,将其喷雾干燥,可得到球形微粒,最后筛分选取合适粒度的粉末用于喷涂。反应等离子喷涂过程大致分为 3 个阶段:首先是加热反应合成阶段,粉末进入等离子射流后温度迅速超过 1 000 ℃,并发生放热反应合成涂层材料,同时,喷涂粒子也被等离子射流加速,并以 200 ~ 500 m/s 的速度飞出,进入飞行阶段。粒子高速运动产生的动能转化成为热能和变形能,而粒子由于等离子弧加热获得的热能则通过与基体撞击的形式传给基体。从等离子弧喷射出的熔融粒子经过碰撞 → 变形 → 冷凝 → 收缩过程,在基体表面堆叠,形成涂层,等离子喷涂涂层的形成过程如图 4.25 所示。

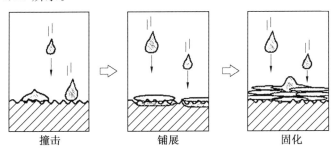

撞击　　　　　　铺展　　　　　　固化

图4.25　等离子喷涂涂层的形成过程

4.5.2　反应等离子喷涂技术的分类及特点

根据反应物的不同,反应等离子喷涂可分为两种,一种是以等离子射流作为热源,引发喷涂粉体发生燃烧进行反应,称为粉末反应等离子喷涂;另一种是在喷涂时,喷涂材料与气体发生反应,称为气相反应等离子喷涂。

粉末反应等离子喷涂一般采用气稳等离子设备,喷涂粉末为高放热反应体系,在喷涂过程中可同时完成材料的合成和沉积。图 4.26 所示为粉末反应等离子喷涂原理示意图。当送粉气流将粉末送入高温、高速的等离子射流后,喷涂过程大致分为 3 个阶段:① 加热反应合成阶段,粉末进入等离子射流后,其温度迅速超过 2 000 ℃,并发生放热反应,合成反应产物,如制备 $Fe-TiB_2$ 涂层,发生的反应为 $FeTi+Ti+4B \Longrightarrow Fe+2TiB_2$;②反应粒子也被等离子射流加速,进入飞行阶段,在这个过程中,喷涂粒子一边被加热,一边散热,先前引发的反应继续进行;③ 当产物粒子束撞击基体表面时,熔融粒子发生碰撞—变形—冷凝—收缩过程,形成涂层。由于硬质相原位合成,且反应放出大量的热足以使硬质相熔化,因此传统等离子喷涂过程中硬质相在喷涂过程中较难熔化、分布不均、比较粗大等缺点就易得到克服。反应等离子喷涂技术已经制备出 $Ca-TiB_2$、$Fe-TiB_2$、$Fe-TiC$ 及 $Cu-TiB_2$ 等涂层。

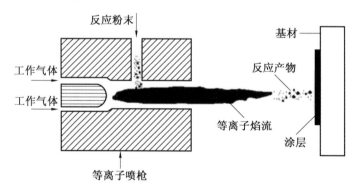

图4.26　粉末反应等离子喷涂原理示意图

气相反应等离子喷涂是在真空等离子喷枪或低压可控气氛等离子喷枪的基础上,附加一个等离子反应器,反应器中的气体(如甲烷、丙烯、氮气等)被引入到高温等离子射流中,迅速发生热分解,并使分解的粒子(如氢、碳、氮等)处于激活状态,与喷涂金属粒子反应生成理想的产物后,沉积到基材表面而形成涂层,如图4.27所示。在等离子反应器的前半部分,金属粒子受热;在等离子反应器的后半部分,气体在等离子体的作用下电离,与金属粒子发生反应生成涂层。由于产物是在原始喷涂粉末中原位合成的,因此涂层中的产物与基体结合良好,并且分布均匀。利用这种方法可以合成性能优异的高熔点陶瓷涂层,如通过反应得到了多种含有碳化物、硼化物和氮化物的陶瓷涂层。已有文献报道利用气体隧道式等离子反应喷枪制备出了厚度为 $200~\mu m$ 的 TiN－Ti 涂层。

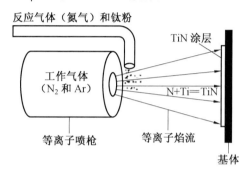

图4.27　气相反应等离子喷涂原理示意图

与传统热喷涂相比,反应等离子喷涂具有两大优势:

(1)涂层制备成本较低。涂层材料与原始喷涂材料不同,可实现利用廉价原始喷涂材料合成出性能优异,价格昂贵的涂层材料,具有经济性。

(2)涂层致密、结合强度高。原位合成反应放出的反应热与火焰热叠加,提高了熔滴的温度,可使高熔点的陶瓷硬质相熔化、球化和细化,使其分布均匀且纯净,改善了金属与陶瓷的结合性,从而提高涂层与基体以及涂层间的结合强度。反应等离子喷涂的涂层显微结构呈典型的热喷涂涂层状结构,但与普通热喷涂涂层组织相比,该涂层具有组织细小、硬质相大致呈球形且分布均匀、孔隙率低等特点。

4.5.3　反应等离子喷涂技术在再制造中的应用

1.反应等离喷涂用于复合涂层的制备

反应等离子喷涂是利用等离子射流作为热源,引发所喷涂粉末发生高温自蔓延反应,反应放出的热量使其本身迅速蔓延,从而在射流中合成所需产物,并以极高的速度喷出,沉积到基体上形成涂层。由于产物的合成以及涂层的形成同步完成,因此,反应等离子喷涂具有很高的生产效率。反应等离子喷涂不仅可以用于制备氮化物和硼化物陶瓷涂层,还可制备原

位合成的金属 / 陶瓷复合涂层,能够显著改善单一陶瓷涂层韧性差的缺点,提高涂层的机械性能。

(1) TiB_2 复合陶瓷涂层。

硼化物陶瓷具有高硬度、高熔点、高导热率、高弹性模量等优异性能。尤其是 TiB_2,熔点达 3 253 K,硬度为 32.5 GPa,导电、导热性好,同时还具有化学惰性。这些特点使 TiB_2 作为耐磨损、耐腐蚀、耐高温和耐冲击的部件或者作为增强相材料在许多工程领域受到欢迎。但是,由于其制备困难且成本很高,TiB_2 的应用受到了限制。

根据反应方程式:

$$FeTi + 4B + Ti \Longrightarrow 2TiB_2 + Fe \tag{4.1}$$

可以通过反应等离子喷涂自制粉末合成 $MeB - Me$ 型 $TiB_2 - Fe$ 复合涂层材料。研究发现当 B 与 Ti 的原子数量比选择适当时,合成产物为 TiB_2 和 Fe;当 $n_B : n_{Ti} > 2$ 时,合成产物为 Fe_2B 和 FeB。因此,应按比例适当选择 B 与 Ti 的原子数量比,尽量避免形成 Fe_2B 或 FeB 等脆性相。

研究结果表明,通过反应等离子喷涂的方法可以沉积较厚的 TiB_2 涂层,并且涂层质量好、气孔率很低,几乎没有缺陷和裂纹,即使一次沉积厚度达 3 mm,结果仍然如此。值得指出的是,反应复合粉末比例选择合适,就会得到很致密的涂层,其显微硬度高达 15.5 GPa,这一数值与通过热等静压工艺制备的完全致密的工件接近。

(2)$Al_2O_3 - Fe$ 复合涂层。

有关专利利用等离子射流来控制自蔓延反应,依据反应方程式:

$$Fe_2O_3 + 2Al \Longrightarrow Al_2O_3 + 2Fe \tag{4.2}$$

通过喷涂自制 $Fe_2O_3 - Al$ 自反应复合粉末,制备出具有烧结特性的 $Al_2O_3 - Fe$ 复合涂层。复合涂层以高硬度的烧结 Al_2O_3 陶瓷及 $FeAl_2O_4$ 尖晶石作为骨架,Fe 以及 FeAl、Fe_3Al 合金作为第二相,具有良好的强度配合。复合涂层不仅具备陶瓷涂层所固有的耐磨损、耐腐蚀、耐高温的特性,并且还具有优异的韧性,涂层与基体的结合强度也有显著的改善,涂层中孔隙率明显低于单一的 Al_2O_3 涂层。复合涂层的干磨损性能优于单一的 Al_2O_3 涂层,在高载荷下,耐磨性高于 NiO_2 涂层。这是由于涂层的耐磨性除受硬质相硬度的影响外,还与硬质相在基体相中的分布和结合情况有关。金属及合金相的存在提高了涂层的韧性,抑制了高载荷下陶瓷相中显微裂纹的形成和扩展,从而使耐磨性得到显著改善。

（3）TiC－Fe 复合涂层。

等离子喷涂 TiC－Fe 金属复合涂层因其硬度高、密度低、减摩性能优异，适用于多种耐磨损场合。TiC 增强涂层有望替代传统的 WC 或 Cr_3C_2 基涂层。

Monhanty 和 Smith 分别通过喷涂机械混合和 SHS 工艺制备了 Ti－TiC 复合粉末，得到了含体积分数为 $50\% \sim 90\%$ TiC 的 Ti－TiC 金属陶瓷涂层。根据反应：

$$FeTiO_3 + 4CH_4 \Longrightarrow Fe + 3CO + TiC + 8H_2 \qquad (4.3)$$

利用反应等离子喷涂工艺，可以一次合成 TiC－Fe 复合涂层，大大节约了生产成本。由于 TiC 增强相的原位形成，有效地避免了喷涂过程中的脱碳问题。尽管反应式中 CH_4 与 $FeTiO_3$ 的物质的量比为 $4:1$，在实际喷涂过程中，即使将其物质的量比调整到 $6:1$，钛铁矿仍不能完全转变。这是因为 CH_4 分解产生的还原性 CO 气体和 C 颗粒抑制了 $FeTiO_3$ 的分解，从而阻碍了 TiC 的形成，因此，即使 CH_4 的量过剩也不能使 $FeTiO_3$ 完全转变。

2. 反应等离子喷涂在表面强化中的应用

随着机械切削加工向更高速和连续化发展，人们对极端环境下使用的工模具的需求日益增加，这对工模具的性能提出了更高的要求。由于使用条件严苛，传统金属材料已经很难满足人们当前的使用要求。相比之下，陶瓷材料具有很多金属材料不具备的优势，如熔点高、硬度高、刚度高、绝缘能力强、热导率低及无延展性等，在一定程度上可以替代金属材料。目前在耐磨领域应用较广泛的陶瓷／金属复合涂层，陶瓷相通常以外加复合的方式预置在喷涂原材料（粉末、丝材等）中，陶瓷相颗粒较粗、陶瓷／金属界面易受污染，且喷涂过程中陶瓷相的成分和结构难以控制，极大地限制了涂层性能的进一步提高。

反应等离子喷涂将自蔓延反应与等离子喷涂两种先进的制备工艺结合起来，扬长避短、优势互补。通过把金属和金属氧化物复合粉末送到等离子射流中，使得复合粉体自身发生反应，反应产物在射流中处于熔化状态，高速喷射到工件基体表面，在工件表面形成以陶瓷为基体相、金属为第二相的复合涂层。由于反应受到控制，使反应生成的熔融金属来不及聚集，故金属在陶瓷基体上是以弥散颗粒状存在的，且反应是在无氧化气体离子气的保护下进行的，呈颗粒状的金属保持新鲜无氧化界面与陶瓷结合，从而增加了陶瓷与金属间的结合强度及涂层的韧性，而且在试验中还发现所制备的金属陶瓷复合涂层中存在部分的纳米相，这就在一定程度上进一步提高了复合涂层的韧性，复合涂层中弥散分布的金属相还缓解了陶瓷与基体间的应力,增加了涂层与基体的结合强度。同时,反应热是对等离子射流能量的有效补充,从而可实现利用较小功率的等离子喷涂设备制备出较高熔点的陶瓷相,具有节约能源、提高涂层质量的作用。

黄继华等以 TiFe 粉、Ni 粉、Fe 粉和 C 的前躯体(蔗糖)为原料,制备了 TiFeNiC 系列反应热喷涂粉末,并通过等离子喷涂技术原位合成并沉积了 TiC/Fe－Ni 金属陶瓷涂层,结果表明,涂层是由 TiC 颗粒含量不同的 TiC/Fe－Ni 复合强化片叠加而成,基体是由(Fe,Ni)固熔体组成;在相同条件下,涂层的耐磨性是 Ni60 涂层的 6 倍。日本的 Akira Kobayashi 用气体隧道型等离子喷枪反应喷涂制备出厚度为 150 μm 的 TiN 涂层;意大利的 T. Bacci 采用反应等离子喷涂的方法,制备出厚度为 60 μm 的 TiN 涂层。

陈海龙等选用粒度为 300 目、密度为 5.96 g/cm³ 的钛粉,以 N_2 作为等离子喷涂气体,在规格为 20 mm×10 mm×5 mm 的 Q235 钢基体上原位合成 TiN 涂层。制备的 TiN 涂层层状结构明显、组织致密,涂层与基体之间呈锯齿状,结合紧密。

冯文然等以北京有色金属研究总院生产的试验用钛粉和 N_2 为反应物,选用自行研制的气体隧道等离子喷枪,原位合成纳米晶 TiN 涂层。制备的涂层硬度高、韧性好,厚度达 500 μm。他们自行研制的涡流发生器可以增大 N_2 的分压,提高化学反应进行的程度,使 TiN 液滴高速飞行到样品表面。这一过程的时间极短,TiN 晶核来不及长大,所以能够得到晶粒细小的优质涂层。

姚燚红以纯钛粉为原料,以 Ar 为主气、He 为辅气、N_2 为载气,在大气环境下原位合成钛复合涂层。试验发现,喷涂参数对涂层的相组成、孔隙率及厚度等有明显的影响。喷涂距离的增大有利于 TiN 的形成,并有利于涂层厚度的增加,但是同时也增大了涂层的孔隙率。由此可见,反应等离子喷涂的工艺参数对涂层的质量有很大影响,因此,合理设计、优化工艺参数是很有意义和必要的。

目前,Fe－TiB_2、Cu－TiB_2、Fe－TiC、Al－Al_2O_3、$Cr_3C_{2.25}$NiCr、Ti－TiN 等涂层相继通过采用反应等离子喷涂技术被成功制备出来。因此,反应等离子喷涂技术正在受到更多的关注,并被推广应用于各种热喷涂工艺中,使涂层获得优良的性能甚至其他热喷涂工艺无法赋予的特殊功能。

第5章 高速电弧喷涂技术及其在再制造中的应用

5.1 电弧喷涂技术的原理及特点

5.1.1 电弧喷涂技术基本原理与发展历程

电弧喷涂技术相关设备、材料的发展与更新使其成为目前热喷涂技术中最受重视的技术之一。电弧喷涂是以电弧为热源,将金属丝熔化并用气流雾化,使熔融颗粒高速喷到工件表面形成涂层的一种工艺。图 5.1 所示为电弧喷涂原理示意图。喷涂时,两根彼此绝缘的丝材分别接喷涂电源的正、负极。在两根丝材短接前的瞬间,端部由于高电流密度产生电弧,同时,高压气体将电弧熔化的金属雾化成微熔滴,并将微熔滴加速喷射到工件表面,经冷却、扁平化并沉积到基体上。而且,丝材经送丝机构连续、均匀地送进,从而实现了持续雾化、喷射沉积并形成涂层的工艺过程。

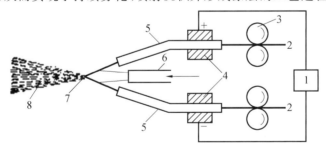

图5.1 电弧喷涂原理示意图

1— 直流电源;2— 金属丝;3— 送丝滚轮;4— 导电块;5— 导电嘴;
6— 空气喷嘴;7— 电弧;8— 喷涂射流

电弧喷涂技术首先由瑞士的肖普博士在 20 世纪 20 年代提出构思,起初主要用于装饰。1920 年,该技术引入日本,以交流电弧为热源的喷涂装置被发明出来。但由于交流电弧不稳定、效率低、涂层质量差,此装置没有得到实际推广。后来德国改用直流电源使电弧喷涂有了实用价值。20 世纪30 ~ 40 年代,欧洲在电弧喷涂设备和工艺上取得进步,工业部门开始用电弧喷涂钢丝修复机械零件,喷涂铝、锌制备防护涂层。20 世纪 50 ～ 60 年代,世界各国对电弧喷涂技术的关注越来越多,如 1963 年在马德里举行的第三届金属会议关于电弧喷涂的论文涉及钢的电弧喷涂、电弧喷涂技术的发展、电弧喷涂的工艺规律性等方面。20 世纪 60 年代中期至 70 年代,由于材料生产和喷涂技术水平等因素的限制,电弧喷涂技术的发展相对延缓。20 世纪 70 年代的研究主要侧重于锌、铝防腐涂层。相较于火焰喷涂,人们发现使用电弧喷涂得到的铝涂层质量好且成本低。20 世纪 70 年代末,粉芯丝材的出现给电弧喷涂带来了生机,世界各国对电弧喷涂的研发应用大大加强。粉芯丝材既克服了高合金成分带来的难以拔丝的困难,同时还使一些不能导电的颗粒材料在电弧喷涂上得以应用,粉芯丝材成分容易调节、生产周期短、便于优选材料且具有较低成本等特点,很大程度上促进了电弧喷涂的发展。20 世纪 80 年代后期,世界各国对电弧喷涂的研发应用大大加强。20 世纪 90 年代,电弧喷涂设备得到迅速发展与更新,正朝向精密化和自动化的方向发展,使涂层质量得到进一步提高,应用范围也越来越广泛,电弧喷涂又重新得到了各工业领域的重视,如在 1998 年召开的第 15 届国际热喷涂会议的参展商品中,电弧喷涂设备及产品约占 30％以上。

　　我国在 20 世纪 50 年代初从苏联引进该技术,20 世纪 60 年代初我国研制成功封闭喷嘴固定式喷枪,主要用于旧件的修复。之后,由于设备、材料等方面的限制,一直到 20 世纪 80 年代初,中国的电弧喷涂技术一直停留在原有水平,并被认为是一种“高效率、低质量”的技术。20 世纪 80 年代后期,对大型结构防腐耐磨的潜在市场又推动了电弧喷涂的应用和发展,国内许多单位加快了对电弧喷涂技术与设备的研发。

　　近年来,随着技术的不断更新完善,电弧喷涂技术已发展成为新型的高速电弧喷涂技术。高速电弧喷涂技术利用气体动力学原理,将高温燃气或高压空气通过特殊设计的喷管加速后作为电弧喷涂的高速雾化气流来雾化和加速熔融金属,将雾化粒子高速喷射到工件表面形成致密涂层。与普通电弧喷涂技术相比,高速电弧喷涂技术具有沉积效率高、涂层组织致密、电弧稳定性高、通用性强、经济性好等特点。新型的高速电弧喷涂技术制备的涂层性能可以与等离子喷涂技术相抗衡,在有些领域有望替代超音速火焰喷涂技术。与此同时,伴随着加速技术的引入,又涌现出了许多新的电弧喷涂技术,如高速脉冲电弧喷涂、复合超音速电弧喷涂、燃烧电弧喷涂、真空电弧喷涂、等离子转移电弧喷涂及单丝电弧喷涂等新技术。这些电弧喷涂新技术的出现,不仅提高了喷涂效率,而且进一步改善了电弧喷涂涂层的质量,从而更加拓宽了电弧喷涂的应用领域。

电弧喷涂技术向着高速、高性能、实用化的方向发展,尤其在喷涂材料方面的进展比较快,随着粉芯丝材制造技术的不断推广,金属／陶瓷复合涂层、金属间化合物涂层、非晶纳米晶复合涂层等新型技术不断涌现。电弧喷涂技术另一个重要的发展方向是用于模具零件的制作、超厚涂层的制备等快速成形领域。

5.1.2　电弧特性及熔化－雾化过程

电弧并不是一般的燃烧现象,实质上,电弧是在一定条件下电荷通过两电极间气体空间的一种导电过程,或者说是一种气体放电现象。借助于这种特殊的气体放电过程,电能转换为热能、机械能和光能。焊接时主要是利用其热能和机械能来达到连接金属的目的。

电弧的高温、高热足以使作为电极的喷涂材料熔化,电弧喷涂就是利用电弧热源,两根喷涂丝材作为消耗性电极短接时将电弧引燃后,金属线材持续送进,不断填补丝材熔化消耗的部分来维持电弧的稳定燃烧。

电弧喷涂也是利用电弧的能量来熔化金属丝材,并借助于高压空气带走熔化的金属并雾化成微熔滴喷到工件表面,形成金属涂层的。焊接中,电弧区域通常有外加的低气压、低流速的保护气体(一般为 CO_2,焊接时, CO_2 需要预热,其气压一般不超过 0.3 MPa,气体流量一般不超过 50 L/min)并且气体流动的方向与电弧轴向相同。而在电弧喷涂过程中,电弧是在高气压、高速流动的气体(气压高达 0.8 MPa,气体流量高达 6 m^3/min,气体流速则高达 600 m/s)中燃烧的,并且气流方向与电弧轴向垂直,所以气体的流动必然对电弧的稳定燃烧产生影响。喷涂电弧与焊接电弧相比,有其自身的特殊性。喷涂时电弧的稳定燃烧是喷涂过程稳定的体现,也是喷涂涂层质量稳定的重要保证。

正常情况下,瞬时短路状态只存在于喷涂开始时两根金属丝间,在喷涂过程中,在电弧的作用下两根电极丝的端部频繁地发生金属熔化 → 熔化金属脱离 → 熔滴雾化成微粒的过程。在每个过程中阴极和阳极的丝材熔化速度是有差异的,但总的熔化速度一致。金属线材端部熔化过程中,两级间距离频繁地发生变化,在电源电压保持恒定时,由于电流的自调节特性,电弧电流跟着发生频繁的波动,自动维持金属丝材的熔化速度,电弧电流随着线材送进速度的增加而增加。

由于电弧形态的不同,电弧喷涂时电弧对丝材的加热过程则与焊接电弧对焊丝的加热过程不同。喷涂时电弧区域丝材的冶金物理过程直接影响喷涂粒子形成时的温度、粒子大小等,而这些因素又直接影响喷涂涂层的质量。研究喷涂时电弧区域丝材的冶金过程有助于分析喷涂时粒子的形成条件及电弧稳定燃烧的条件,为保持电弧稳定燃烧及喷涂涂层质量的稳定性提供依据。

1. 高速气流作用下的电弧形态

电弧是由两个电极和它们之间的气体空间组成,电弧中带电粒子主要依靠气体空间的电离和电极的发射两个物理过程所产生的,同时伴随着一些其他过程,如解离、激励、扩散、复合、负离子的产生等。在电弧喷涂中,由于高速气流以很高的速度冲进电弧区,将会与电弧区域中的粒子发生碰撞,从而对电弧的形态产生相应的影响。

在电弧焊中,电弧的形态大多呈现钟罩型或者圆台形,而在电弧喷涂中,由于高速气流的存在,电弧的形态发生了比较大的变化,电弧的射流体呈现椭圆形的特征,如图 5.2 所示。电弧射流体在气流方向上被拉长,粒子在经过射流体时加热的距离增加。图 5.2 的拍摄条件是采用高速电弧喷涂技术,气压为 0.6 MPa,两种丝材直径均为 2 mm。喷涂 3Cr13 时,喷涂电压是 36 V,电流是 280 A;喷涂 Al 时,喷涂电压是 36 V,电流是 300 A。在拍摄时将激光器关闭,并将相机前的单色滤光片移去。

 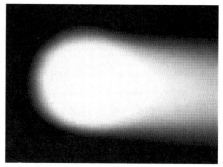

(a) 丝材为3Cr13时的电弧　　　　　　　　(b) 丝材为Al时的电弧

图5.2　电弧喷涂时电弧射流体呈现椭圆形特征

对喷涂电弧现象做进一步的分析时发现,电弧形态不但与电流大小、气流速度(采用高速电弧喷涂和普通电弧喷涂对比)有关,而且与材料有关。高速电弧喷涂时,气流对电弧的影响较大,电弧在气流方向上就比较长,而普通电弧喷涂时,由于气流速度较慢,则在气流方向上电弧要比高速电弧喷涂时要短些。当气流速度提高时,气流中的粒子与电弧中的粒子发生碰撞的概率和能量都相应增加,碰撞后,粒子会在气流方向上移动更远的距离,而且仍有足够的能量将气体中其他粒子电离,从而产生高温及发光现象。

在不同电压下,电弧形态变化不大,基本形状相同。这是因为,在相同电流条件下,不同电压时电弧表现为弧长不同,而气体中带电粒子的浓度是相同的,其弧柱电场强度基本不变,所以高速气流与其中的带电粒子发生碰撞的概率变化不大,所以其在气流方向表现出相同的特征,即小电流时,在气流方向上没有较长的射流体,而在大电流时,在气流方向上有较长的射流体。在不同电流下(相同电压),电弧射流体呈现出不同的现象,当电流增大时,电弧射流体在气流方向上被拉长。这是因为,当电流增大时(在相同的电压下),单位时间内通过导体的带电粒子数要增加,即电弧空间的带电粒子的总数目要增加(气体电离度提高),当电压不变时,即弧柱的电场强度变化不大,则要求导电面积要相应增加,高速气流中的粒子与电弧中带电粒子发生碰撞的概率明显增加,并且电弧温度也由于粒子碰撞频繁而升高,粒子运动的能量增加,所以与高速气流中的粒子碰撞后,会在气流方向上运动到较远的位置,并且产生高温与发光现象。因此,看起来电弧射流体在气流方向上被拉长了。

当采用低熔点材料(Fe、Cu等)作为阳极时,一旦阳极表面某处有熔化和蒸发现象产生时,由于金属蒸气的电离能大大低于一般气体的电离能,在有金属蒸气存在的地方,更容易产生热电离而提供正离子流,电子更容易从这里进入阳极,阳极上的导电区将在这里集中而形成阳极斑点。由于阳极斑点的形成条件之一是有金属的蒸发,因此当金属表面覆盖氧化膜时,阳极斑点有自动寻找纯金属表面而避开氧化膜的倾向。因为大多数金属氧化物的熔点和沸点皆高于纯金属,且金属氧化物的电离电压较高。

2. 高速电弧喷涂的电弧特性

高速电弧喷涂工艺的电弧引燃方式是接触引弧。当两电极端部以极小面积接触时,在大的电流密度下产生电阻热并快速将接触部分熔化,在高速雾化气流的拖曳作用下熔化部分被吹走,于是在两极之间产生空隙。两极间空隙中的气体被电离成正离子和电子;在两电极间电场的作用下,正离子和电子分别向两极定向移动,形成电流。由于高速气流的作用,首先被电离的离子被吹到丝材的前端,因此在丝材前端形成导电通路,从而引燃电弧。

由于高速电弧喷涂过程中阴极和阳极熔化的不对称性,阳极熔化速度较慢,且在阳极会形成较大的片状液滴。当阳极金属丝材的熔化量较多时,熔化部分在气流的吹动下移动到金属丝材的最前端,电弧随之移动扩展。在表面张力、两极间的电磁力和雾化气流的拖曳力的作用下,这些片状大熔滴将破碎并从丝材端部脱离,这时电弧熄灭。

高速雾化气流也能够熄灭电弧。在喷涂过程的某一瞬间,电弧高温区在高速气流影响下被拉长,其中的带电粒子离金属丝端较远,电弧的导电面积增大了。要维持电弧的稳定燃烧,需要电源提供更大的能量。当电源的输出无法满足电弧燃烧所需能量时,在金属丝端无法产生足够的电子使气体电离,电弧将熄灭。

电弧熄灭后,丝材的前进将使两个丝材重新接触,高的短路电流使丝材端部又迅速熔化,此时在两极之间的最近点重新引燃电弧。同时在雾化气流的作用下,电弧又随之移动扩展。因此,电弧重复引弧 → 燃烧 → 熄灭 → 再引弧的过程。

电弧喷涂过程中引弧 → 燃烧 → 熄灭 → 再引弧的电弧特性,将引起电弧电压和电弧电流的剧烈波动,从而导致形成的熔滴尺寸在较大范围内变化,将直接影响涂层的质量和性能。因此,控制电弧喷涂过程中的电弧行为,减小电弧电压和电弧电流的波动,是改善涂层质量、提高涂层性能的根本途径之一。

3. 电弧喷涂的导电及熔化行为

在电弧喷涂过程中,出现了阴极和阳极材料熔化的不对称现象,且两个电极上的表现都不同,下面阴极和阳极上的冶金过程进行进一步的探讨。

在阴极区,主要是发射电子,电子流是形成电弧导电的主体粒子。阴极发射电子有 3 种情况:第一种情况是阴极区发射电子的面积与弧柱的断面相近,阴极导电断面没有明显的收缩;第二种情况是阴极区发射电子的面积比弧柱断面显著减小,在阴极上导电断面有显著收缩;第三种情况是阴极通过微小的斑点发射电子,这些斑点的电流密度很高,称为阴极斑点。

当阴极材料熔点、沸点较低时(冷阴极型),即使阴极温度达到材料的沸点,此温度也不能够通过热发射产生足够数量的电子,以保证电弧导电的需要,阴极将进一步自动缩小其导电面积,直至阴极导电面积前面形成密度很大的正离子空间电荷和很大的阴极压降,足以产生较强的电场发射,补充热发射的不足,向弧柱提供足够的电子流。此时阴极区域将形成面积更小、电流密度更大的斑点来导通电流,此导电斑点称为阴极斑点。当用低熔点材料(Al、Cu、Fe 等)作阴极时,都会出现这种情况。此时阴极表面将由许多分离的阴极斑点组成斑点区。这些斑点在阴极斑点区以很高的速度跳动(其速度可达 $10^4 \sim 10^5$ cm/s),自动选择有利于场发射和热发射有利的点,电弧通过这些点提供电子时阴极消耗最低的能量。由于阴极斑点电流密度很高,又受到大量正离子的撞击,斑点上将积聚大量的热能,使温度很高甚至达到材料的沸点,从阴极斑点产生大量的金属蒸气,以一定速度射出。这种金属蒸气流的反作用力及正离子对阴极的撞击力对斑点有一定的压力,即为斑点压力。这种斑点压力对熔滴过渡将起到阻碍作用。

阴极表面上热发射性能强的物质有吸引电弧的作用,阴极斑点有自动跳向温度高、热发射性能强物质上的性能。铝丝表面的氧化膜具有较低的逸出功,因此阴极斑点有自动寻找氧化膜的倾向。

在阳极区域也存在阳极斑点。阳极区域主要是接收来自电弧中的电子,也提供一定数量的正粒子流,但相对于电子数量来说要小得多,大约只提供 0.001 mol 的正粒子流。阳极斑点的形成条件之一是金属的蒸发,因此当金属表面覆盖氧化膜时,与阴极斑点的情况相反,阳极斑点有自动寻找纯金属表面而避开氧化膜的倾向。因为大多数金属氧化物的熔点和沸点皆高于纯金属,且金属氧化物的电离电压较高。由于阳极斑点往往伴随着金属的蒸发,其反作用力对阳极表现为压力,因此一旦形成阳极斑点,也就产生阳极斑点压力,由于阳极斑点电流密度比阴极小,所以通常阳极斑点压力比阴极斑点压力小。

所以在阴极处,应该表现为丝端端面与丝轴线的垂直度较高,而阳极的斜面要大些,如图 5.3 所示。在阴极上由于阴极斑点的温度很高,阴极斑点处首先被熔化,被高速气流冲走。而在阳极上由于阳极斑点面积大,同时,电流密度比阴极小很多,所以在阳极斑点处并不能很快形成熔化金属,它所需要的时间稍长,在阴极上被压缩气体带走的颗粒要比在阳极上小得多,如图 5.4 所示。图 5.4 是采用普通电弧喷涂系统得到的,电压为 32 V,电流为 200 A。

4. 电弧喷涂熔滴的雾化沉积过程

电弧喷涂从金属熔化形成粒子到粒子扁平化沉积于基体这一整个过程仅在短短几毫秒的时间内完成,喷涂过程之短而经历的变化之多,使得目前还没有出现一种设备或技术能对这一过程进行全面实时的跟踪研究。所以,人们往往将喷涂过程分成一系列的子过程,分别针对某一子过程中的特定行为进行专门的探索研究,从而揭示喷涂的内在规律,分析提高涂层性能的有效途径。

熔滴从金属丝端脱离后,将与雾化气流发生动力学、传热学及化学交互作

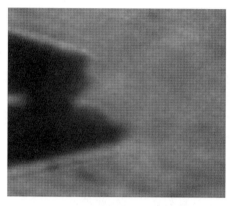

图5.3　阴极和阳极的不同形态

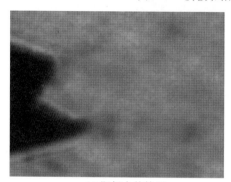

(a) 阳极上的粒子

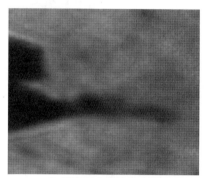

(b) 阳极最尖端处的大颗粒

图5.4　阳极上的大颗粒

用,熔滴发生形状、大小、飞行速度、温度及化学状态的改变。雾化熔滴的这些行为将直接影响涂层的性能,是电弧喷涂技术的一个重要研究内容。与其他热喷涂技术相类似,雾化粒子速度、温度及大小等特征也是评价高速电弧喷涂雾化过程及涂层性能的重要指标。有研究将粒子直接喷射到冷却液中快速冷却,然后观测冷凝后粒子并测试雾化粒子的形貌、大小;也有研究采用机械法测量喷涂粒子速度,如转筒法和双转盘法。这些方法虽能测出雾化粒子的某些特征,但在测试中喷涂粒子状态已发生改变,不能准确反应粒子在实际飞行时的特征。有学者采用非增强型电荷耦合器件相机对飞行粒子的速度进行了测量,这种电荷耦合器件相机的曝光时间非常短(可达 1 ms),可以在非常短的时间内两次曝光,通过在一张底片上得到两次曝光时粒子成像间的距离就可计算出粒子的速度;也有学者采用激光多普勒仪和脉冲激光光屏法测量粒子的速度;此外,也有研究利用粒子本身发出的红外光来测量粒子的速度。对于粒子温度的测量,大多采用比色测温的方法,而且有些测试仪器结合测速技术可以同时测量粒子的速度和温度,并通过光学成像系统分析雾化粒子的大小及数量分布情况。

高速飞行的粒子撞击到基体表面后,粒子发生变形,瞬间冷却凝固,形成扁平颗粒,整个扁平化沉积过程只有 $10^{-7} \sim 10^{-5}$ s。大量喷射的粒子不断扁平化、叠加沉积,最终形成喷涂涂层。粒子的扁平化行为对涂层的表面形貌、孔隙率、结合强度等都有很大的影响。近年来,人们对热喷涂熔滴扁平化过程进行了大量理论和试验研究,并基于能量关系建立了一些描述扁平化过程的理论模型,如 Jones 模型、Madejski 模型、Sobolev 模型、Bussmann 的 3D 模型、Feng 的有限元模型等。通过研究发现,粒子扁平化过程与熔滴尺寸和冲击速度、粒子的凝固特性、粒子冲击时产生的质量损失、惯性效应、黏性流体效应及表面能等因素有关。

5.1.3 电弧喷涂技术的主要特点

电弧喷涂和普通火焰喷涂相比有以下优点:

(1)热效率高。火焰喷涂时的大部分热量分散到大气和冷却系统中,热能的利用率只有 5% $\sim$ 15%;而电弧喷涂是直接用电能转化为热能来熔化金属,热能的利用率高达 60% $\sim$ 70%。

(2)生产效率高。电弧喷涂技术的生产效率高,表现在单位时间内喷涂的金属质量大,生产效率正比于喷涂电流。一般情况下,电弧喷涂的生产效率是火焰喷涂的 3 倍以上。

(3)涂层的结合强度高。电弧喷涂涂层所能达到的高结合强度和优异的涂层性能是其突出的优点。电弧喷涂可在不提高工件温度、不使用贵重底材的条件下获得高的结合强度,一般可达 20 MPa,是火焰喷涂的 2 倍,某些打底涂层的结合强度可达 40 MPa。

(4)生产成本低。电能的价格远低于氧气和乙炔,火焰喷涂所消耗的燃料价格是电能价格的数十倍,电弧喷涂的成本比火焰喷涂降低 30%以上。

(5)操作简单,安全可靠。电弧喷涂设备相对简单,只要把工艺参数根据喷涂材料的不同选在规定的范围之内,均可保证喷涂的质量,而且仅使用电能和压缩空气,不用氧气、乙炔等易燃气体,安全可靠。

(6)可制备伪合金涂层。电弧喷涂只需两根不同成分的金属丝材就可制备出伪合金涂层,也可以采用粉芯丝材设计技术,制备不同合金含量的新型的高性能涂层。

电弧喷涂与超音速火焰喷涂技术、等离子喷涂相比,其主要缺点有:

（1）涂层与基体的结合强度偏低。与超音速火焰喷涂技术和等离子喷涂获得的 30 ～ 60 MPa 结合强度相比，电弧喷涂涂层与基体的结合强度较低。

（2）涂层孔隙率高。普通电弧喷涂涂层的孔隙率高达 10％ 以上，而超音速火焰喷涂技术和等离子喷涂涂层的孔隙率一般小于 5％。高的孔隙率，不仅影响涂层与基体的结合强度，而且会影响涂层的耐磨损、耐腐蚀等性能。

（3）涂层材料氧化严重。由于电弧喷涂过程中大都采用压缩空气雾化熔滴，金属材料难免在雾化飞行及沉积过程中发生氧化，如 Fe 基电弧喷涂涂层中的氧化物含量通常高达 20％ 以上，氧化物的存在严重制约了涂层结合强度、耐磨损等性能的提升。

（4）喷涂丝材表面需有良好的导电性能。电弧喷涂必须采用金属丝作为喷涂材料，且丝材表面需具有良好的导电性，以利于起弧，即使使用粉芯丝材时，可包覆陶瓷等非金属粉末，但这些粉末的含量不能过多，否则影响喷涂的稳定性，此外，为保证送丝机构可靠、稳定的送丝，对所用丝材的硬度、刚度等性能也有要求。

电弧喷涂具有上述特点，2000 年以后，电弧喷涂技术获得更加迅速的发展，不断通过改进喷涂设备、设计新型材料等方法提升该技术的性能，目前市场上新型的高速电弧喷涂设备技术已基本取代了传统的普通电弧喷涂设备。据有关资料统计，到 20 世纪末，在所有热喷涂技术中，电弧喷涂的市场比例已占到第三位。

5.2   高稳定性高速电弧喷涂设备

高速电弧喷涂系统主要由压缩空气系统（包括空气压缩机、油水分离器、储气罐）、控制箱、高速电弧喷枪、送丝机构和喷涂电源组成。另外，电弧喷涂技术一般采用喷砂的方法对机械零部件进行预处理操作，因此，还需同时装配喷砂设备（包括喷砂罐和喷砂枪）。电弧喷涂设备系统简图如图 5.5 所示。

系统工作时，通过控制柜控制压缩机工作，空气压缩机一般选用额定输出流量不小于 6 m³/min、气压不低于 0.8 MPa 的设备。压缩机工作产生高压空气，并经油水分离器输出干燥洁净的压缩空气至储气罐，当进行喷砂预处理作业时，打开流经喷砂设备的空气支路，并关闭通往电弧喷枪的空气支路。喷砂作业时，一定流量和粒度的砂料经高压空气雾化加速

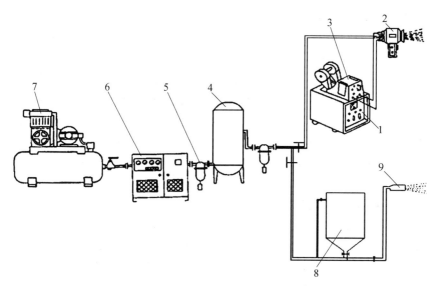

图5.5 电弧喷涂设备系统简图

1—电源;2—喷枪;3—送丝机构;4—储气罐;5—油水分离器;6—冷却装置;7—空气压缩机;8—喷砂罐;9—喷砂枪

后,喷射到工件表面,对待喷涂表面进行净化和粗化处理,以给喷涂作业提供洁净的表面。喷涂时,通过喷涂电源输出具有平特性的直流电,两根彼此绝缘的丝材分别接喷涂电源的正、负极。在两根丝材短接前的瞬间,端部由于高电流密度产生电弧,同时,高压气体将电弧熔化的金属雾化成微熔滴,并将微熔滴加速喷射到工件表面,经冷却、扁平化后沉积到基体上;同时,丝材经送丝机构连续、均匀地送进,从而实现了持续雾化、喷射沉积并形成涂层的工艺过程。

5.2.1 喷涂电源

电弧喷涂电源的作用是提供一定的直流电压在相交的线材端部形成电弧,并维持电弧的稳定燃烧,电弧吸收电能通过能量交换释放热能,以满足喷涂过程线材的熔化与沉积。电源性能影响电弧燃烧稳定性、喷涂过程稳定性及涂层的质量。从防止喷涂金属氧化的角度出发,要求喷涂电源能在较低的工作电压下稳定工作。

电弧喷涂电源是电弧喷涂系统的关键设备之一,它为喷涂系统提供能量。电弧喷涂电源的发展主要经历了3个阶段:从普通的直流电源到具有平特性的稳压电源,再到现在正利用逆变技术开发的逆变电源。

1. 普通的直流电源

最早期的电弧喷涂使用直流电焊机作为电源。在焊接过程中,存在不断的燃弧→短路→燃弧的现象,电流和电压的波动很大,要求所使用的直流电源具有陡降的外特性。而电弧喷涂与焊接存在差别,电弧喷涂过程中,电弧一经点燃,便一直处于燃烧状态,电弧电压和电流波动幅度不大,不要求电源具有陡降的外特性,因此,使用这种电源进行电弧喷涂时,陡降的伏安特性虽可以保证电弧的稳定燃烧,但存在送丝速度与电流难以最佳匹配,而且喷涂的电弧电压较高(40 V 以上),导致涂层的碳烧损和氧化非常严重,使喷涂涂层的质量普遍不高。

2. 平特性的整流式电源

平特性的电源具有良好的弧长自调节性能,并且电弧稳定,当确定喷涂电压以后,电流与送丝速度就会成比例地改变。只需调节送丝速度就可以改变喷涂电流。因此电弧喷涂一般采用平特性的电源配合等速送丝系统。平特性的旋转直流发电动机、硅整流器、晶闸管整流器及逆变器都可以应用于电弧喷涂。

近年来,国内外的电弧喷涂电源主要为整流式电源,如 XDP－1、XDP－2、CDM－AS 均为硅整流式,ASM－630DN 型为晶闸管整流式。这些电源较早期的旋转直流发电动机在性能上有较大的突破。图 5.6 所示为北京新迪表面工程技术有限公司研制的 CMD－AS－1620 型电弧喷涂专用电源的外特性。选择空载电压为 27～40 V 之间,额定工作电流为 300 A。在确定空载电压后,增大送丝速度时,工作电流随之增大,并维持稳定的喷涂过程。电源的动特性良好,外特性略降,约为 2 V/100 A 以下。

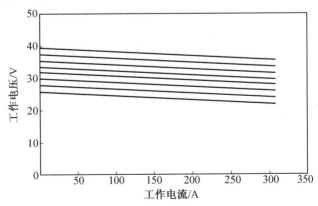

图5.6　CMD－AS－1620 型整流式电弧喷涂专用电源的外特性

整流式电弧喷涂电源的主电路主要完成从电网吸取电能后,通过变压器降压隔离,而后整流滤波输出预定的直流电。图5.7所示为晶闸管整流的电源结构简图。

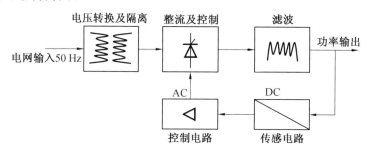

图5.7 晶闸管整流的电源结构简图

这些电源较早期的普通直流电源在性能上有较大的突破,但是上述电源均采用传统的整流方式,设备体积庞大、笨重,不便于现场使用,而且能耗高、效率低,此外,电源的动特性一般通过串接电抗器来改善,还有待于进一步提高。

图5.8所示为北京新迪表面工程技术有限公司研制的 CMD—AS—1620 型整流式电弧喷涂专用电源。

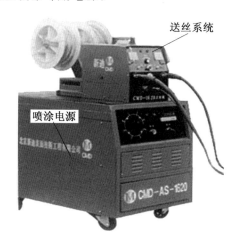

图5.8 CMD—AS—1620 型整流式电弧喷涂专用电源

3. 逆变式电弧喷涂电源

随着电弧喷涂技术的日益进步,以及广泛的应用,传统的电源显得有些落后,主要体现在以下方面:

(1)采用工频换流,变压器及电抗器笨重、耗材多、能耗大、整机效率低,对电网有谐波污染,功率因素低。

（2）电气特性动态响应慢,不仅电弧稳定受到影响,而且在雾化气流和喷涂电流的冲击下还可能对机电部件产生冲击损伤。

（3）电压可调范围窄且只能进行有级调节。

（4）整机技术经济指标不佳。

所谓逆变,就是从直流到交流的变流。世界上最早的逆变电源是由美国海运科研部门于 1972 年开发研制出的一台 300 A 晶闸管逆变弧焊电源。此后,其他国家都相继开发出器件更新的、功能更强大的逆变电源,并在焊接领域得到较广泛的应用。我国逆变焊接电源的研制始于 20 世纪 80 年代,研制的单位主要有华南理工大学、成都电焊机研究所、清华大学、北京航空航天大学等。目前,我国已有上百个生产逆变焊接电源的厂家。

逆变式电弧喷涂电源是在绝缘栅双板型晶体管（Insulated Gate Bipolar Transistor,IGBT）逆变式焊机发展和应用的基础上开发出来的,采用了当代最实用的绝缘栅双板型晶体管高速、低耗型功率电子开关器件,以高频脉宽调制（Pulse Width Modulation,PWM）逆变,实现了动态响应快、电弧稳定、工艺规范连续可调范围宽,可容易地实现低频脉冲调制,喷涂工艺效果优异,具有整机高效、节省材料、对电网无有害谐波污染、功率因数高、PWM 斩波调压调速、动态响应快、送丝速度稳定等优势。

逆变式电源在焊接领域已走上主流地位,并越来越受到人们的重视。但在电弧喷涂领域,还极少应用。这主要是由于在电弧喷涂过程中,如前文所述,其电弧燃烧对电源的动态特性要求没有焊接过程对电源动态特性的要求那样高,因此,刚开始电弧喷涂用逆变电源技术在国内外并没受到普遍的关注。但是,随着对电弧喷涂技术的性能要求的提高,以及对电弧喷涂过程机理研究的进一步深入,人们发现,喷涂电源的动态特性对电弧喷涂的过程,特别是电弧喷涂时瞬间燃弧能量的大小、喷涂时粒子的温度、粒子的雾化程度及雾化粒子的均匀程度等有很大的影响,因此,逆变式喷涂电源开始受到越来越多的重视。

逆变电源是从电网吸取电能,经逆变器变换后供负载使用的电源。图5.9 所示为逆变电源的结构简图。逆变电源从电网吸取电能后,先整流（AC−DC）,再通过逆变器将直流变为中频交流（DC−AC）,然后经变压器隔离、再整流滤波输出（AC−DC）。

逆变电源主要具有以下独特的优势:

（1）电源性能好,频率响应快,动特性好,有利于实现电弧喷涂的精确控制以及喷涂过程的自动化和智能化。在以往的电源中,工作频率一般是

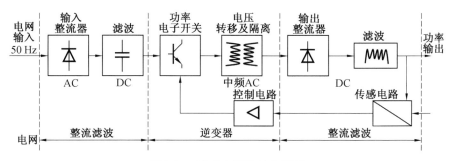

图5.9　逆变电源的结构简图

50 Hz,即使在晶闸管整流电源中,其控制周期最短也只有 5.3 ms,而在 30 kHz 的逆变电源中控制周期缩短为 33 μs,比前者小两个数量级,这就可以使电弧喷涂有很高的动态响应能力,能够实现精确控制和高速控制。

(2)电源体积小,重量轻,便于移动。整流式电弧喷涂电源约 300 kg,而逆变式电弧喷涂电源仅为 40 kg 左右。这使得电弧喷涂在户外施工以及大面积施工等场合使用时,大大减轻了工人的劳动强度,节约了劳动成本。

(3)电源效率高,可达到 80 ～ 90%。由于逆变电源工作频率很高,因此变压器和输入电抗器的质量和体积大大减小,而且铜损和铁损随之减小。与模拟控制相比,采用开关控制时,系统的功率损耗降低。逆变式电弧喷涂电源从电网直接整流得到高压,在输入功率相同时,控制功率减小,逆变器转化时激励电流也很小,因此逆变式电弧喷涂电源的功率高,能节约大量的电能和减少配电装置的容量。

(4)功率因素高,可达 0.99。逆变式电弧喷涂电源目前已取得了一定程度的进展,正进一步向高频化、轻量化、模块化、智能化和大容量的方向发展,特别是 20 世纪 80 年代以来,逆变技术在焊接领域的成功应用,为实现电弧喷涂设备的逆变化积累了丰富的经验。

电弧喷涂要求电源能提供数十千瓦的功率,随着功率的增大,模块的功率损耗及逆变器的功耗将随之增加,电源的散热负担及元器件的工作热应力也会随之增大,逆变器对参数变化的敏感性也会增加。因而逆变式电源的热稳定性问题一直是早期逆变式电源的主要障碍。后来由逆变器在焊接等领域的应用证明,这些问题可以通过对电源结构的优化设计得到一定程度的改善。同时,也可通过使用更高性能的逆变器控制技术来缓解这一问题,如 20 世纪 80 年代末出现的脉宽调制软开关(Sinusoidal Pulse Width Modulation,SPWM)技术的问世,使大功率逆变技术的研究与应用水平上了一个新的台阶。脉宽调制软开关技术综合了传统脉宽调制技术和谐振技术的优点，仅在功率器件换流瞬间，应用谐振原理，实现零电压或零电流转换，而在其余大部分时间采用恒频脉宽调制方法，完成对电源输出电压或电流的控制。

目前，大功率软开关逆变电源在焊接、高频感应加热、开关电源等方面已得到广泛的应用，有系列产品问世。华南理工大学研制成功的 50 kW 的大功率软开关等离子喷涂逆变电源，电路采用全桥结构，控制电路采用双闭环控制，实现电流内环反馈，能够对网压的变化进行即时补偿，对高频功率负载变化的干扰也能进行快速反应，具有内在的逐脉冲限流调整能力，有利于变压器保持动态磁平衡。工作频率为 25 kHz，主变压器采用开放式结构，有效解决了大功率变压器的散热问题。以上这些说明电弧喷涂采用逆变电源是完全可行的。电弧喷涂电源的逆变化是其发展方向。

5.2.2　高速电弧喷枪

高速电弧喷枪集电、丝、气于一体，要完成丝材送进和丝端可靠相交、气流加速、电弧稳定燃烧、金属材料熔融雾化成微小熔滴并加速喷射等一系列功能，是喷涂的直接实现者，其结构性能的好坏直接影响涂层的性能和质量。

电弧喷枪主要由壳体、导电嘴、雾化喷管、遮弧罩等组成。导电嘴与雾化喷管是喷枪的关键组成零件，直接影响喷涂过程的稳定性与涂层的质量。传统的电弧喷枪所采用的结构大体可分为两种：开放式结构和封闭式结构。这两种结构所用的喷管均为普通的直通式喷管，未采取任何变径措施，压缩气体在管内没有加速，只有流过出口以后才开始加速，但这时由于强大的压力差产生强烈的激波，进而使气流波动很大，变得极不稳定，因而普通的电弧喷枪雾化粒子的速度较低、雾化不稳定。虽然后来改用封闭式结构并引入二次雾化气流在一定程度上改善了喷涂的质量，但这种"一进二出"的气体流向措施极大减小了主气流的压力和速度，使得雾化粒子的速度增加不明显。

与普通电弧喷涂不同，高速电弧喷涂均采用新型的喷管设计，使雾化气流速度大幅度地提高。压缩气流加速流过管内，等到达出口时气流速度已经达到或超过了声速，然后经过进一步的膨胀加速，气流以极高的速度喷向熔融雾化金属，使金属粒子获得较大的动能和速度。目前广泛使用的高速电弧喷枪主要有图 5.10 所示的几种结构。过去传统的电弧喷枪所获得的粒子速度一般在 100 m/s 以下，现在采用新型的喷管设计和结构优化之后，熔融金属经超音速气流的加速作用后,其粒子速度可达 200 m/s 甚至更高。

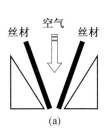 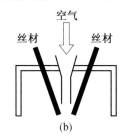 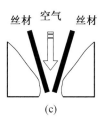

图5.10　高速电弧喷枪结构简图

1. 高速电弧喷枪的设计原理

高速电弧喷枪的功能是将由送丝机构送进的两根金属丝送入导电嘴内,并以一定的角度交汇,丝材接触后和电源导通并在丝尖端产生电弧,熔化金属;同时,由压缩空气机供给的高压气体流经喷枪喷管后加速,并雾化熔融金属成小液滴,高速喷射至工件形成涂层。合理的喷管设计能使气流充分加速,最大限度地利用气流的动能,有效的喷枪结构设计能改善熔融金属的雾化质量,尤其是丝材和导电嘴处在喷管的出口气流场中,会干扰气流流态分布,使得高速电弧喷涂的雾化气流场变得复杂。因此,开发高速电弧喷枪的关键就是喷管几何形状以及喷枪结构的设计。

(1)高速电弧喷枪喷管气体流动的理论分析。在实际情况中,可压缩气体的高速流动是一个很复杂、综合的现象,喷管中的实际流动是非等熵的。为将问题简化,在理论分析时通常将喷管气体流动看作一维定常绝热等熵流动。

① 喷管中的空气动力学分析。

a.喷管截面形状对流动的影响。绝热无黏一维定常流微分形式的基本方程组如下:

质量方程:

$$\frac{\mathrm{d}v}{v} + \frac{1}{1-M^2}\frac{\mathrm{d}A}{A} = 0 \tag{5.1}$$

动量方程:

$$\frac{\mathrm{d}p}{\rho} + v\mathrm{d}v = 0 \tag{5.2}$$

能量方程:

$$c_p\mathrm{d}T - \frac{\mathrm{d}p}{\rho} = 0 \tag{5.3}$$

状态方程：

$$\frac{\mathrm{d}\rho}{\rho} = \frac{\mathrm{d}p}{p} = \frac{\mathrm{d}T}{T} \tag{5.4}$$

联立以上方程可解得各参数随截面面积的变化规律：

$$\frac{\mathrm{d}v}{v} = -\frac{1}{1-M^2}\frac{\mathrm{d}A}{A} \tag{5.5}$$

$$\frac{\mathrm{d}p}{p} = \frac{kM^2}{1-M^2}\frac{\mathrm{d}A}{A} \tag{5.6}$$

$$\frac{\mathrm{d}\rho}{\rho} = \frac{M^2}{1-M^2}\frac{\mathrm{d}A}{A} \tag{5.7}$$

$$\frac{\mathrm{d}T}{T} = \frac{(k-1)M^2}{1-M^2}\frac{\mathrm{d}A}{A} \tag{5.8}$$

$$\frac{\mathrm{d}M}{M} = \frac{2+(k-1)M^2}{2(1-M^2)}\frac{\mathrm{d}A}{A} \tag{5.9}$$

对于收缩型喷管,面积变量 $\mathrm{d}A < 0$,当管内气体以亚音速流动(马赫数 $M<1$)时,则速度变量 $\mathrm{d}v>0$,即气流的速度不断增大,相应地,压力 p、密度 ρ 和温度 T 逐渐减小,马赫数 M 逐渐增大;当管内气体以超音速流动($M>1$)时,则速度变量 $\mathrm{d}v>0$,即气流的速度不断减小,压强 p、密度 ρ 和温度 T 逐渐增大,马赫数 M 逐渐减小。对于扩张型喷管,$\mathrm{d}A>0$,当管内气体以亚音速流动($M<1$)时,则 $\mathrm{d}A<0$,即气流的速度不断减小,压力 p、密度 ρ 和温度 T 逐渐增大,马赫数 M 逐渐减小;当管内气体为超音速流动($M>1$)时,则 $\mathrm{d}v>0$,即气流的速度不断增大,压强 p、密度 ρ 和温度 T 逐渐减小,马赫数 M 逐渐增大。

声速截面($M=1$)也称为临界截面。由式(5.5)～(5.9)可知,当 $M=1$ 时,要想各项气流参数的增量不趋于无穷大(实际上都不可能趋于无穷大),只有 $\mathrm{d}A=0$ 才有可能。当 $M<1$ 时,要想气流加速则要求 $\mathrm{d}A<0$,即截面为收缩型,气流达到声速时,管道截面必须最小。

要想在管内产生超音速气流,管道截面形状在亚音速段上应是收缩型,在超音速段上应是扩张型,而在声速处截面面积最小。因此,缩扩型喷管是产生超音速气流的必要几何条件。

b.压比对流动的影响。缩扩型喷管内要产生超音速气体流动,还必须在上下游有足够的压力差。

假设环境气压(反压)不变,看流动随总压的变化规律。如图 5.11 所示,可以将缩扩型喷管的压强分为 4 种工作情况。当反压 p_a 与滞止压强 p_0 相等,即 $p_0/p_a=1$ 时,管内无气体流动;当 p_0/p_a 略大于 1 时,即图中 p_a 至

p_{02} 段,管内有气体流动,但都是亚音速流动,喉部的马赫数最大,但仍小于1。在 p_{02} 至 p_{03} 段,喉部近壁区首先出现局部超音速区并逐渐扩大,最终愈合,超音速区域后的尾激波也最终连接在一起,形成正激波,波后气流为亚音速。正激波的位置随着压比的增大,由最初的喉部界面逐渐后移,图中总压为 p_{03} 时就是对应正激波移至出口处的临界状态。在 p_{03} 至 p_{01} 段,压比进一步增大,喷管的扩张段全为超音速区,但在喷管出口处静压低于反压,在出口处将形成斜激波,使静压提高到和 p_a 相等。p_{01} 对应出口压力刚好等于反压 p_a,为适膨胀状态。当入口压强进一步增大后,喷管的扩张段为超音速区,且出口静压高于反压,气流将在口外膨胀,即通常所说的欠膨胀状态。因此,高速电弧喷枪要想获得高速度的气流,其喷管的设计应使气流在适膨胀状态或欠膨胀状态下工作。

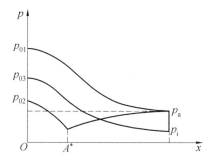

图5.11　缩扩型喷管压强分布曲线

② 不同喷管的气体管外流动。由上面的分析可知,当入口压力与反压之比高到一定程度后,气流经缩扩型喷管后会逐渐加速至超音速,气流压力逐渐下降,至出口处最低,但高于反压。当出口压力比反压高许多时,如图 5.12 所示,气流在口外生成膨胀波 AB 和 $A'B$,两个膨胀波相交于 B 点,气流压力降至反压,由于气流发生折转,会在 B 点生成两束膨胀波 BC 和 BC',膨胀波在自由边界上反射成斜激波 CD 和 $C'D$,斜激波相交后又会生成另外两束激波,如此进行下去直到逐渐被削弱。当出口压力比反压高不了很多时,气流在口外只有一些微弱的扰动,膨胀波在自由界面上反射成压缩波。斜激波的波后气流虽还是超音速,但它会造成机械能的损失。

当入口压力给定时,出口处的压力会因出口面积与临界截面面积之比的不同而发生改变,也就是说,当喷管工作在欠膨胀状态时,出口面积与临界截面面积之比越小,会使出口压力与反压之差越大,这时出口处会产生膨胀波和激波的强度相对较大,因激波造成的机械能损失也增多;相反,相对较高的出口面积与临界面积比,可能会使管外只出现马赫波。因此,针

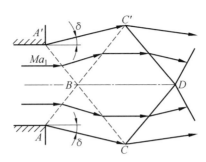

图5.12　高速喷管口外的气体流动

对高速电弧喷涂压缩空气供给的气流压力情况,合理设计喷管的几何尺寸,是关系到能否充分利用喷管气流动能的关键因素。

（2）高速电弧喷枪的结构设计。图5.13所示为 HAS－01 型高速电弧喷枪的结构简图。这种结构采用了缩扩型喷管,使气流在管内加速到超音速,同时它具有结构简单、成本低、便于操作和维护等优点。从图中可以看到,导电嘴和丝材都处于气流场之中,它们的存在会改变喷管出口后气流的分布,使气流场变得复杂。喷管喷出的超音速气流遇到以锐角相交的导电嘴的丝材后,会产生斜激波,交角越大,激波的强度也就越大,相应造成的能量损失也就越多。但是增大交角可使丝材交点的位置离喷管更近,这样可以熔化金属,使其在喷管口外更近的距离内雾化,能更多地利用气流的动能。另外,改进导电嘴和丝材在气流场中的外形设计,也有助于雾化性能的提高,如果改变导电嘴前端的形状设计,使气流遇外折式的固壁后会产生膨胀波,从而可提高气流速度,减少激波损失,使丝材在加速气流下雾化。

在高速电弧喷枪部件中,超音速喷管是形成均匀、平直雾化气流流场的关键部件,它的设计与加工直接决定流场的品质,影响喷涂时粒子的雾化和加速效果。喷管由收缩段、喉部和扩张段组成。其中,收缩段的作用是使气体流速加速到均匀、平直的音速流,该段的设计要求为尺寸较短,以减少气流损失,即要减少层流的产生;喉部的作用是保证实现音速流;扩张段的作用是使气流加速,在管口处产生具有预定马赫数的均匀流场。

高速电弧喷枪的喷管几何尺寸、导电嘴的布局及外形等结构参数是设计喷枪的关键,只有合理利用了喷管气流场的动力学特性,才能设计出高性能的高速电弧喷枪。下面就这几个方面,利用有限元仿真分析技术研究这些结构因素对气流场的影响规律。

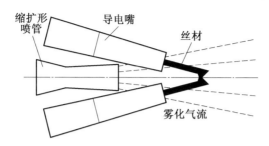

图5.13 HAS－01型高速电弧喷枪的结构简图

2.高速电弧喷枪结构优化的有限元分析

基于质量、能量和动量守恒定律对计算区域内流动、传热、传质及湍流输运等过程所建立的相应控制方程,是非线性的或混合型的,在一般情况下不可能用解析法求解。因此,建立好物理模型后,要通过各种方法将其偏微分方程离散求解,即将描写流动过程的偏微分方程转化成各个节点上的代数方程组,再根据初始和边界条件,用合理的数值方法在计算机上进行数值求解。

有限元法是求解流体问题的常用数值方法之一,其基本过程是将连续的求解区域离散成一定形状的若干有限单元,并于各单元分片构造插值函数,然后根据极值原理(如 Galerkin 法),由流动问题的各控制微分方程构造出积分方程,对各单元积分便得到离散的单元有限元方程,将总体的极值作为各单元极值之和,即将局部单元总体合成,形成嵌入了指定边界条件的代数方程组,求解该方程组就得到各结点上待求的函数值,从而求得流动问题的数值解。大型通用有限元软件 ANSYS 的流体动力学模块FLOTRAN 就是采用了有限单元法来进行流体问题的数值计算,与有限差分法相比,它在计算几何、物理条件比较复杂的流动问题时更显优势,而且便于程序的标准化。本项目就是应用该软件这一功能来进行高速电弧喷涂的流场分析。

计算时对高速电弧喷涂的气流场做以下假设:① 管内压缩空气视为理想气体流;② 假设内管壁绝对光滑;③ 忽略气体与外界传热的影响,气体流动按绝热等熵可压缩湍流流动处理。

图 5.14 所示为收缩型喷管和缩扩型喷管的气流速度分布等值线图。由图 5.14 可以看出,收缩型喷管的气流速度在收缩段开始加速,在出口外迅速膨胀至超音速,并产生激波,使气流速度产生振荡;缩扩型喷管由于工作压比高于设计压比,气流在管内连续加速后,在口外也产生了膨胀波和斜激波,但通过比较可以发现,收缩型喷管的膨胀更显著,气流出口后的张

角要比缩扩型喷管大。同时,结合图 5.15 可以看出,缩扩型喷管出口后的气流速度在设计马赫数之上振荡,振荡幅度比较小,而收缩型喷管虽然最高速度大于前者,但振荡幅度明显加大,而这一振荡的区域恰恰是电弧喷涂雾化金属使熔滴加速的最有效的区域,气流速度的上下急剧振荡则不利于粒子的稳步加速。因此,相对而言,缩扩型喷管的射流更集中,速度变化更平稳,能量损失相对较少,更有利于粒子的加速和雾化。

| 0 | 65.2 | 130.3 | 195.5 | 260.7 | 325.8 | 391.0 | 456.2 | 521.3 | 586.5 |
| 0 | 60.9 | 121.8 | 18.7 | 243.5 | 304.4 | 365.3 | 426.2 | 487.1 | 548.0 |

(a) 收缩型喷管气流速度等值线图　　　(b) 缩扩型喷管气流速度等值线图

图5.14　收缩型喷管和缩扩型喷管的气流速度分布等值线图

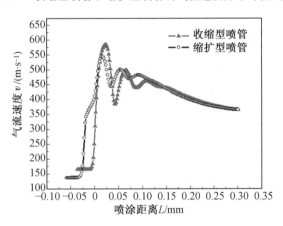

图5.15　两种喷管气流速度沿轴线的分布

高速电弧喷涂喷管的气流场基本上是轴对称的,在加入丝材后,其流场形态发生了一些变化。为了研究电弧喷涂丝材尖端的气流场变化情况,有人将电弧喷涂简化为绕过圆柱形障碍物的等效气流场模型,如图 5.16所示。两根丝材及其间的微小间隙可简化为垂直于气流场的圆柱体。在这里,对该模型稍做改进,因为丝材是以一定夹角送入气流场中心,其水平截面是一个椭圆,夹角不同,椭圆形状也有差异,所以可将高速电弧喷涂等效为绕过椭圆柱形气流场模型。

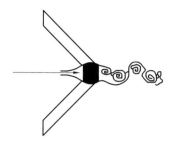

图5.16　绕过圆柱形障碍物的等效气流场模型

在此假设的基础上,结合实际情况,分析了几种不同丝材夹角及不同丝材交点与出口距离的气流分布情况,如图 5.17 所示(丝材直径定为 3 mm)。

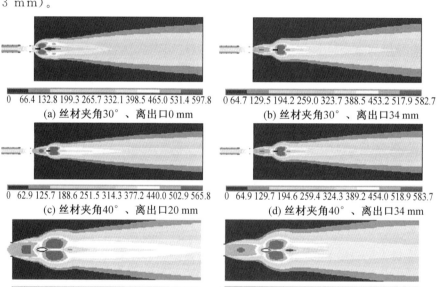

0　66.4 132.8 199.3 265.7 332.1 398.5 465.0 531.4 597.8
(a) 丝材夹角30°、离出口0 mm

0 64.7 129.5 194.2 259.0 323.7 388.5 453.2 517.9 582.7
(b) 丝材夹角30°、离出口34 mm

0　62.9 125.7 188.6 251.5 314.3 377.2 440.0 502.9 565.8
(c) 丝材夹角40°、离出口20 mm

0 64.9 129.7 194.6 259.4 324.3 389.2 454.0 518.9 583.7
(d) 丝材夹角40°、离出口34 mm

0　62.9 125.7 188.6 251.5 314.3 377.2 440.0 502.9 565.8
(e) 图(c)的局部放大

0 64.9 129.7 194.6 259.4 324.3 389.2 454.0 518.9 583.7
(f) 图(d)的局部放大

图5.17　不同结构参数的高速电弧喷枪的气流速度场分布

从速度等值线图的分布可以看出,加入丝材后,气流场的形态明显发生改变,气流在丝材端部急剧变化,速度增大后又急速减小,且方向发生改变,在丝尖端形成涡流,随着距离的延长,涡流逐渐减弱直至混合。丝材交点离喷管出口越近,涡流现象越明显,气流速度也有所增加。而且比较图 5.17(a) ～ (d),可以发现将丝材夹角从 30°增大到 40°时,气流速度在对应位置上有所提高,但波动幅度变化不太明显。这说明适当增大丝材的夹角

(传统设计的夹角是 30°),有利于提高气流速度,改善雾化效果。但过大的夹角会使气流分离成上下两股,不利于喷涂的均匀雾化。同时,缩短丝材交点与出口距离可以更多地利用气流出口后的超音速区域,使气流动能得到充分利用,这在一定程度上不会影响气流的流态变化。

　　由前面的分析可知,高速电弧喷涂喷管的设计要根据实际工作的压缩空气压力选择合适的喉部直径、出口直径及扩张段长度等喷管几何参数,尤其是出口直径和扩张段长度。过小的出口直径可能会使气流在出口后极度膨胀,并产生激波造成动能损失;过大的出口直径导致喷管在过膨胀状态下工作,管内产生激波,更不利于喷涂。喷管扩张段的长短也会影响气流的加速。因此,应当选择合适的参数,使气流在出口外适度膨胀,但又不会造成过多的能量损失。本研究根据常用空压机的最大输出压强 0.8 MPa,额定流量 6 m³/min,设计喷管喉部直径为 8 mm,并以出口直径和扩张段长度为优化变量,并假定喷管的稳定工作压强为 0.6 MPa,对喷管进行优化设计。图 5.18(a) 所示为优化喷管后的气流速度场分布图。

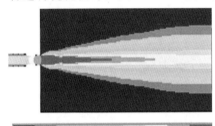

0　58.4 116.8 175.2 233.6 292.0 350.4 408.8 467.2 525.6　　0　68.7 137.5 206.2 275.0 343.7 412.5 481.2 545.0 618.7
(a) 优化喷管后的气流速度场分布　　　　　　(b) 优化喷枪结构后的气流速度场分布

图5.18　喷管及喷枪经优化设计后的气流速度场分布

　　从图 5.18 可以看出,气流经出口后稳定加速,避免了激波的产生。同时,结合前面不同喷枪结构参数对气流的影响分析结果,并根据实际情况,对丝材夹角和丝材交点与出口距离进行了优化设计,图 5.18(b) 所示即是优化后的结果,其丝材夹角为 40°,丝材交点在喷管出口处。可以看出,加入丝材后,喷涂的气流场较优化的喷管气流场有所变化。这一结构能充分利用气流的动能加速雾化熔滴,同时,在丝材尖端产生了较强烈的涡流团,可以使金属熔滴充分混合,对提高金属的均匀雾化有很好的作用。

3. 高速电弧喷枪结构优化的试验研究

　　为了验证数值分析的正确性,还设计了 4 种不同结构参数,根据对比性能试验结果进行优化研究。4 种喷枪结构的设计参数见表5.1,其中1号为 HAS－01 型喷枪,4 号喷枪在加工时将导丝嘴和喷管融为一体,丝材从喷管中通过,并选择耐高温的陶瓷材料,如图 5.19 所示。同时,由于高速电弧喷涂涂层结合强度是反映喷涂质量的一个重要综合指标,因此以涂层拉伸结合强度作为比较喷枪性能的主要参考指标。

表 5.1　喷枪结构的设计参数

结构参数	喷枪编号			
	1	2	3	4
丝材交点与出口的距离 /mm	34	34	20	0
丝材夹角 /(°)	30	40	40	40

按上述方法加工出所需的零件,装配完成后,依次进行喷涂试验,采用 CMD－AS－3000 型电弧喷涂系统,选用直径为 3 mm 的 Al 和 3Cr13 喷涂丝材,喷涂工艺参数见表5.2,观察喷涂效果,并按《热喷涂铝及铝合金涂层试验方法》(GB 9796－88)在 BMT－1 试验机上分别测试涂层的拉伸结合强度,比较试验结果。

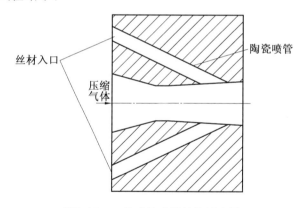

丝材入口
压缩气体
陶瓷喷管

图5.19　4 号喷枪喷管结构示意图

表5.2　喷涂工艺参数

材料	喷涂电压 U/V	喷涂电流 I/A	喷涂距离 L/mm	压缩空气压强 p/MPa
Al	30	140	250	0.6
3Cr13	34	180	250	0.6

表5.3和表5.4展示了4种结构喷枪喷涂后所获得涂层的结合强度。可以看出,喷涂 Al 和 3Cr13 丝材时,第4种结构对应的结合强度均较其他3种结构要好,喷涂 Al 时,其结合强度比 HAS－01 型喷枪所对应的结合强

度约提高了 49％；喷涂 3Cr13 时，结合强度约提高了 51％。而且，从外观质量来看，喷涂时，4 号喷枪获得的涂层表面明显均匀细密。在 150 ～ 250 mm 这一喷涂距离内，相对 HAS－01 型喷枪，改进喷枪雾化熔滴的分布更为集中，而且不再存在焰流的分叉现象，这在 HAS－01 型喷枪上却非常明显。因此试验刚好验证了前面的数值分析结果，喷管形状、喷枪结构参数影响了喷枪质量的好坏，选择合适的参数是喷枪设计的关键。而且，4 号喷枪还具有其他结构所没有的独特优势，如喷管采用耐磨的陶瓷材料，并将导丝嘴融为一体，这样既减小了导丝嘴在使用过程中的磨损，又可增加丝材的对中性，使引弧点的位置始终处于喷管圆截面的中心，提高了喷涂的稳定性和可靠性。综合评价后，确定第 4 种结构为最优设计，并将其定义为 HAS－02 型高速电弧喷枪。

表 5.3　Al 涂层拉伸结合强度　　　　　　　　　　　　　　MPa

编号	测试值				平均值
1	24.6	26.1	24.3	22.1	24.3
2	21.6	25.4	24.6	25.5	24.3
3	25.5	28.1	28.7	26.0	27.1
4	35.9	38.1	34.9	35.5	36.1

表 5.4　3Cr13 涂层拉伸结合强度　　　　　　　　　　　　MPa

编号	测试值				平均值
1	18.4	14.0	16.0	15.6	16.0
2	16.0	18.6	17.3	17.6	17.4
3	17.6	21.6	18.6	19.4	19.3
4	19.0	26.1	26.7	25.5	24.3

5.2.3　送丝机构

送丝机构是电弧喷涂设备的一个重要组成部分，是保证丝材以连续、稳定的速度送入电弧区的关键。而且送丝速度的均匀性和同步性是喷涂涂层质量稳定的前提，是获得优质、高效涂层的保证。电弧喷涂送丝有推丝、拉丝及推－拉结合三种方式。国内的电弧喷涂送丝机现只有推丝和拉丝两种，如图 5.20 所示。推－拉结合送丝方式对同步性要求很高，控制复杂，实施难度大，在国内还没有应用。

推丝方式是将丝材通过柔性的送丝软管送进到喷枪，但在送进过程中

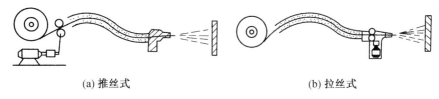

(a) 推丝式   (b) 拉丝式

图5.20　推、拉送丝方式示意图

丝材受到的阻力较拉丝时大,工作距离受到一定的限制。其突出的优点是送丝机构的尺寸、重量不受限制,给设计制造带来较大的余地。近年来采用推式线材输送的有 METCO 公司 6R 型电弧喷涂设备、TAFA 公司 8850 型及 8860 型电弧喷涂设备等。

拉丝方式是将送丝机构与喷枪头部作为一体或刚性连接而近似认为是一体。它的优点在于丝材送进时受到的阻力较小,容易保证送丝的可靠性。过去绝大多数的电弧喷枪采用拉式线材输送,如历史悠久的德国 OSU 公司的系列手持电弧喷枪、美国 TATF 公司 8830 型电弧喷枪等。拉式线材输送的电弧喷枪采用气动电动机或电动机作为动力,枪的质量比较大。

电弧喷涂送丝机构通常由电动机、减速器、送丝滚轮、压紧机构、送丝盘、送丝软管等组成。电弧喷涂送丝电动机一般采用直流伺服电动机,因为它的机械特性较硬,便于无级调节。为进一步提高送丝稳定性,送丝电动机除用伺服电动机外,还有采用印刷电动机、力矩电动机。选用伺服电动机时,因其转速较低,所以减速器只需一级蜗轮蜗杆和一级齿轮减速。而选用印刷电动机时,一般采用齿轮减速。送丝滚轮的作用是送给喷涂丝,它是送丝电动机的易损件,要求耐磨性好,通常由经表面热处理的 45 钢、高碳工具钢或合金钢制成。为保证送丝滚轮对丝材有较大的传递力,送丝滚轮间必须压紧,一般都采用压缩弹簧压紧。送丝盘直径为 $\phi300 \sim \phi350$ mm,丝材质量为 $20 \sim 25$ kg。为保证送丝速度均匀,绕丝方式十分重要,通常丝材应该是密排层绕,同时还要注意丝材不要出现硬弯。送丝软管一般用钢丝绕成螺旋状或用聚四氟乙烯管、尼龙管制成。目前最常用的送丝软管为送丝和送电二者合一的一线式送丝软管。

典型的推丝式送丝机是采用四轮驱动,有两个主动轮和两个从动轮,主动轮为 V 形送丝滚轮。送丝滚轮一般有两种,一种是送进 3 mm 直径丝材的滚轮,另外一种是滚轮上开有两个 V 形槽,分别可送进 1.6 mm 和 2.0 mm 两种丝材的滚轮,作业时应针对喷涂的丝材直径选用配套的送丝滚轮,从动轮为平轮,减速器由一级蜗轮蜗杆和一级齿轮减速器组成,压紧机构采用压缩弹簧压紧。

该种送丝机的控制面板主要有负载电压表、电流表、电流调节旋钮、接通负载开关、送丝控制开关、进退丝转换开关及指示灯等控制元件。电压表、电流表分别显示工作状态下喷涂电压值和电流值;电流调节旋钮调节喷涂电流的大小并间接控制送丝速度的大小;接通负载开关完成喷涂电源工作在空载还是负载(即喷涂)状态的控制;送丝控制开关完成丝材进给或停止的控制;进退丝转换开关则配合送丝控制开关完成进丝或退丝的转换。

提高喷涂速度也是电弧喷涂施工的重要目标,所以还应研究喷涂电流和送丝速度之间的关系。试验表明,喷涂速度正比于喷涂电流,提高喷涂速度就要提高喷涂电流,同时线材输送速度也要相应增加,这对线材输送机的传动平稳性和驱动电动机的功率提出了更高的要求。

电弧喷涂中的阳极比阴极熔化速度快,理论上有必要使阳极线材的输送速度快一点,但事实上两根线材的输送速度并没有不同,只不过是需要准确地调整喷涂电流来维持线材的熔化速度和输送速度的平衡。

送丝速度越大,电流就越大,对喷涂电源的要求就越高,由于喷涂电源特性的限制,电流不可能无限制地升高。所以,要提高喷涂速度,只提高送丝速度是不够的,还要增加线材的截面面积,当然电源的功率也相应地增加。

5.2.4　自动化高速电弧喷涂设备

传统的电弧喷涂都是通过人工控制这些参数,控制精度低,且作业环境恶劣,很大程度上影响了电弧喷涂技术的质量和它的发展。为此,装备再制造技术国防科技重点实验室研究了操作机和机器人自动化高速电弧喷涂技术及其设备系统,并在汽车发动机关键零部件再制造上得到了推广应用。

1. 操作机自动化高速电弧喷涂系统

如图 5.21 所示,自动化智能高速电弧喷涂系统由自动化控制单元、操作机、变位机、控制触摸屏、红外测温智能反馈单元及高速电弧喷涂设备等组成。系统将自动化操作机和变位机与高速电弧喷涂设备相结合,在控制系统指令下协调工作,实现了操作机和变位机各轴与高速电弧喷涂设备之间的联动控制。通过离线软件编程规划喷枪的运动路径,操作臂带动喷枪完成高效、精准的作业。通过触摸屏对喷涂进行起停控制的喷涂参量设置等。红外测温自反馈控制单元能够根据涂层表面温度的变化动态调节送丝速度,保证了喷涂涂层质量的均匀稳定。

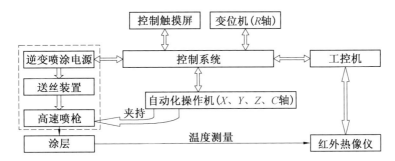

图5.21 自动化智能高速电弧喷涂系统结构示意图

控制部分是实现自动化智能高速电弧喷涂的核心单元,主要控制操作机和变位机的各轴、喷涂逆变电源和触摸屏。在它的控制下,系统实现操作机和变位机各轴与高速电弧喷涂设备的联动与协调工作,根据规划的路径和设置的参数系统自动完成喷涂作业。

系统采用 NexlMoveES 控制卡,该控制卡具有高速数字信号处理技术(Digital Signal Processing,DSP) 芯 片 和 现 场 可 编 程 门 阵 列(Field-programmable Gate Array,FPGA)芯片,用于实现高速实时处理和程序编写。通过 MintMT 语言编程来控制步进电动机和伺服电动机的运动,提供了强大的命令集能满足复杂的设计要求。控制卡硬件原理图如图 5.22 所示。

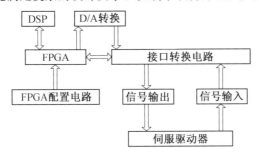

图5.22 控制卡硬件原理图

根据高速电弧喷涂技术的需求,操作臂夹持喷枪运动,喷枪与电缆及气管的总质量约 10 kg。选择功率为 400 W、扭矩为 1.27 N·m 的伺服电动机驱动操作机的 X 轴、Y 轴和 R 轴,选择功率为 100 W、扭矩为0.318 N·m 的伺服电动机驱动 Z 轴和 C 轴。根据伺服电动机的位置控制方式要求,需要利用控制卡通过伺服驱动器向伺服电动机发送指令脉冲来控制电动机的运动形式。

2. 机器人自动化高速电弧喷涂系统

机器人是自动化电弧喷涂系统的关键,关节式机器人的动作空间、运动速度都很大,运动姿态控制灵活,且技术成熟,是自动化电弧喷涂系统的首选。机器人电弧喷涂系统总体结构的设计如图 5.23 所示,机器人末端手臂通过专用夹具与高速电弧喷枪相连,采用推丝式的送丝方式(送丝驱动力大,喷涂丝材直径可达 3 mm),并将送丝机固定在机器人的手臂上,喷涂工件固定在 1 自由度变位机(工作台)上,采用集成的中央控制系统实现自动化喷涂的所有控制操作,包括机器人与变位机的运动、喷涂电源与送丝机的起停、电压与电流的调节等控制,另外,该控制器还备用喷涂过程实时反馈控制的数字量接口(如粒子温度、速度以及涂层表面温度等信息的监测与控制)。

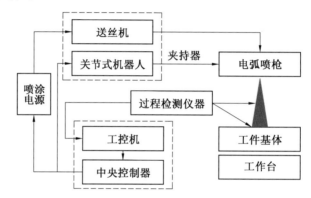

图5.23　机器人电弧喷涂系统总体结构的设计

(1) 机器人的选型。

关节式机器人首先应满足以下几个要求:

① 机器人手臂带动喷枪的移动速度调节范围不得小于 100 ～ 500 mm/s。

② 机器人手腕轴的承载范围不小于 10 kg,而且综合成本及升级改造(如改造喷枪或使用多把喷枪喷涂)的考虑,承载范围在 10 ～ 45 kg 为宜。

③ 当采用推丝式作业时,将送丝机安装在机器人手臂上,因此机器人附件安装轴的承载量不得低于 20 kg。

④ 要考虑机器人可喷涂的空间范围,尤其是针对那些较大零件的喷涂成形或再制造。

本研究综合分析商用关节式机器人的各项指标参数,最后确定日本安川的 MOTOAMN － HP20 型机器人为该自动化电弧喷涂系统的主体。

(2) 高速电弧喷涂设备的设计。

① 喷涂电源。以可靠性、稳定性、工艺性、操作简便性为设计理念,保

证电源连续稳定工作的时间不低于8 h;喷涂过程中存在强电流、超音速气流冲击而产生强电干扰,因此对主功率回路及控制电路采取完善的抗电磁干扰措施,并保证不会对机器人各电气系统的工作产生影响;电弧喷涂冲击电流大、连续作业时间长,功率回路器件要有足够的冗余度,此外,应具备可能出现的欠压(缺陷)、过流、过热等现象的保护功能。针对以上要求,本研究采用硅整流式电弧喷涂电源,额定输出电流可达300 A,输出电压达40 V,可喷涂最大直径为3 mm的金属丝材。

　　②送丝机构与喷枪。要考虑与喷涂电源的匹配性,丝材调速控制电路对电源的电流调节电路的响应要快,尽量提高电动机的机械力矩特性,保证稳定送丝,并利于丝材引弧与燃弧;常规推丝式送丝机构的导丝管比较长(2 m或3 m),喷枪大范围动作时送丝不够稳定,影响喷涂,为保证可靠送丝,本研究将送丝机固定在机器人附件臂上,使送丝距离缩短到0.9～1.2 m的范围内,大大减小了送丝阻力,而且,改善了管线的布置,结构紧凑,避免喷涂设备与机器人之间的干涉。本研究设计的送丝机、喷枪与机器人本体的连接如图5.24所示;喷枪是电弧喷涂的关键设备之一,其性能好坏直接影响成形涂层的质量,本系统使用自行开发的 HAS－02型高速电弧喷枪。

图5.24　送丝机、喷枪与机器人本体的连接

（3）中央控制系统的设计。

MOTOMAN－HP20型机器人配备的NX100控制系统完成机器人各轴的运动控制,同时,NX100预留的外部轴控制模块可实现变位机的转动控制,它可以和机器人实现联动作业。由于NX100控制柜没有专门的

电弧喷涂控制模块，考虑到电弧喷涂设备的许多控制功能与焊接相似，本研究在安川弧焊基板的基础上，外加转接控制电路，使电弧喷涂设备在示教模式时可实现进丝、退丝；在再现模式时可实现电源开启、进丝、高压空气启动，以及喷涂电压、电流（送丝速度）的调节等功能。电弧喷涂部分控制程序如图5.25所示。这样，通过增设电弧喷涂转接控制单元，就可在NX100中央控制系统基础上实现电弧喷涂全自动化作业。

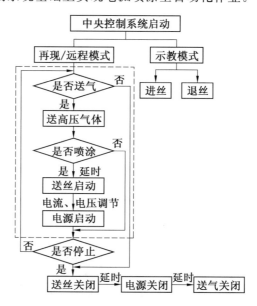

图5.25　电弧喷涂部分控制程序示意图

（4）喷涂工艺测试。

为了考核本自动化电弧喷涂系统的工作性能，设计了专门的喷涂试验。首先，对喷涂运行的路径和喷涂的工艺进行规划设计。本系统对机器人运行路径的规划有示教再现和离线编程两种形式。示教再现方式先在待喷涂零件上选定一些关键点，在示教模式下将喷枪按顺序移动至这些关键点处，并调整好姿态，机器人便可按照设定的插补方式沿着关键点运动并连成轨迹，在合适的位置输入喷涂作业命令后，机器人便可以在再现模式下完成喷涂的自动化作业。机器人离线编程是采用计算机图形学的方法，建立机器人及其工作环境的几何模型，经过机器人编程语言生成一些代码，然后对编程的结果进行三维图形动画仿真，以检验程序的正确性，最后将生成代码文件传输到机器人控制柜，控制机器人的运动与作业。本研究使用的MotoSimEG离线编程软件和ＭＯＴＯＣＯＭ32数据传输软件，其工作流程如图 5.26 所示。机器人离线编程系统已被证明是一个有力的工具,可增加安全性、减少机器人工作时间、降低成本。

图5.26 机器人离线编程工作流程图

5.2.5 喷涂路径规划及喷涂质量监控系统

电弧喷涂温度场是喷涂涂层热过程的基本表征,它的分布直接影响了喷涂涂层的质量及厚度,因此可以说涂层温度场与喷涂质量密切相关。通过对涂层温度场的实时监测及控制,进而控制涂层质量,提高喷涂涂层厚度,"厚"成形是当前电弧喷涂过程自动化的重要研究内容。拟将模糊控制方法应用于此系统,实现自动化电弧喷涂。

1. 系统结构及原理

使用美国 FLIR 公司的 FLIR A20－M 型红外热像仪对电弧喷涂涂层的表面温度进行实时监控。其使用的是 320 px×240 px 红外探测器,波段为 7.5～13 μm,测量距离为 1 m,实时检测喷涂涂层的温度场分布。通过对等温线的宽度信号进行模糊推理运算,以喷涂电流为控制量,实现了对喷涂涂层温度场等温线宽度的闭环控制,如图 5.27 所示。

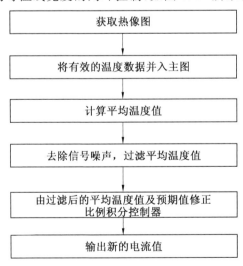

图5.27 利用温度场控制电弧喷涂成形参数流程图

热像仪不断采集喷涂涂层温度场的图像,再通过工控机对该图像信号进行运算、处理后,将信息传到控制卡,通过控制卡控制喷涂电源来调节电流大小,以改变送丝速度,进而改变电弧的能量输入,实现对喷涂涂层成形的控制,系统结构如图 5.28 所示。

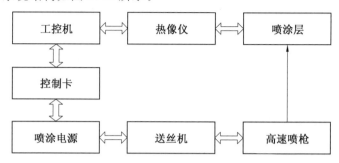

图5.28　自动化高速电弧喷涂系统结构图

2. 路径规划设计

利用自动化电弧喷涂系统软件完成了常用喷涂路径及工艺的制定。通过自动化控制软件系统,针对电弧喷涂的特点及喷涂的对象特征,规划设计了自动化电弧喷涂"之"字形、环形路径等几种路径。控制程序可以完成轴类、平板类及有突起的复杂形状等多种零件的喷涂作业。自动化电弧喷涂系统的路径设计界面如图 5.29 所示,其触摸屏交互控制界面如图 5.30 所示。

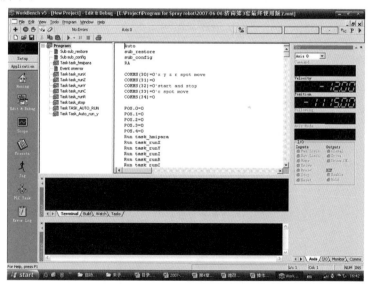

图5.29　自动化电弧喷涂系统的路径设计界面

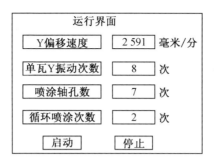

图5.30 自动化电弧喷涂系统的触摸屏交互控制界面

3.喷涂涂层温度场图像特征分析

喷涂过程的温度场分布图像比较规则,当喷涂路径是"之"字形时(图5.31和图5.32),测量涂层从左至右横线上的温度分布,如图5.33所示,由图5.33可以看出,等温线也类似"之"字形,其中,最上方的曲线是相应时刻的最高温度值,最下方的曲线是相应时刻的最低温度值,中间的曲线是平均温度值。图5.34所示为"环形由外向内"的喷涂路径,图5.36所示为矩形框内测试区域(图5.35)的涂层表面温度分布情况。可以看出,温度分布比较平缓,上下浮动不大,当喷枪行走至所选框的外侧时,温度逐渐降低。

图5.33和图5.36所示均是利用Flir公司的分析软件处理的测温结果,该系统能反映测量区域内整体温度等值像图、任意局部区域(包括点、线或面)的温度分布曲线图,以及最大值、最小值及平均值等多种信息。从图5.32中LI01线段所对应温度分布曲线可知,涂层对应时刻的温度大概在 $100 \sim 300\ ℃$ 的范围内,这一结果与数值模拟的研究比较接近。

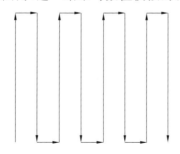

图5.31 "之"字形路径

需要提取的特征参数为等温线外切矩形的宽度和高度,因此搜索等温线边缘点的操作过程比较简单。搜索等温线边缘点的过程为:由图像的左

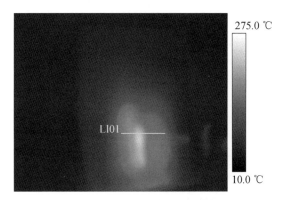

图5.32　"之"字形路径的测试区域

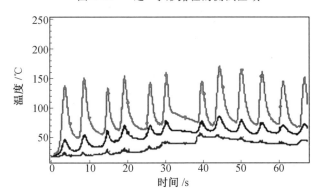

图5.33　涂层从左至右横线上的温度分布

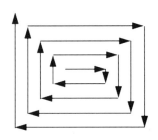

图5.34　"环形由外向内"的喷涂路径

上角开始,按自左至右、自上而下的顺序逐点比较,即可搜索等温线上边缘线;从图像的右下角开始,按自右至左、自下而上的顺序逐点比较,即可搜索等温线下边缘线。设给定的等温线上每点温度值对应的灰度值为 T_0,当搜索检测到某点的灰度值第一次大于 T_0 时,即可认为该点是等温线的边缘点。如对整幅图像进行逐点搜索,计算量较大,耗费时间长。综合考虑喷涂温度场分布变化的连续性,设计的算法为:首先快速找到第一幅图

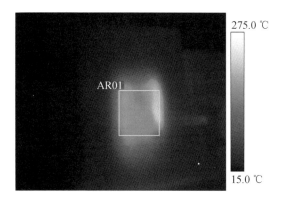

图5.35　"环形由外向内"路径的测试区域

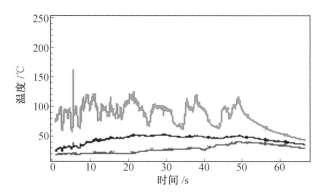

图5.36　矩形框内测试区域的涂层表面温度分布情况

像的边缘点,即不用逐点比较,而是隔行隔列按一定大小的网格进行隔点比较,由此得到最初的边缘点;然后在后一幅温度场图像上,从前一幅图像的等温线边缘点出发,先判断边缘点是否向内移动。如果是向内移动,向内搜索直至找到第一个满足要求的点为止,这一点即是新的边缘点;如果是向外移动,就向外搜索直到找到第一个不存在满足要求的点的行或列为止,搜索到的最后一个满足要求的点即是新的边缘点。由于相邻图像的变化不大,边缘点位置的移动也很小。因此,从旧的边缘点搜索到新的边缘点的过程中所需比较的点也较少,图像处理的时间也相对比较短。

4.自动化模糊控制系统设计

(1)控制系统结构。以电流为控制量的喷涂涂层温度场等温线自动化模糊控制系统结构如图5.37所示。热像仪将检测到的温度场图像传送给工控机,经图像处理后获得特定温度的等温线宽度 W,经过计算得到预设的等温线宽度 W_g 与实际等温线宽度 W 之间的误差。再根据此误差确定喷涂电流调整的方向和幅度,将信息传到控制卡,由它控制喷涂电源进行相应的电流调节,从而实现对等温线宽度的恒值控制。控制器采用模糊推理算法,由图可知该系统为一个典型的串联校正控制系统,是一个双输入、单输出的模糊控制器。输入量 E 是第 k 次采样时实际等温线宽度与预定值之间的误差,另一个输入量 ΔE 是误差变化率。模糊控制器首先将输入变量 E 和 ΔE 模糊化为离散模糊变量 E' 和 $\Delta E'$,再根据模糊规则进行推理,决策出本次控制量 $\Delta U'$。最后将 $\Delta U'$ 反模糊化,得到控制对象的控制增量 ΔU。

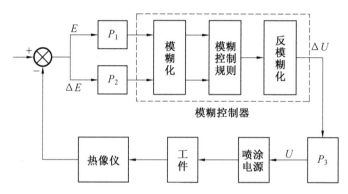

图5.37　喷涂涂层温度场等温线自动化模糊控制系统结构图

（2）控制方案设计。首先建立手动控制策略的数学模型,然后上升为模糊控制器的运算规则。所谓手动控制策略,即是操作者通过学习、试验以及长期经验积累而逐渐形成的技术知识集合。控制器的控制规则直观地来源于手动控制策略,这是模糊控制器的一大特点。

手动控制策略的数学表达式为

$$\Delta U = k_1 \times e_n \times |e_n| + k_2 \times \Delta e_n \qquad (5.10)$$

式中,e_n 和 Δe_n 为第 n 次采样时实际值与预定值之间的误差和误差变化率,ΔU 为计算得到的控制量修正值,因为 k_1、k_2 为放大系数,与 e_n 和 Δe_n 的大小与方向密切相关,所以,k_1、k_2 的确定是关键。如 k_1 为 $e_n \times |e_n|$ 项的控制参数,$e_n \times |e_n|$ 的值等于 e_{n2},符号与 e_n 相同。这种运算方式可以使控制量修正值 ΔU 对于 e_n 值较小时变化不大,但随着 e_n 值的增大而迅速增长,从而使控制器的输出值 U 仅在 e_n 足够大时才会有大幅度的变动。当实际等温线宽小于预定值时误差为负。以这种情况为例进行分析,当误差为负且其值较大时,若误差变化率为负,此时误差有增大的趋势,为尽快消除已有的误差并抑制误差的增长,应使控制量正向做最大调整。 另外,$e_n \times |e_n|$ 因子已保证了控制量有足够大的变动幅度,为避免超调,k_1 应选

中等大小,以减缓 $e_n \times |e_n|$ 对控制量修正值的影响。当误差为负而误差变化率为正时,则误差本身已有减小的趋势,此时主要应避免产生超调,为此应该选取更小的 k_1,进一步削弱 $e_n \times |e_n|$ 因子对控制量变化的影响。当误差为负且其值很小时,系统接近稳态,$e_n \times |e_n|$ 的值同时也极度减小,为加强 $e_n \times |e_n|$ 对控制量的作用,可选取较大的 k_1 值。

将上述手动控制策略转化为模糊控制算法,并采用一定的模糊推理规则,形成的数字模糊控制器的表达式为

$$\Delta U = P_1 \times a_1 \times e_n \times |e_n| + P_2 \times a_2 \times \Delta E(k) \tag{5.11}$$

$$U_n = U_{n-1} + \Delta U_n \tag{5.12}$$

式中,P_1 和 P_2 为比例因子,其值主要由控制器相关环节的增益而定,并将在喷涂试验中做出调整,e_n、Δe_n 分别是第 n 次采样时实际等温线宽度与预定值之间的误差和误差变化率,均由采样环节提供;Δu_n 为由 e_n 和 Δe_n 计算得到的控制量修正值;u_n 为修正后输出的控制值;α_1 和 α_2 为体现模糊规则的控制参数。

(3) 控制算法。控制算法如下式所示:

若 $E_0 \geqslant 2$

$$dU = a_1[(E_0 - 2)/2 + 8][dE/2 + 8] \times e_0 \times |e_0| \times P_1 + \\ a_2[(E_0 - 2)/2 + 8][dE/2 + 8] \times dE \times P_2 \tag{5.13}$$

若 $E_0 \leqslant -2$

$$dU = a_1[(E_0 + 2)/2 + 8][dE/2 + 8] \times e_0 \times |e_0| \times P_1 + \\ a_2[(E_0 + 2)/2 + 8][dE/2 + 8] \times dE \times P_2$$

$$\tag{5.14}$$

式中,$E_0 = E$,$dE = \Delta E$,$dU = \Delta U$。因为在算法中没有考虑误差 E 处于 $-2 \sim 2$ 的情况,也即在 $-2 \sim 2$ 时控制量不做修正。由于这种波动是由完全无序的呈平均分布的高频随机扰动造成的,因此在这个范围内的控制被认为是无法进行的,而且实际上这种波动对涂层应力场影响不大,因此不需要进行控制。

高速电弧喷涂技术作为一种高技术含量的表面工程技术工艺,不同于一般的工艺方法,其工艺性要求较高,而且工序较多,每一道工序处理的好坏直接决定着整个涂层的质量。因此,在施工应用高速电弧喷涂涂层之前,应熟悉每道工序的处理方法及具体工艺要求,确保能获得高质量的涂层。

5.3 电弧喷涂工艺设计

5.3.1 工艺设计的基本要求

工艺设计应是在理解工程施工合同的要求和了解施工现场所具备的条件等基础上进行的施工过程设计,要在工艺文件中明确规定涂层体系施工的各工艺步骤和总的质量要求,要涵盖表面处理的工艺方法和质量要求,电弧喷涂的工艺参数和涂层质量要求、后处理(封闭处理或后加工)的工艺和质量要求等。

电弧喷涂施工工艺要根据被喷涂工件的形状和大小、涂层系统的选择、工期要求、施工条件及气候环境等来制订具体的方案。施工工艺一般由若干道工序组成,主要分为 3 个步骤:喷涂前的表面预处理、电弧喷涂金属涂层、涂装封闭涂层或有机涂层。

所有的工作都应当在施工工艺设计中详细地规划,包括工程项目的组织管理、质量检查人员、操作人员、检测工具及施工设备等,以及业主或钢结构制造单位在涂装工程现场能够提供的工作条件、施工场地、电力供应、压缩空气供应、水源供应、生活设施等,这些在开始施工之前都应当确定。

为了能更好地做好工艺设计,一般还要求工艺设计人员在制订施工工艺之前最好能实地查看防腐施工现场,并确定以下信息:

(1)施工场地是在场内,还是在安装现场?施工时能否遮蔽风雨?喷砂磨料是否能够回收和循环利用?施工设备和材料是否方便运送到施工现场?

(2)工件的形状和大小是否具有足够的空间以满足喷砂和喷涂操作?施工场地可以布置多少喷砂和电弧喷涂设备以满足施工效率和工期的要求?

(3)施工时是否需要登高?是搭脚手架还是采用吊兰或其他措施?能够允许多少设备和人员同时操作?

(4)施工现场是否具有足够的电力供应?是否要配置发电设备?是采用电空压机还是柴油空压机更合适?

(5)施工现场周围有无居民区或距离市区远还是近?对噪声和粉尘污染的控制是否有严格要求?是否允许昼夜施工?

所有的设备和工件都应当采取工艺措施以避免机械损伤,喷砂处理时还要防止沙砾和灰尘的进入,不喷涂的区域或者已经喷涂完成的区域都要进行必要的保护。当全部涂装工作完成后,遮蔽材料、使用过的喷砂磨料、设备等都应当从现场移走并处理好,已经涂装好的工件在包装、吊运或搬运、存放过程中应特别小心,要采取必要的工艺措施来防止涂层的损坏,在涂层系统还没有最后完成时,应尽量少搬运或不搬运。

如果施工环境的相对湿度高于 85%,钢表面的温度低于露点 3 ℃ 以上,则最终的喷砂处理和电弧喷涂施工都是不能进行的。只有当周围钢表面的温度在 0 ℃ 以上时才能进行涂层的施工或者修复。涂层的施工工艺文件中应明确规定涂层施工所需要的最低和最高温度,以及与任何一种涂层体系中每种产品的施工都有关的其他限制。

所选择的涂层材料应当能满足所规定的使用要求,而且应在进行各方面综合评估之后再进行选择,例如:涂层材料的抗腐蚀能力;与健康、安全和环境有关的施工要求;与施工条件、设备和人员相关的特性;涂层材料的实用性和经济性。

所有的涂层材料(包括电弧喷涂线材、封闭涂料及面漆等)都应当有产品质量检验合格证书,并包装完好。必要时进行抽检并运送权威部门检验。

对大型或重点防腐工程,在正式进行电弧喷涂施工作业前,必要时可以进行一次工艺评审。除了要审核工艺技术文件,还要对施工设备、材料、人员和程序进行预先检查,还可以检查按照工艺要求进行预施工的实施效果,以保证各方面都符合工艺文件的要求。

5.3.2 表面预处理工序的基本要求

对被喷涂材料的基体进行表面预处理是电弧喷涂施工非常重要的一个工艺环节。电弧喷涂金属涂层与工件基体表面的结合一般是具有"抛锚效果"的机械咬合,这种机械咬合能力的大小与基体表面的清洁度和粗糙度有很大关系。

在基体表面形成一个清洁而粗糙的表面,有利于电弧喷涂涂层的黏结,消除金属腐蚀的隐患,机体表面的粗糙度和清洁度应达到设计要求。

1. 表面预处理工艺与设备

对大面积钢结构电弧喷涂防腐施工的表面预处理方法多采用压力式喷砂或离心式机械抛丸(砂),而对机械零件的电弧喷涂防磨防腐施工还可以采用车螺纹或电拉毛等表面预处理方法。无论采用哪种表面预处理方法,相应的机械设备都是必不可少的。一般来说离心式机械抛丸设备具有施工效率高、施工成本低、能源利用率高等特点,但设备投资大,适合厂内在形状简单的表面上使用。对钢桥面板或舰船甲板这样的大平面也很适合采用移动式机械抛丸设备。而对形状复杂的钢结构最适合采用压力式喷砂方法,该方法既可以在厂内施工(磨料可回收),也可以在安装现场对焊缝部位进行喷砂除锈(磨料一般不回收),因而是目前国内外各种防腐蚀除锈施工中应用最广泛的工艺。

在进行工艺设计时,要考虑所采用的喷砂设备的施工效率,要与电弧喷涂设备的施工效率相匹配。由于电弧喷涂防腐蚀施工要求的喷砂质量很高,喷砂相比于电弧喷涂的生产效率较低,是整个防腐蚀施工过程中的瓶颈工序,所以一定要配备足够的喷砂设备。

2. 喷砂前基体表面处理和非喷涂面的保护

喷砂前应检查表面是否有油污,若有明显的油污,应使用清洁剂或汽油来清洗,清洗后应用淡水冲洗或晾干,干燥后经检验合格方可进行喷砂作业。喷砂前还应对非喷涂面进行保护,如对焊缝位置可以留出 50 ～ 100 mm 左右的宽度用胶带保护起来,对保护措施要经检验合格后方可进行喷砂作业。

3. 喷砂磨料和环境条件

喷砂磨料是消耗性材料,选择合适的喷砂磨料,对于降低施工成本,提高生产效率和施工质量的关系非常密切。如果具备回收使用条件,可以考虑使用钢砂或钢丝切段,这样既可降低成本,又能保证喷砂质量。对于磨料不可回收的情况,可以使用价格较低的铜矿渣或石英砂。对于一些露天施工场合,通过采用一定的措施,也可回收部分磨料以降低损耗。

喷砂作业环境要求为:钢基材表面温度要高于露点 3 ℃ 以上,相对湿度低于 85%。

4. 喷砂工艺要求

为确保喷砂质量,应检查并确认供给喷砂罐的压缩空气压力在 0.5 MPa 以上,压缩空气应无油无水。喷砂时的喷射角度应保持在 60° ～ 90°,喷射距离在 100 ～ 300 mm。

喷砂后的钢铁基体表面应干燥、无灰尘、无油污、无氧化皮、无锈迹,露出钢铁基体本色。喷砂质量的检查包括表面清洁度和粗糙度两个方面,每件每个部位都必须检查,若不合格应及时重新喷砂,直到合格为止。电弧喷涂防腐施工对喷砂质量要求很高,一般要求喷砂除锈的表面清洁度达到 $Sa\,3$ 级,表面粗糙度达到 $Rz\,25 ～ 100\ \mu m$。当电弧喷涂金属涂层的厚度超过 300 μm 时,要求喷砂表面的粗糙度约为金属涂层厚度的 1/3。

喷砂完工后,应使用干燥的压缩空气吹去表面的灰尘和残留的砂粒,经检验合格后,应尽快进行电弧喷涂施工。

5.3.3　电弧喷涂工序的基本要求

电弧喷涂是使用压缩空气把经电弧熔化的金属线材通过电弧喷枪喷涂到工件基体表面,形成致密、平整的保护涂层的工艺方法。电弧喷涂是钢结构长效防腐施工最常用的高效工艺方法,电弧喷涂防腐涂层对钢铁基体提供阴极保护和物理隔离的双重保护作用,在一般的大气环境下具有优良的耐腐蚀性能。

1. 电弧喷涂设备和工艺参数

电弧喷涂工艺参数如下:

(1) 雾化压缩空气:压力不低于 0.5 MPa,流量为 $1 \sim 3$ m³/min(空气消耗量取决于喷枪)

(2) 喷枪与工件角度:$45° \sim 90°$。

(3) 喷枪与工件距离:$100 \sim 250$ mm。

(4) 工作电压:$28 \sim 36$ V(根据喷涂材料和喷涂电流的不同来调节)。

(5) 工作电流:$100 \sim 500$ A(根据电弧喷涂设备和喷涂速度的不同来调节)。

(6) 喷枪移动速度:重复 $2 \sim 4$ 遍即到达规定的涂层厚度。

2. 电弧喷涂工艺对涂层材料的基本要求

(1) 电弧喷涂材料必须满足涂层设计特性和使用功能特性的基本要求,如耐磨损、耐腐蚀、耐高温、抗氧化、可磨耗密封、自润滑、热辐射、导电、绝缘及电磁屏蔽等。

(2) 涂层材料的化学成分符合有关质量要求,且在电弧喷涂过程中具有良好的化学稳定性和热稳定性,不会产生有害的化学反应和有碍涂层使用的晶型转变。

(3) 涂层材料具有良好的物理性能,与基体材料或结合底层的性能匹配良好。

(4) 涂层材料满足电弧喷涂设备及工艺的要求,如线材表面应光滑无污染、具有一定的机械强度、直径公差符合要求,表面没有死弯和严重变色等不正常现象。

(5) 涂层材料在电弧喷涂过程中没有爆炸危险。

3. 电弧喷涂工艺对涂层质量的影响

(1) 影响涂层致密度的因素主要有压缩空气和流量、喷枪喷嘴的几何形状等。

（2）在不影响电弧稳定性的前提下,喷涂电压越低越好。喷涂电压越高,会增加喷涂粒子的速度,浪费电能,还会造成喷涂金属颗粒的严重氧化。当喷涂高碳钢线材时,还会造成碳元素的严重烧损,降低涂层的硬度和耐磨性。

（3）喷涂电流与喷涂生产率是成正比的。在一定情况下,喷涂工作电流的大小决定着电弧喷涂设备的生产率。

（4）影响电弧喷涂涂层的结合强度的主要因素有:压缩空气的压力、压缩空气的流量(风口直径)、基体表面预处理的清洁度和表面粗糙度、喷枪喷嘴相对于工件的距离等。

（5）影响电弧喷涂涂层硬度的主要因素是熔滴快速冷却导致金属喷涂涂层组织改变以及致密性。对那些不具备淬火性质的线材,其涂层硬度的增加仅是由于冷却硬化,以及部分地由于含有氧化物。金属喷涂涂层的硬度取决于喷涂线材的化学成分、喷枪喷嘴至工件的距离、压缩空气的压力和流量、喷涂电流和电压等因素。

4. 环境条件和质量要求

电弧喷涂施工对环境条件的要求不高,无论是在炎热的夏天,还是严寒的冬天,一般环境条件下均可施工。在厂房内可全天候喷涂施工,但在露天条件下禁止雨天和相对湿度大于85% 时进行电弧喷涂施工。

电弧喷涂涂层外观应保持均匀一致的颜色,无气孔或底材裸露的斑点,没有未附着或附着不牢固的金属熔融颗粒和影响涂层使用寿命和应用的缺陷。涂层的厚度可使用磁性厚度测量仪来测量,其平均值应在涂层设计厚度范围内。如有漏嘴或局部涂层厚度不够等缺陷,应立即进行补喷。

5.3.4　封闭或涂料涂装工序的基本要求

在涂料涂装施工之前,要理解和掌握涂料配套体系,并认真阅读所选用的涂料产品说明书及其施工指导书。涂装所用涂料须是检查合格品,检查所用涂料的型号、批号、色号、数量等。特别要注意双组分涂料的施工,包括固化剂和基体的混合比例、混合使用时间及固化剂的类型,正确使用稀释剂,注意随施工环境温度、湿度的变化而随时间调整涂料的施工黏度,防止干喷和流挂。

需要封闭涂料涂装的金属喷涂涂层表面应尽快进行封闭涂装施工,对不需要涂料涂装的表面要采用特种胶带进行保护,以免喷上涂料。

涂料喷装前应确认施工现场环境条件(如温度、相对湿度、风力等指标)符合要求。各道涂层的涂装时间间隔应严格遵守涂料产品说明书上的规定。双组分涂料每次调配的数量要与工作量、涂料的混合使用时间和施工人力、作业班次相适应。混合比例要准确,按体积比混合加入。

检查调整涂料施工设备、工具及其工作状态,保证其在最简单、最佳施工条件下使用。喷漆前对边沿部位要做好预涂。双组分涂料所用的喷枪,在每次喷涂完后,要及时用配套稀释剂清洗喷枪和管路,以免其因涂料胶化而堵塞。

随时目测每度涂料在成膜过程中的外观变化,注意有无漏喷、流挂、针孔、气泡、色泽不均、厚度不匀等异常情况,并在技术人员的指导下,随时调节、及时修补,并做好记录。

干膜厚度的检测要在涂层充分固化后进行检测。涂层的干膜厚度不应超出涂料生产商所规定的最大膜厚。

5.4　涂层的制备工序流程

高速电弧喷涂技术主要有 3 个工艺阶段,即结构零部件喷涂前的表面准备(预处理)、电弧喷涂、电弧喷涂后的处理(包括喷涂有机涂料或装饰层等工艺)。对于有专门的喷涂作业间,在室内进行喷涂作业时,其具体工步可以分为:施工前的准备工作(主要包括喷涂材料及设备的准备和调试、喷涂工件的准备等) → 工件表面的预处理 → 预处理的工件表面质量检测 → 电弧喷涂涂层的制备 → 电弧喷涂涂层各种质量指标的检测 → 电弧喷涂涂层的后处理(按施工方的要求进行喷涂有机涂料或装饰层等的处理) → 最终质量检测。

对于某些大型或难以拆卸的装备结构件的防腐处理,则需要在不解体的条件下进行喷涂施工,其具体工步包括:施工现场的勘察 → 搭设施工架或施工棚 → 安装调试喷涂设备,准备喷涂所需的各种材料 → 各项安全指标的检查 → 试喷涂(如需要采用喷砂预处理,则也要进行试喷砂) → 正式进行施工作业(包括工件表面的预处理、电弧喷涂涂层与后处理,以及各道工步间的质量检测,内容与室内作业相同)。

下面将主要介绍工件表面预处理工艺、高速电弧喷涂涂层制备工艺和高速电弧喷涂涂层的后处理工艺。

5.5　工件表面预处理工艺

涂层要与基材结合良好,基材表面必须是清洁的,并要有一定的粗糙度。因此,在喷涂之前,基材要喷涂的表面必须经过净化和粗化加工处理,使表面清洁、粗糙。这一步骤称为工件表面预处理或表面制备,是涂层制备工艺过程中非常重要的一步。其处理质量直接影响到涂层质量。根据基材表面不同的状况,采取不同的预处理方法,有时净化和粗化分别进行,有时是同时完成,有时在净化和粗化预处理前,还要对不喷涂的部位进行保护。对较大表面可用薄铁皮或硬纸板包扎,对沟槽、孔洞可用木塞、碳棒等堵塞,使堵塞块高出基体表面约 1.5 mm,以便喷涂完后进行清除。

净化和粗化的方法有多种,方法的选择要考虑到涂层的设计,工件材质、形状和厚薄,原始表面状况,对涂层结合强度的要求等因素。不正确的表面预处理将导致涂层剥落或涂层达不到使用性能的要求。

经过预处理的表面,在喷涂前不允许再被污染(包括不能用手触摸、脚踏),否则预处理的质量要受到损害。

在选择表面处理方法时应考虑所要求的表面处理质量等级和所采用涂层体系相适应的表面粗糙度。表面处理的费用通常是与清洁度的高低成正比,因此应选择与涂层配套体系要求相适应的某个处理等级,或者是与能够实现的处理等级相适应的某个涂层配套体系。

如果使用选定的表面处理方法没能达到规定的处理等级,或者处理过的表面状况已经在涂层配套体系涂覆前发生了变化,则应重复相关的工艺步骤,至到达规定的处理等级。另外,在表面处理之前应结合制造工艺对焊缝进行预处理,以清除焊接飞溅、毛刺及其他缺陷等。

进行表面处理作业的人员应拥有合适的设备和必要的工艺技术知识,从而能够按规范要求进行操作,并遵守所有有关的卫生与安全规程。更重要的是,被处理的表面应易于接近并得到充分照明,而且所有表面处理作业应得到严格的监督和检查。

5.5.1　净化处理

净化处理是使基材表面达到必要的清洁度。通过处理除去表面所有的污垢,如氧化皮、油渍、油脂、油漆及其他污物等,这是表面预处理的第一步。净化处理关键在于除去油脂,常用的处理方法有溶剂清洗、碱液清洗及加热脱脂等。

1. 溶剂清洗

利用有机溶剂可以溶解有机油脂的特性,清洗基材表面,除去油脂。该方法可以清除油脂、污垢、残留物及可溶性盐类等污物,但不能清除锈皮及原来的涂层。常用溶剂有工业汽油、甲苯、三氯乙烯、四氯化碳等。清洗的方法有如下几种：

（1）浸泡和擦刷。将工件浸渍于溶剂中，通过机械搅拌和擦刷除去油污。该方法简单，操作方便，可以进行多次清洗。

（2）喷淋脱脂。将溶剂通过喷嘴对工件表面进行喷淋，在溶剂的冲刷作用下除去油脂和固体污物。喷淋脱脂后，一般要接着用清洁的溶剂漂洗。

（3）蒸气脱脂。蒸气除油是在专门的蒸气箱内进行，加热位于蒸气箱底部的溶剂，工件悬挂在蒸气箱的上部，溶剂蒸气冷凝于工件表面，溶掉的油脂随冷凝的蒸气回到溶剂槽中，当工件温度与蒸气温度达到平衡时，蒸气不再冷凝，除油结束。溶剂一般为三氯乙烯、四氯化碳、二氯甲烷等。这些溶剂对人体有害，清洗作业时要特别注意安全。

（4）超声波清洗。利用超声过程中空泡破裂瞬间产生冲击波对油污层的冲刷破坏进行除油。超声波清洗具有清洗操作简单、速度快、质量好等优点，被广泛应用，但仅适用于中小型工件。

2. 碱液清洗

碱液清洗是一种廉价的以除油为主的净化处理方法。水溶液中的碱化合物（氢氧化钠、磷酸三钠、碳酸钠等），对除去油脂和污物很有效，在除油同时可以除掉附在工件表面上的金属碎屑及混在油脂中的研磨料、炭渣等杂质。碱液清洗适用于尺寸并不太大的工件。经过碱液清洗后的工件，应立即用软水漂洗或冲洗并烘干。

3. 加热脱脂

对于被油脂浸透的铸件等多孔质的工件，因一般用溶剂或碱液清洗仅能把工件表面的油渍除去，而不可能将微孔中的油脂消除，造成在喷涂时工件受热后，油脂从微孔中渗出，损害涂层与基材的结合。为了去除微孔中的油脂，采用 $250 \sim 450$ ℃ 低温加热。将微孔中的油脂挥发烧掉，对于表面残留的积炭，可用喷细砂法除去。

5.5.2　喷砂粗化处理

粗化处理是使净化过的基材表面形成均匀凹凸不平的粗糙面，并控制到所要求的粗糙度。粗化处理与净化处理同样重要，经过粗化处理的表面才能和涂层产生良好的机械结合。正确的粗化处理能起到以下作用：

（1）使涂层对基材产生压应力，实现所谓的"抛锚效应"。

（2）使涂层中变形的扁平状粒子互相交错，形成连锁的叠层。

（3）增大涂层与基材结合的面积。

（4）宏观粗化能减少涂层的残余应力。

（5）进一步净化表面，并起到使表面活化的作用。

喷砂粗化是以压缩空气流或离心力为动力，将硬质磨料高速喷射到基材表面，通过磨料对表面的冲刷作用而使表面粗化的方法。它是最常用的粗化工艺方法，对于表面污染不严重的工件表面，可以只采用喷砂的工艺方法，而达到表面粗化、净化及活化的综合效果。因此，本小节主要介绍这项表面预处理工艺。

1. 喷砂方法的选择

按造成磨料喷射的原理不同，喷砂方法可分为射吸式喷砂、压力式喷砂和离心式喷砂。

射吸式（又称吸入式）喷砂是利用压缩空气流在喷砂枪的射吸室内造成的负压，通过砂管吸入砂粒，并随气流从喷嘴喷出，原理如图 5.38 所示，装置如图 5.39 所示。这种喷砂方法设备简单，使用方便，砂粒破碎率较低，但是，由于砂粒的吸

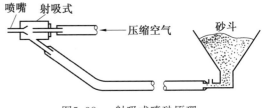

图5.38　射吸式喷砂原理

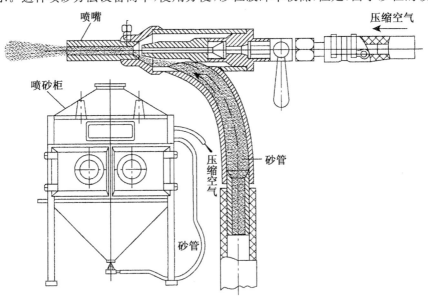

图5.39　射吸式喷砂装置

入量受到限制和砂粒的喷射速度不高,因此喷砂效率不高,表面粗糙度不如压力式喷砂,对于本研究来说,喷涂 ZnAlMg－RE 防腐涂层的对象多为大面积的钢结构件,且不解体现场施工居多,因此该方法适用性不强。

　　压力式喷砂系统由压缩空气供给设备、压力罐(砂罐)、砂管及喷砂枪等组成。喷砂罐是压力式喷砂系统的重要部分,其结构如图 5.40 所示。喷砂原理是利用压缩空气的压力和砂粒自重,将压力罐(密闭的压力容器)中的砂粒压入喷砂管,由压缩空气推动,以高速从喷嘴喷出,如图 5.41 所示。

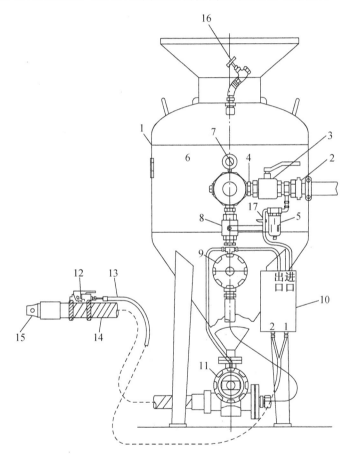

图5.40　压力式喷砂罐结构

1— 罐体容器;2— 空气管接头;3— 总阀;4— 螺纹接头;5— 空气滤滑器;6— 十字形接头;7— 压力表;8— 空气调节阀;9— 空气阀;10— 控制箱;11— 喷砂阀;12— 遥控键;13—遥控用空气管;14— 砂管;15— 喷砂嘴;16— 排气阀;17— 操作用空气阀

　　压力式喷砂可选用粗颗粒磨料,得到表面粗糙度高的喷砂面,同时可

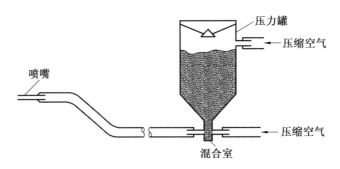

图5.41 压力式喷砂原理

进行远距离和高空喷砂作业,是高效率的喷砂方法。其可在喷砂室或喷砂房内进行自由喷射,也可以使用回收磨料的循环装置,还可以在现场对易安装好的工件进行自由喷射,喷射磨料一般只用一次,必要时也可以人工回收、筛分、干燥后继续使用,效率较高。因此适用于大型钢铁构件大面积喷涂防腐涂层的预处理和大型厚壁工件的粗化处理,但要注意处理薄壁件时可能会引起工件的变形。

离心式喷砂是通过高速旋转的叶轮连续地输送磨料,磨料沿叶轮流转,在离心力的作用下小叶轮外缘高速抛射。该方法完全摒弃了以压缩空气作为动力的做法,而是使用高速旋转的电动机来带动抛砂轮转动,可对工件连续进行离心式抛射。磨料对工件的冲击力取决于叶轮的直径、转速及磨料的粒度和质量。该方法喷砂效率高,但喷砂装置庞大,造价较高,一般只用在成批量加工的生产线上。

离心式磨料抛射表面清理设备有多种类型,根据运载方式可分为翻滚式、转台式、车式、输送带式及悬挂式等类型。翻滚式是将工件放在转动或摇动的操作空间内,工件做翻滚运动而使各表面都被清理。转台式是将工件放在转台上,随着转台的旋转,改变工件被清理的位置。车式是将工件放在能移动的车式承载装置上,使工件的平移运动或平移加旋转运动。输送带式是将工件放在输送带上平移或同时转动。悬挂式是将工件悬挂在连续水平输送装置上,工件平移或边移边旋转,或移到某位置后只旋转。

2. 砂料的选择

磨料颗粒的大小和形状在使用或重复使用过程中会发生变化,这些变化会影响被喷射清理钢材的最终表面特征。一般要求磨料表面应干燥无油,不含腐蚀性成分和影响涂层附着力的污物,且能自由流动,使磨料均匀地进入喷射流中。不允许使用已经受永久性污染的磨料,如循环使用前已不可能再清洗的磨料,以及用含盐的水冷却成颗粒的熔渣磨料。

喷砂的效果取决于砂粒的类型及尺寸。锋利、坚硬及有棱角的砂粒可获得最好的喷砂效果。不要使用球形的或圆形的砂粒,所有的砂粒都应清洁而干燥,不含油、长石或其他杂物。因此,针对制备电弧涂层技术,建议选用粒度为 10 ~ 22 目、干燥、高硬度、多棱角的砂料。

当选择一种磨料时,应考虑下列因素:

(1)被处理工件的材质和表面硬度。所选用磨料的硬度一定要比工件表面硬度大才有可能达到喷射除锈的目的。

(2)磨料颗粒大小对最终表面粗糙度的影响。通常金属磨料比非金属磨料的影响大,因为其破碎特性不同及密度的差异影响磨料颗粒的动能。

(3)将不同粒度的磨料按适当比例混合会产生最佳的清洁度、清理效率和表面粗糙度。

(4)在磨料反复循环的喷射清理装置中,应注意两点:一是要在磨料再次使用前除去粉尘和污染物;二是要补充因磨耗而损失和黏附于工件上的磨料,可以通过有控制地添加新的磨料来实现,使磨料的混合物保持在预定的颗粒大小限制范围内,或保持预定的颗粒大小分布。

常用的磨料有:白刚玉砂、碳化硅砂、棕刚玉、石英砂、激冷铁砂和带棱角的钢砂。

白刚玉砂(氧化铝)硬度高,破碎率低,喷砂效果好,但价格较高,可用于马氏体钢类的硬质基体,可循环使用。若用其喷软基体,应降低压缩空气压力,喷砂后用压缩空气除去嵌入基材表面的颗粒。

碳化硅砂硬度不及白刚玉砂,破碎率较高,嵌入基体的倾向性大。

棕刚玉是最常用的喷砂磨料,硬度、破碎率和价格都适中,可循环使用,但喷完砂后,要用压缩空气除去破碎后的细粉尘。

石英砂破碎率高,一般一次性使用。其粉尘会危害人体健康,使用时要特别注意防护通风措施,防止对人体的损害和环境污染。

激冷铁砂和带棱角的钢砂硬度高,破碎率低,使用寿命长,可循环使用,但容易锈蚀,生锈后使用会影响预处理质量。

3. 喷砂工艺参数

合理的喷砂工艺参数能高效地完成喷砂工作并获得较高的质量。喷砂的主要工艺参数有如下几方面:

(1)喷砂距离。喷砂距离指喷砂嘴端面到基材表面的直线距离。随着喷砂距离的增加,磨料对基材表面的冲刷作用减弱,同时磨料分散。该参数的选择取决于喷砂方式、空气压力大小及工件的具体情况。合适的距离既能使表面达到一定的粗糙度,又能有较高的喷砂效率,同时要避免磨料给表面造成很大的压应力和避免工件发生变形。喷砂距离一般控制在 $100 \sim 300$ mm 的范围内。压力式喷砂距离比射吸式喷砂距离要长。

（2）喷砂角度。喷砂角度指砂料喷射的轴线与基材表面的夹角,应保持在 $60° \sim 75°$ 范围内,要避免成 $90°$,以防止砂粒嵌入表面,但也要控制喷砂角度不要小于 $45°$,否则不仅磨料对基体表面的切削力下降,而且还会存在阴影效应。

（3）空气压力。空气压气指以压缩空气为动力,供给喷砂装置进口处的压力。随着压力升高,磨料喷射速度增加,对表面冲刷的作用加剧,磨料破碎率提高。因此压力的选择要考虑砂料的粗细、工件厚薄及表面粗糙度的要求。压力式喷砂的空气压力一般为 $0.4 \sim 0.6$ MPa,射吸式喷砂的空气压力为 $0.5 \sim 0.65$ MPa。压力式喷砂要考虑长时间造成的压力损失,适当提高压力。

（4）喷砂嘴孔径。在空气压力一定的情况下,喷嘴孔径加大,空气耗量和出砂量增加,喷砂效率提高。孔径的选择受空气供给量的制约,一般为 $8 \sim 15$ mm。由于磨损,当喷砂嘴孔径增大 25% 时,应更换新喷嘴。

（5）喷砂枪的移动速度。通过喷砂枪和工件表面的相对移动来获得均匀的粗化面。移动速度无严格要求,主要视表面粗化的均匀性来控制喷砂时间,过长的喷砂时间会导致不好的表面结构。

（6）喷砂时间。喷砂时间对基体表面活化程度有较大影响。一般随喷砂时间的增加,基体表面活性也随着增加,当喷砂时间达到 25 s 时,基体表面活性达到饱和。喷砂时间并不是越长越好,喷砂时间过长会导致基体表面结构不理想。

4. 喷砂质量要求与控制

喷砂质量直接影响涂层的结合强度,因而在表面处理的喷砂质量技术标准中提出了严格要求,确定为最高等级。喷砂质量主要指标有以下 3 个方面:

（1）表面净化和活化程度。喷砂后的表面应无油、无脂、无污物、无轧制铁鳞、无锈斑、无腐蚀物、无氧化物、无油漆及其他外来物。对于金属基材,应露出均质的金属本色。这种表面被称为"活化"的表面。

（2）表面粗糙度。一般表面粗糙度为 $2.5 \sim 13$ μm。在某些特殊情况下,特别是薄金属件,表面粗糙度可为 2.5 μm。随着表面粗糙度的增大,涂层结合强度相应提高,但超过 10 μm 以后,这种提高结合强度的作用会降低。适宜的表面粗糙度与涂层最佳结合强度相对应,一般表面粗糙度为被喷涂粒子粒度的 $3/4$ 时为最好。

（3）喷砂面的均匀性。基材被喷砂粗化的状况应该在整个表面上是均匀的,不应出现所谓的"花斑"情况。

5. 粗化后的清理与保护

工件喷砂之后,要用干燥、清洁的压缩空气对喷砂面进行清理,吹净黏附在表面的磨料、粉尘,如发现有嵌入基体的砂粒,须用洁净工具除去。

喷砂后所暴露的新鲜表面极易受到外界的污染,禁止用手触摸和蹬踏,因为油渍、手印或脚印会明显地影响涂层的结合强度。要尽量缩短喷砂后到完成喷涂施工的间隔时间,在新鲜表面没有被氧化之前立即开始喷涂。经过喷砂后的工件如果不能立刻进行喷涂,须用清洁的塑料膜覆盖保护。如要搬动,应戴清洁的不脱绒手套或类似的物品。

喷砂后的新鲜表面极易吸潮,干净粗糙的表面会因存有湿气或凝聚物而破坏预处理质量。如条件许可,在表面预处理和喷涂过程中,应使湿度维持在 60% 或更低。

5.6 高速电弧喷涂涂层的制备工艺

5.6.1 高速电弧喷涂系统的使用规程

1. 准备工作

作业前,需检查各设备的状态是否符合作业要求。首先检查作业场地是否符合防尘和除尘的要求,待喷涂工作是否准备到位,如有不能喷涂的部位,是否采取了必要的遮蔽措施。

检查高速电弧喷涂系统的气路连接是否均可靠、正常,各控制阀门是否处在预定位置。

检查电路的连接情况,四芯电缆线(最小截面面积不小于 40 mm²) 的一端与电源的输入端连接,另一端与四芯插头连接;同时,电源输出的正负极分别与送丝机构的正负极相连接,并有配制的控制电缆线将控制电路的输出端与送丝机构的电路控制部分输入端相连;将送丝软管的两端分别与送丝机和喷枪相连,喷枪的开关控制线与送丝机的配套插座相连。

如采用喷砂预处理工艺,则需准备好喷涂所用的砂料,将其送入储砂罐,并检查喷砂设备的连接情况。

准备喷涂用的丝材,为减小送丝阻力和送丝过程中的阻断因素,一般要将丝材用密排层绕的方式绕在送丝盘上。

2. 调试工作

（1）调试喷涂电源的工作状态。调试时，将四芯插头外接电源后，将通电开关扳至"开"的位置，电源处于空载状态，电压表指示"0"位置，同时电源输出控制送丝机构运动所需的直流电，而后调节送丝机构的工作状态。先需检查送丝滚轮是否与丝材直径配套，如不配套，需首先更换相应的送丝滚轮；再将盘有丝材的送丝盘放在支架上，并分别将两根丝材一端穿过绝缘用的尼龙导管，然后分别插入送丝机的导丝孔内，并经过滚轮送入送丝机前端的送丝软管内；而后压上压紧机构并调节压缩弹簧。压紧力必须调节合适，压力过大，会使丝材变形，而导致丝材在软管、导电嘴中送进困难；压力过小，容易打滑，造成丝材送进不均匀。机械部分调节完毕后，查看送丝机控制面板上的各控制元件的位置，确保接通负载开关处于"关"的位置，以免调节过程中产生爆弧；而后接通电源，将电源控制面板上的通电开关扳至"开"的位置，使至送丝机构的电路处于导通状态。检查完毕后，将进退丝转换开关扳至"进"的位置，将送丝控制开关扳至"喷涂"位置，这时，送丝的电动机启动，送丝机开始运转，两根丝材按一定的速度送进；将送丝控制开关扳至"停止"位置时，丝材将停止送进；如送入丝材至喷枪前端过长，可将进退丝转换开关扳至"退"的位置，使丝材回抽一定距离；如此调节送丝位置至合适状态。

（2）调试空气供给系统的工作状态。首先打开空气压缩机至储气罐的阀门，使气流形成通路。全面质量管理接通空气压缩机的电源（如是水冷空压机还需接通水冷控制部分的电源及阀门），调节空气机的气流调节螺纹阀至额定状态。待储气罐的压力表显示至所需压力值后，打开储气罐至喷枪之间的气流通路，查看是否输出干燥、洁净的高压气体。调试完毕后，关闭储气罐至喷枪之间的气流通路。

3. 进行喷砂作业

打开空气压缩机，待储气罐的压力表显示至所需喷砂工艺的压力值后，打开储气罐至喷砂设备之间的气流通路，按照工艺要求进行喷砂预处理作业。

4. 进行电弧喷涂作业

（1）调节空载电压的大小。注意每次调节前，一定要检查两根丝材是否短路接触，因为一旦接触，调节时电路形成通路，电源处于工作状态，造成丝材前端接触处产生爆弧，轻则形成短路，通路器件迅速受热，重则造成喷枪受损，影响正常工作。调节时按下电压调节启动按钮，这时电压表会指示一个空载电压值，如电压值不合适，松开电压调节启动按钮，扳动电压调节转换挡位开关,再次按下电压调节启动按钮,电压表会指示调节后的空载电压值,如此循环,直到选择合适的电压值为止。

(2)调节喷涂电流的大小。首先关闭储气罐至喷砂设备之间的通路,打开储气罐至喷枪之间的气流通路,使压缩空气以预定的压力值高速流出喷枪,再先将进退丝转换开关扳至"进"的位置,用两只手分别同时扳动送丝控制开关和接通负载开关,使送丝控制开关处在"喷涂"位置,接通负载开关处在"开"的位置,丝材进给,在丝尖端起弧并开始喷涂,这时喷涂一般不稳定,需调节喷涂电流调节旋钮至预定的喷涂电流值。这时喷涂稳定下来,可以对工件进行喷涂作业。停止喷涂作业时,按照上述步骤的逆过程进行即可。经验表明,启动喷涂作业时,最好两只手同时扳动送丝控制开关和接通负载开关,因为如果先打开送丝控制开关,容易形成短路,起弧困难,或者产生爆弧现象;如果先打开接通负载开关,如果丝材前端发生接触,则容易在导电嘴内产生电弧,损坏导电嘴。

喷涂过程中,要随时关注系统中各设备的运行情况,一旦出现异常需马上停机,故障排除后再继续进行喷涂作业。至于喷涂过程中其他的一些细节将在后文中分别介绍。

5.6.2 电弧喷涂工艺的特点

(1)喷涂工艺参数的复杂性。影响涂层质量的工艺参数涉及喷涂电源、喷涂材料、雾化、操作等方面,主要的工艺参数多达十几个,而且这些参数之间都彼此影响。

(2)喷涂工艺的方向性。要制备出致密的涂层,必须考虑喷射束流的方向,否则就会出现喷不到的部位,或在沉积过程中产生所谓的"遮蔽效应",影响涂层质量。

(3)喷涂微粒的非均匀性。对于喷射的微粒束流,其在径向上颗粒分布的密集度、颗粒的温度和速度都是不均匀的,因此,在不同程度上总有一部分颗粒因温度、速度不够或方向偏离,造成飞散或反弹消失,影响涂层质量并降低沉积效率。

在确定喷涂工艺参数时,必须考虑到上述工艺特点。

5.6.3 主要工艺参数

电弧喷涂涂层的主要工艺参数如图 5.42 所示。

工艺参数的选择是否正确、合理,直接影响工艺稳定性、涂层质量、喷涂速率和沉积效率,因此合理地选择工艺参数十分重要。

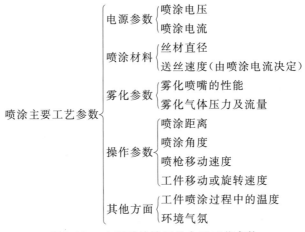

图5.42　电弧喷涂涂层的主要工艺参数

1. 喷涂电源参数

电弧喷涂时的电弧电压和电弧电流决定了电弧功率。电弧电压的选择主要取决于喷涂材料的性质,对于不同的喷涂线材,喷涂工作电压应调节到合适的程度,即电压应调节到能产生稳定电弧时的低值,这样能以较高的沉积速率形成平滑致密的涂层。电压高会使喷涂粒子粗大,并且形成低密度且粗糙的涂层。对于 Zn、Al 基的低熔点喷涂丝材,其喷涂电压的最佳范围为 30 ~ 34 V,喷涂电流的最佳范围为 120 ~ 140 A。

另外,喷涂电源本身的性能也决定了喷涂的质量和效率。若喷涂电源的电流使用了反馈控制,使电流的波动幅度减小,电流比较平稳,则喷涂比较稳定,雾化均匀,涂层的质量相应地就要好许多。

2. 喷涂材料供给参数

电弧喷涂的送丝速度决定了喷涂速率,其参数的选择取决于电源参数和喷涂线材种类。当采用平特性直流电源,电弧电流有很强的自调节性能,随着送丝速度的增减,电弧电流自行增减,使电弧功率和喷涂速度处于平衡状态。要提高喷涂速度就要提高喷涂工作电流,同时,线材输送速度也要增加,这对线材输送机构传动的平稳性和其电动机功率提出了进一步要求。线材输送速度的均匀性和同步性对稳定电弧喷涂涂层质量十分重要。连续一致的线材输送能够使线材平稳的送入喷枪,表面光滑的线材还可以降低导电嘴磨损,加以辅助的中间输送装置还可以提高线材远距离输送的同步性。

实际应用表明,使用较大直径的丝材,喷涂效率比小直径丝材的喷涂效率要高很多,但是,其雾化粒子的粒度和雾化的均匀性不如小直径的丝材,因而其涂层质量也有所下降。

3. 操作参数

喷涂距离指喷嘴端面离基材表面的直线距离。喷涂距离是喷涂的颗粒飞行的距离,在行程中,其速度和温度都要发生变化,甚至发生二次破碎和雾化。颗粒飞行速度先是加速而后减速。颗粒温度随着距离增加而降低。因此,当喷涂距离过大时,由于颗粒打击基材表画的温度和动能不够,不能产生足够的变形,降低涂层结合强度,还会造成更多的颗粒反弹散失而降低沉积效率,同时因更多地受周围大气影响,氧化趋于严重,造成涂层氧化物含量增多。喷涂距离过小,颗粒在热源中停留时间过短而未能受到充分加热或加速,这也影响涂层质量,而且基材表面会因距离热的喷涂焰流过近而受热。本技术通过多次试验探索和优化,得到喷涂距离的最佳范围为 $150 \sim 250$ mm。

喷涂角度是指喷涂射流轴线与基材表面切线之间的夹角。控制喷涂角度是喷涂工艺方向性所要求的。喷涂角度不能小于 $45°$,一般为 $70° \sim 90°$。当喷涂角度小于 $45°$ 时,会产生所谓的"遮蔽效应",即当喷涂颗粒黏在基材表面上时,这些颗粒阻碍继续喷上去的颗粒,结果在其后面形成一种"掩体",使涂层结构发生急剧地变化,形成有许多不规则空穴的多孔涂层,大大降低了涂层的结合强度,并使氧化物夹渣的含量增加。

喷枪移动速度是指在喷涂过程中喷枪沿基材表面移动的速度。通过喷枪和工件的相对运动,在基材表面沉积涂层。在喷涂速率和沉积效率确定的情况下,喷枪和工件的相对移动速度决定了一次喷涂过去的涂层厚度。为获得均匀的涂层组织结构,该厚度应控制在一定范围之内,电弧喷涂涂层每遍的喷涂厚度易控制在 $30 \sim 50$ μm,通过计算选择正确的喷枪和工件的相对移动速度,一般为 $7 \sim 8$ m/min。应特别注意的是,不要因喷枪移动速度太慢而造成基材表面局部过热。为了得到较厚的涂层,应进行多次喷涂。

防腐电弧喷涂涂层的整体厚度应根据施工单位的具体要求而定,一般控制在 $150 \sim 200$ μm 范围内。

4. 其他工艺参数

压缩空气的压力也是一个很重要的参数,喷涂压力过小,雾化粒子得不到充分加速,不利于喷涂粒子的雾化和与基体的结合;选择较高的喷涂压力有利于提高雾化速度和涂层结合强度,但这要受到压缩空气机的额定压力限制。对于防腐电弧喷涂涂层(如 ZnAlMgRE 涂层),建议使用 0.6 MPa 以上的雾化空气压力,并且在压缩机和喷枪之间安装储气罐,以提供稳定的气压。

在喷涂过程中不能忽视对工件温度的控制,往往因对工件温度不加控制或控制不当而造成涂层破坏。控制温度可以减少因工件热膨胀造成的涂层应力。可以通过控制喷枪的移动来控制工件温升,使喷涂焰流的热分布在整个工件上,不致产生局部热点。对于特别小的零件,宜采用间歇喷涂的方式喷涂至所要求的涂层厚度。

对于电弧喷涂防腐蚀工程来说,除了电弧喷涂锌或铝涂层,还要做涂料封闭面和面漆面,这就对涂料的固化温度和湿度提出了相应的要求。因此,一般要求电弧喷涂防腐施工时的环境参数为:环境温度高于露点以上4 ℃,空气湿度低于85%。

5.7　高速电弧喷涂涂层的后处理工艺

为保持良好的外观效果,以及达到隐身或防辐射等效果,我军装备的钢结构表面基本上都要进行有机涂料处理。因此,在制备电弧喷涂防腐涂层之后,按照施工单位的具体要求,在电弧喷涂涂层的表面刷涂有机涂层。

具体的涂料后处理工艺规范应根据各个单位的涂料体系和施涂要求来进行,即按照原来的有机涂料刷涂工艺来参照执行,而且电弧喷涂涂层的表面是干净的,且有许多微小孔洞,可省去刷涂涂料前的预处理工序(电弧喷涂后的涂层应立即进行刷涂,且避免电弧喷涂涂层表面的污染)。

用于海洋环境中的长效防腐复合涂层主要是由金属涂层和有机涂层构成的双系统防护体系。有机涂层既可以对钢结构件表面起到装饰作用,又能增加金属涂层的寿命。荷兰热浸镀研究所通过多年的试验研究,发现如果金属涂层与有机涂层的界面协同性好,复合涂层的耐腐蚀寿命可比金属涂层和有机涂层两者单独耐腐蚀寿命之和高 50% ～ 130%,这种效应被称为协同效应。

国内外对防腐复合涂层体系做了大量的研究工作,最典型的是美国焊接学会对钢铁防护涂层多年的腐蚀试验研究,该试验于 1953 年和 1954 年在美国 6 个不同的大气类型区和两个海湾区进行,对喷涂锌、铝涂层及对喷涂锌、铝涂层后又进行有机涂层封闭处理的试样进行了长达十余年的现场挂片曝露试验。1974 年报告的试验结果表明:喷涂厚度为 80 ～ 150 μm 的 Al 涂层,无论封闭与否都能保证钢铁基体在海水、海洋大气及工业大气中十余年不腐蚀,而未封闭的喷涂 Al 涂层出现了一些鼓泡;对于不进行封闭处理的喷涂 Zn 涂层的厚度,其在海水中需 340 μm,在严酷的海洋和工业大气中为 230 μm,而经有机涂层封闭处理的试样的厚度只需 80 ～ 150 μm;在苛刻的海洋大气环境中,喷 Zn、喷 Al 涂层上涂装一层洗蚀底漆,再加一层或两层乙烯基铝粉涂料,能延长其寿命至少一倍,因为乙烯基封闭涂料能渗入金属涂层孔隙内部,封孔效果好。

金属涂层的存在能降低水在有机涂层中的扩散系数,减缓有机涂层附着力的破坏,从而延长有机涂层的寿命。Bajat 等研究了涂装在 Zn－Fe 电镀层表面的环氧有机涂层的电化学行为和离子传输特性。试验结果表明:试样浸泡于 3% 的 NaCl 溶液中,环氧涂层的孔隙电阻几乎保持不变,说明此复合涂层体系在腐蚀环境中具有稳定性,Zn－Fe 涂层的存在提高了环氧涂层的腐蚀稳定性并延长了其防腐寿命。Rammelt 等的研究结果与上述观点相似,认为金属涂层表面多孔结构的存在能够增加有机涂层的附着力,改善界面环境,从而提高整个复合涂层体系的抗腐蚀性能。Santagate 等认为金属涂层对界面的作用在于金属涂层能够提高有机涂层的屏蔽性能和附着力,同时能够延缓渗透压的增加速率。

有机涂层能够封闭金属涂层本身存在的微观缺陷。热喷涂涂层的成形原理决定各层状结构之间必然存在微观缺陷,在涂层表面也存在一定数量的微观孔隙,如果不经过有机涂层封闭,这些微观缺陷将成为腐蚀介质向基体渗透的路径,从而降低金属涂层的抗腐蚀性能。为了延长金属涂层的防腐寿命,必须对金属涂层表面进行封闭处理。对涂装在金属涂层表面的有机涂层的要求:① 须在所处的腐蚀环境中具有良好的耐腐蚀性能;② 较低的黏度和良好的渗透性;③ 与金属涂层具有协同性和化学上的相容性。另外,还应根据钢结构件的部位不同,选择合适的涂料进行复合防腐处理:无机富锌涂料可作为各种涂料的预涂底漆;水上部位以醇酸聚氨酯漆或氯磺化聚乙烯涂料为宜;在干湿交替部位则以聚氨酯和氯化橡胶为好。

封闭处理一般可以分为人工封闭和自然封闭两种。人工封闭是通过金属涂层表面化学转化或选用适当的涂料体系进行封孔,从而实现人工封闭处理。封闭剂可以通过人工涂刷或喷涂、浸渍或真空注入等方法来施工,具体采用何种方法取决于封闭剂和工件。

长效防腐复合涂层的耐腐蚀性能与金属涂层和有机涂层之间的协同性存在必然的联系。为了降低复合涂层的腐蚀速率,提高有机涂层的附着力,通常使用化学转化膜的方法来改变金属涂层的表面性能,从而改善有机涂层和金属涂层之间的协同性。Deflorian 等在 Zn 合金涂层表面涂覆有机涂层进而构建复合涂层,用一种基于 Cr^{3+} 的无毒物质改性界面环境,电化学交流阻抗技术研究结果表明改性后的复合涂层具有良好的抗腐蚀性能,能获得与 Cr^{6+} 改性剂同等的抗腐蚀效果。Barranco 在热浸镀 ZnAl 和 ZnFe 涂层表面分别涂装一层含有缓蚀剂和不含缓蚀剂的丙烯酸涂料,采用电化学阻抗谱研究上述体系在 3‰NaCl 溶液中的腐蚀行为。结果表明:浸泡腐蚀 150 天后,缓蚀剂的存在与否对 ZnAl 涂层没有明显的影响作用,而浸泡腐蚀 250 天后,缓蚀剂的存在大大减缓了 ZnAl 涂层的腐蚀速度;但缓蚀剂的存在对 ZnFe 涂层具有一定的破坏作用,涂装含有缓蚀剂有机涂层的试样,从浸泡开始 ZnFe 涂层就受到腐蚀,不含缓蚀剂的有机涂层对 ZnFe 涂层的作用与其对 ZnAl 涂层的作用相似。

5.8　自动化高速电弧喷涂技术及其再制造产业化应用

电弧喷涂技术是实现金属材料表面高效耐磨、防腐的重要手段,具有优质、高效、低成本的特点,在快速制备大面积功能性涂层方面具有独特优势。由于金属材料在电弧喷涂弧区能发生充分的冶金反应,近年来该技术在材料制备与成形一体化方面取得了重要进展。1998 年课题组承担国家"九五"科技攻关项目,在国内率先开发出了高速电弧喷涂技术,大幅提升了电弧喷涂涂层的质量,促进了该技术在我军舰船装备和三峡大坝闸门等钢结构长效防腐及电厂锅炉"四管"的抗热腐蚀治理。随着我军装备维修保障和国家再制造产业试点需求的不断提升,自动化智能电弧喷涂设备和用于苛刻条件下新材料体系的研发是电弧喷涂技术得到广泛应用并发挥更大作用的关键。

传统的电弧喷涂都是通过人工控制工艺参数,控制精度低,且作业环境恶劣,很大程度上影响了电弧喷涂技术的质量和发展。为此,装备再制造技术国防科技重点实验室研究了机器人自动化高速电弧喷涂技术及其设备系统,并在汽车发动机关键零部件的再制造上得到了推广应用。

装备再制造技术国防科技重点实验室将智能控制技术、逆变电源技术、红外测温技术和数值仿真技术综合集成创新,研制新型自动化智能高速的电弧喷涂设备,将传统的"粗放型"电弧喷涂技术提升为喷涂工艺与涂层质量精确可控的先进高效维修技术。并基于自动化智能高速电弧喷涂设备效率高、稳定性好的优点,在材料制备与成形一体化思路的指导下,自主创新研发了防腐、耐磨和抗热腐蚀与冲蚀的 3 类低成本、高性能的新型喷涂丝材,主要包括:① 具有"自封闭"效应的 ZnAlMgRE 系防海水腐蚀用粉芯丝材;② 具有自熔剂合金特点的非晶纳米晶 FeCrSiBNb 系列耐磨用粉芯丝材;③ 能够减少残余应力和可调控硬度的 1Cr18Ni9Ti－Al 伪合金组合材料;④ 具有抗高温热腐蚀和防常温海水腐蚀双重作用的 FeCrAlRE＋ZnAlMgRE 复合涂层材料;⑤ 陶瓷颗粒增强的 FeAl 基金属间化合物抗热腐蚀与冲蚀用粉芯丝材。

将研制自动化智能高速电弧喷涂系统及 1Cr18Ni9Ti－Al 复合材料和 FeCrBSiNb 喷涂铝材用于中国重汽集团济南复强动力有限公司重载车辆发动机再制造生产线,设备稳定可靠,涂层性能优异,已完成 200 余台发动机缸体的再制造和 100 余根曲轴的再制造。图 5.43 所示为机器人自动化喷涂发动机曲轴的应用。试车考核和应用表明,再制造曲轴的性能等同于新品。再制造一台发动机缸体的时间可由原来手工喷涂的 90 min 缩减为 30 min,再制造的成本仅为新品的 1/10 左右,直接经济效益已超过 200 余万元。

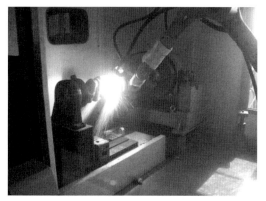

图5.43　机器人自动化喷涂发动机曲轴的应用

自动化高速电弧喷涂曲轴与制造新品曲轴相比,节能减排效果显著。该系统的开发成功显著地提高了生产效率,改善了作业环境,提升了再制造产品质量,降低了成本,具有重要的社会、经济和军事效益。

第6章 火焰喷涂技术 及其在再制造中的应用

火焰喷涂是一种以气体燃料或液体燃料在氧气或者空气助燃下形成具有一定喷射速度的燃烧火焰,并以此作为热源,将喷涂材料加热到熔融或半熔融状态,以高速喷射到经过预处理的基体表面上,形成涂层的工艺方法。根据燃烧火焰的性质,火焰喷涂技术可以分为普通火焰喷涂技术、超音速火焰喷涂技术和爆炸喷涂技术;根据喷涂材料的形态,火焰喷涂技术又可分为粉末火焰喷涂技术、线材(丝材)火焰喷涂技术和棒材火焰喷涂技术。

6.1 燃烧火焰的特性

6.1.1 火焰的燃烧原理

利用燃气体或液体与助燃气体按照一定比例混合后燃烧而产生的热量,可进行火焰喷涂。火焰喷涂采用的燃烧介质为燃气和氧气,常用的燃气由乙炔、丙烷、丙烯、氢气、天然气及液化石油气等。由于乙炔和氧气燃烧可产生较高的燃烧温度和火焰速度,其理论最高温度可达到 3 100 ℃,因此在火焰喷涂方法中氧-乙炔火焰最为常见。表 6.1 给出了几种典型燃烧气体与氧气燃烧时的火焰温度。

表 6.1　几种典型燃烧气体与氧气燃烧时的火焰温度

热源	温度 /℃	热源	温度 /℃
乙炔、氧气	3 100	丙烷、氧气	2 650
天然气、氧气	2 700	氢气、氧气	2 600

6.1.2 火焰的形貌特点

可燃气体(如乙炔)在预先混合好的空气或氧气中燃烧形成火焰。在燃烧反应过程中,有一次燃烧和二次燃烧问题,以氧-乙炔火焰燃烧为例,

其一次燃烧的反应为

$$C_2H_2 + O_2 = H_2 + 2CO \tag{6.1}$$

此一次燃烧反应形成的火焰即为氧-乙炔火焰中的焰心(靠近焊炬喷嘴孔处成圆锥状且发亮的部位),如图 6.1(a) 所示。当氧和乙炔一次燃烧并未全部将可燃物烧掉,其一次燃烧产物还可以继续燃烧,即发生二次燃烧,其反应方程式如下:

$$2CO + O_2 = 2CO_2 \tag{6.2}$$

$$H_2 + \frac{1}{2}O_2 = H_2O \tag{6.3}$$

二次燃烧是一次燃烧的中间产物与外围空气中的氧气发生的二次燃烧,生成稳定的最终产物。二次燃烧形成的火焰为氧-乙炔火焰中的外焰。通过调节乙炔和氧气的比例,可分别得到 3 种不同形貌的氧-乙炔燃烧火焰,以适用于不同材料的喷涂。上述 3 种不同形貌的氧-乙炔火焰为中性焰、碳化焰和氧化焰。

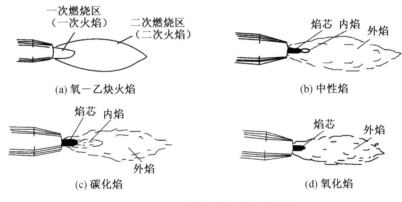

图6.1 不同燃烧火焰形状示意图

(1)中性焰的特点。中性焰可分为焰芯、内焰和外焰。焰芯呈光亮的亮白色尖锥形,轮廓清晰;内焰呈蓝白色,轮廓不清晰,与外焰无明显的界限;外焰由里向外逐渐由淡蓝色变为橙黄色。

(2)碳化焰的特点。碳化焰是氧气与乙炔的混合比小于 1.0 而燃烧时形成的火焰;焰心较长,呈蓝白色,内焰呈淡蓝色,外焰呈橘红色。乙炔比例过多时则冒黑烟,火焰长且柔软,最高温度只能达到 2 700 ~ 3 000 ℃。喷涂金属材料时,允许使用轻微的碳化焰,其能提高涂层中的碳含量,但影响喷涂效率。

（3）氧化焰的特点。氧化焰是氧气与乙炔的比例相对偏大的燃烧状态，氧气的浓度偏大，氧化剧烈，因而焰心、内焰、外焰都缩短了。焰心短而尖，呈青白色，轮廓不太明显；内焰难以分辨；外焰呈蓝紫色，挺直，较短，燃烧时伴有嘶嘶的声音。氧化焰的温度最高可达 3 500 ℃。氧化焰的氧化性强，易氧化的金属材料不宜采用氧化焰喷涂，如喷涂一般的 Fe 基、Ni 基合金粉末时不宜采用氧化焰；喷涂陶瓷材料时，适当提高氧化气流量有利于材料的熔化。

6.1.3　燃烧方式

以气体燃料火焰燃烧为例，其燃烧方式有以下两种。

1. 扩散燃烧

扩散燃烧是指燃气体和助燃气体分别由各自喷口喷入燃烧室，一边扩散混合，一边燃烧的燃烧方式。扩散燃烧火焰很长，燃烧火焰稳定性好，不会发生回火现象，但火焰温度不太高。

2. 预混燃烧

预混燃烧是指气体燃料与部分或全部助燃气均匀混合后再进入燃烧室燃烧的燃烧方式，预混燃烧属于动力燃烧。在部分预混燃烧时，火焰有两个锥面，即内焰和外焰，在外焰区的燃烧方式实际上是气体燃料的扩散燃烧。随助燃气的增加，火焰缩短。达到完全预混燃烧时，燃料燃烧速度很快，燃烧几乎可以在瞬间完成，外焰不再存在。采用预混燃烧方式能够实现高负荷燃烧，但有回火的危险。

热喷涂常采用的是预混燃烧方式。在预混燃烧中，燃气和助燃气的混合方式主要有射吸式混合和等压式混合两种。射吸式混合指燃烧气与助燃气按喷射器原理混合，一般以助燃气作为喷射气体，如图 6.2 所示。

等压式混合是燃气和助燃气均以临界速度喷入混合室内进行混合（图 6.3）。等压式混合时，燃气和助燃气的压强相等或成一定比例，燃气与助燃气流动可分为平行流动（靠湍流混合）和按一定角度或垂直相交流动（即两者均为旋转气流之间的混合）两种。

等压式混合的预混燃烧稳定性较射吸式混合要高，其混合燃烧的气体流量（火焰功率）及调节范围也比射吸式预混燃烧大。

6.1.4　火焰的传播特性

气体燃料燃烧的火焰传播速度指燃烧火焰锋面在其法线方向上，向未燃烧气体燃料方向传播的速度。按气体火焰传播理论，要维持火焰的稳定

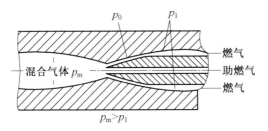

图6.2 射吸式混合原理图

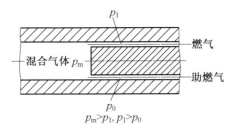

图6.3 等压式混合原理图

性,应保持可燃气体向火焰锋面的运动速度与火焰传播速度相等,否则将出现脱火或回火现象。

1.脱火

当可燃气体混合物在燃烧火焰锋面处,沿法线方向上的分速度大于该混合物火焰的传播速度时,火焰会脱离喷口燃烧,甚至被吹灭,这种现象称为脱火。对应于脱火时的可燃气体混合物的气流速度称为脱火极限。

2.回火

当可燃气体混合物在燃烧火焰锋面处,沿法线方向上的分速度小于该混合物火焰传播速度时,火焰缩回燃烧器内部,这种现象称为回火。对应于回火时的可燃气体混合物的气流速度称为回火极限。回火可能性与火焰传播速度成正比。

只有当可燃气体混合物气流速度处于回火极限和脱火极限之间时,火焰才能稳定燃烧。对火焰喷涂设备而言,脱火危害远小于回火。因此在喷涂操作中要特别注意防止回火的发生,预防回火的方法主要是降低火焰传播速度或提高燃气喷出速度,具体措施为在保证可燃气体流量的条件下,选择多孔数、小孔径、深喷口的喷嘴,这样可以提高燃气的喷出速度和喷嘴的冷却作用,减小火焰的传播速度。

6.2　普通火焰喷涂技术

普通火焰喷涂是相对超音速火焰喷涂而言的，它所使用的燃烧火焰未经过特殊的压缩和加速，其是直接采用开放扩散型的燃烧火焰作为热源的喷涂工艺。

6.2.1　线材火焰喷涂技术

线材火焰喷涂一般以氧—火焰燃气（一般为乙炔）作为热源，喷涂的材料可以是丝状的金属、合金或柔性材料包覆的复合粉末丝材或棒材。它是最早获得应用的热喷涂方法，迄今仍在普遍使用。

1. 线材火焰喷涂原理

线材火焰喷涂的基本原理如图 6.4 所示。喷枪通过气阀分别引入乙炔、氧气和压缩空气，利用氧—乙炔燃烧火焰作为热源，将连续、均匀送入火焰中的喷涂丝材端部加热到熔化状态，借助于高压气体将熔化状态的丝材雾化成微粒，喷射到经过预先处理的工件表面形成涂层。

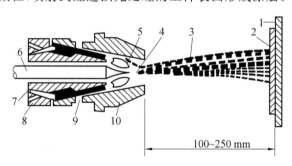

图6.4　线材火焰喷涂基本原理

1— 基材；2— 涂层；3— 喷涂束流；4— 熔融材料；5— 火焰；6— 线材或棒材；7— 氧气；8— 燃气；9— 雾化气；10— 气体喷嘴

火焰线材喷涂装置简单、操作方便，容易实现连续均匀的送料，喷涂质量稳定，喷涂效率高，耗能少，但丝材制造受到拉丝成形工艺的限制。

2. 线材火焰喷涂设备

典型的线材火焰喷涂系统示意图如图 6.5 所示，主要包括线材火焰喷枪，燃气、氧气和压缩空气控制装置、送丝机构和供气系统。

（1）喷枪。喷枪是火焰线材喷涂设备中最关键的部件。用于喷涂线材的火焰喷枪按燃气的引入方式可分为射吸式喷枪和等压式喷枪两种，射吸

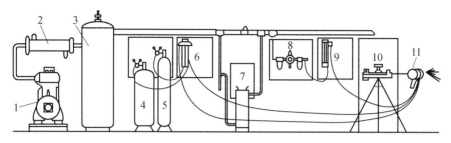

图6.5 典型的线材火焰喷涂系统示意图

1— 空气压缩机;2— 空气干燥器;3— 储气罐;4— 乙炔瓶;5— 氧气瓶;6— 气体流量表;7— 空气净化器;8— 空气控制器;9— 空气流量表;10— 丝架;11— 喷枪

式喷枪利用氧气气流吸入乙炔气,操作方便,使用安全;按送丝动力可分为气涡轮送丝喷枪和电动机送丝喷枪两种。我国设计的喷枪多为射吸式喷枪,如目前国内最常用的SQP－1型线材火焰喷枪是由上海喷涂机械厂自行设计的射吸式喷枪。它以线材的金属材料为喷涂材料,以氧－乙炔火焰为热源,送丝动力气源为气涡轮,可手持和机夹,该枪的外形和结构如图6.6所示。

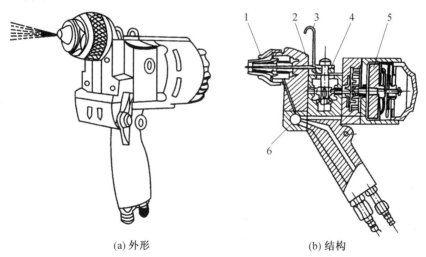

(a) 外形　　　　　　　　(b) 结构

图6.6 SQP－1型线材火焰喷枪的外形和结构图

1— 喷嘴部分;2— 丝材;3— 挂钩;4— 送丝滚轮;5— 风机部件;6— 气体开关

(2)控制装置。气体燃料、氧气、压缩空气的压强与流量是影响涂层性能的重要参数,一般需要采用调压器和流量计同时进行控制。通过调节阀调节气体的压强和流量,并通过串联回火防止器确保系统安全。

(3)送丝机构。送丝机构由丝材盘架和送丝驱动机构组成,送丝机构取决于枪内的驱动装置,为了能够将丝材均匀地送入火焰中,一般使用可使盘状丝材回转送出的送丝装置。

(4)供气系统。火焰线材喷涂必须氧气、燃气、压缩空气三气俱全。线材火焰喷枪最好选用瓶装氧气、乙炔和经干燥、净化处理的压缩空气。乙炔气最低限度也要用中压发生器产生的乙炔气,并且要能保证足够的供气量。压缩空气压强、流量都必须满足喷枪说明书的要求。压缩机后应接有空气换热排污器及油水分离器,以除去压缩空气中所含的水分和油。对氢气、乙炔和压缩空气的性能要求见表 6.2。

表 6.2 对氧气、乙炔和压缩空气的性能要求

名称	纯度	最高压力 /MPa	最大流量 /$(m^3 \cdot h^{-1})$	备注
氧气	$\geqslant 99.0\%$	> 0.7	> 2.5	—
乙炔	$\geqslant 99.0\%$	> 0.1	> 0.7	—
压缩空气	—	> 0.7	> 30	清洁干燥

3. 线材火焰喷涂工艺

线材火焰喷涂涂层能改善基体材料的表面特性。涂层的质量取决于喷枪的性能和金属丝的质量,合理地选择喷涂工艺方法和工艺参数也是确保涂层质量的重要因素之一。喷涂工艺参数的变化将影响涂层的喷涂效率、沉积效率、结合强度、内应力及组织状态等。

(1)氧 - 乙炔火焰的选择。火焰性质对涂层质量的影响,对于不同材料会得出不同的效果。只有根据喷涂材料特性、涂层工作环境,来选用适宜的火焰性质,才能更好地提高喷涂效率和涂层质量。

中性火焰燃烧残余物少,能提高喷涂效率和喷涂质量,节约能源,是线材火焰喷涂时最常用的火焰,常用的金属线材(如锌、铝、钢、不锈钢等)都采用中性火焰进行喷涂作业。

氧化焰在喷涂合金钢、不锈钢、铝等材料时,会增大涂层材料中的碳和合金元素的烧损,使涂层中的氧化物含量增大、耐蚀性下降,因此一般不被采用。

还原焰中若乙炔含量过高,火焰的稳定性将下降。在喷涂铝、不锈钢材料时使用还原焰可以减少涂层中氧化物含量和合金元素的烧损,提高涂层的耐蚀性能。

(2)气体压力和流量的选择。如采用不同的喷枪,其喷涂参数可能不同,应根据每把枪的使用说明书进行调整。采用 SPQ - 1 型喷枪时,由于该枪是射吸式的,一般氧气压力为 0.3 ~ 0.7 MPa;乙炔压力为 0.03 ~ 0.

10 MPa。压缩空气是氧－乙炔火焰线材喷涂中不可缺少的气源之一,是线材熔化后形成微小粒子并喷射到工件表面动力的主要来源,在喷涂过程中,提高压缩空气的压力,既能使丝材熔滴获得高的动能,又能使熔滴保持高的温度,对提高涂层与基体的结合强度和涂层的致密度都非常有利,但压力和流量过大将使火焰的温度降低,造成熔滴熔化不良,也会影响涂层质量,因此,压缩空气的压力与流量也要根据火焰的参数进行匹配选择。一般用氧－乙炔火焰喷涂时选用的压缩空气的压力为 $0.4 \sim 0.8$ MPa。

燃气流量和氧气流量的大小可决定火焰的长度。采用 SPQ－1 型喷枪,当火焰为中性焰时,随着氧－燃气流量的增加,火焰的长度明显增加,焰流速度也增加,可达到提高涂层的结合强度、减少涂层的孔隙率、改善涂层质量的目的。

(3) 喷涂距离的选择。选择合适的喷涂距离对涂层的质量影响很大,若选用过小的喷涂距离,丝材的熔滴温度高、动能大,有利于提高涂层与基体表面的结合强度。但是,氧－乙炔火焰传递给基体表面的温度升高,容易引起基体的热变形,而且加热基体也会因为涂层与基体间热膨胀系数的差异而引起涂层中新的应力,严重时将导致涂层的开裂和剥落。喷涂距离过大时,丝材熔滴的温度和动能下降,会降低涂层与基体的结合强度和涂层的致密度。因此,喷涂时的理想情况是在对基体几乎不产生热变形的条件下,尽可能选用较小的喷涂距离。

粒子的最高飞行速度与喷涂时所用的燃气和氧气流量、压缩空气压强的大小有非常大的关系。当这 3 项都增加时,粒子的飞行速度将增加,而且最大速度的位置前移,此状态时,喷涂距离可以选择较大些。

在通常的工艺参数下,丝材熔滴飞行的最大速度在喷涂距离为 100 mm 左右处。因此,氧－乙炔火焰丝材喷涂距离一般选为 $100 \sim 150$ mm,对于放热型复合丝材,喷涂距离可增大到 $150 \sim 200$ mm。

(4) 丝材直径和丝材送进速度的选择。在氧－乙炔火焰丝材喷涂中,选用的丝材直径大,可以提高喷涂的效率和降低涂层的含氧量。但是选用大直径的丝材进行喷涂时,会受到喷枪功率的限制。国产 SPQ－1 型氧－乙炔火焰丝材喷枪选用的丝材直径为2.3 mm 和 3 mm 两种。美制 12E 型氧－乙炔火焰丝材喷枪选用的丝材直径一般为 3.77 mm 和 4.77 mm 两种。

丝材送进速度取决于丝材本身的熔点和氧－乙炔火焰参数的最佳条件。当氧－乙炔火焰参数为最佳条件时,由于火焰能量大、稳定性好,丝材也处于最佳的加热状态,丝材的送进速度可以偏高些。但是当丝材的送进速度过高时,会造成丝材熔滴出现熔化不均匀的现象。因此,在确保涂层质量的前提下,必须选用较高的丝材送进速度,以便提高喷涂效率。当丝材的送进速度过低时,丝材熔滴呈现细密状颗粒,造成涂层含有较多的氧化物,会降低涂层的性能和喷涂效率。比较合适的送丝速度得到的金属雾化粒子的尺寸约为 $20 \sim 70\ \mu m$。对于每种喷涂材料,其喷涂时送丝速度是不同的。使用 QX－1 型喷枪可以通过观察线材在火焰中伸出空气帽的长度判断送丝速度是否合理。对于一般熔点高于750 ℃ 的金属材料,如碳钢、不锈钢丝等,其空气帽的伸出长度约在 $3 \sim 5$ mm;而对于熔点低于 750 ℃ 的锌、锡、铅、巴氏合金等,其空气帽的伸出长度可大于 5 mm。

国产 SPQ－1 型氧－乙炔火焰丝材喷枪具有中速和高速两种送进速度。对于高熔点丝材和氧化物丝材,其直径为 2.3 mm 时,一般选用中速挡;对熔点较低的金属丝材,其直径为 3 mm 时,一般选用高速挡。

(5)喷枪与基体表面的相对移动速度的选择。喷枪与基体表面的相对移动速度对涂层质量和基体的热变形有一定的影响。当相对移动速度过慢时,基体表面温度升高,严重时出现表面氧化和热变形。同时基体表面出现的热膨胀与涂层出现的冷凝收缩,均发生在它们之间的接触面上,使之出现较大的拉伸应力,降低了涂层与基体表面之间的结合强度。所以除及时冷却涂层外,正确选择喷枪与基体表面的相对移动速度十分重要。

6.2.2　棒材火焰喷涂技术

棒材火焰喷涂是主要应用于陶瓷棒材的喷涂。棒材火焰喷枪结构示意图如图 6.7 所示,其原理与线材火焰喷涂类似,不同之处为送棒孔径较大(因陶瓷材料的熔点高),因而火焰的功率较大,相应的气路及喷嘴结构设计均应满足陶瓷棒喷涂的需要。

棒材火焰喷涂的主要特点是陶瓷棒端部在氧－乙炔火焰中停留的时间较长,接近焊条熔化方式,使陶瓷棒端部充分熔化后,再用射流将其物化成熔滴,并喷射到工件表面形成涂层。如此克服了由于陶瓷材料熔点高、在热源中加热时间短、熔化不充分而产生的"夹生补"现象,因此涂层致密、孔隙率低、结合强度好。

但陶瓷棒在喷涂操作时比较烦琐,喷涂大件或连续喷涂时要不断送入新棒,棒料的尾段往往难以输送和雾化均匀,陶瓷棒的成本也很高、生产效率低。

棒材火焰喷涂的工艺特点如下:

(1)涂层由完全熔化的陶瓷粒子形成,涂层中不含未熔化粒子,层间结

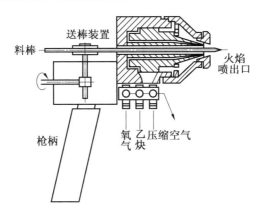

图6.7　棒材火焰喷枪结构示意图

合强度高,涂层韧性好。

(2)粒子飞行速度比较高,最高可达 180 m/s,在距离喷嘴 150 mm 处粒子速度可达 130～140 m/s,是普通粉末火焰喷涂粒子速度的 2～3 倍,涂层内部结合强度高。

(3)对基材的热影响小,压缩空气除了起到雾化作用外,还可对基体进行冷却。

(4)与线材火焰喷涂类似,喷涂装置轻便,可以固定,也可以手持操作,适合于户外施工。

(5)喷涂材料种类有限,且对棒材的圆度、平直度要求较高。

6.2.3　粉末火焰喷涂技术

粉末火焰喷涂是利用燃气与助燃气燃烧产生的热量加热粉末态喷涂材料,使其达到熔融或半熔融状态,借助焰流动能或喷射加速气体,将粉末喷射到经预处理的基体表面,形成涂层的工艺方法。

1. 粉末火焰喷涂的原理和特点

粉末火焰喷涂的原理示意图如图 6.8 所示。喷枪通过气阀分别引入燃气(主要采用乙炔)和氧气,经混合后,从喷嘴环形孔或梅花孔中喷出,产生燃烧火焰。喷枪上设有粉斗或进粉管,利用送粉气流产生的负压和粉末自身的重力作用,抽吸粉斗中的粉末使粉末粒子随气流从喷嘴中心进入火焰,粒子被加热熔化或软化为熔融粒子,焰流推动熔滴以一定的速度撞击基体表面形成扁平化粒子,并不断沉积形成涂层。为了提高熔滴的速度,有的喷枪装置设有压缩空气喷嘴,由压缩空气给熔滴以附加的推动力。对于与喷枪分离的送粉装置,是借助压缩空气或惰性气体,通过软管将粉末送入喷枪的。

粉末火焰喷涂具有设备简单、工艺操作简便、应用广泛灵活、适应性强、修复速度快、经济性好及噪声小等特点。

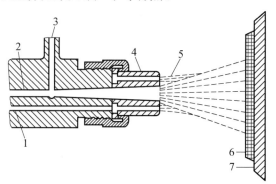

图6.8 粉末火焰喷涂原理示意图
1—氧—乙炔混合气;2—送粉气;3—送粉通道;4—喷嘴;
5—燃烧火焰;6—涂层;7—基体

2. 粉末火焰喷涂粉末的熔化及涂层的形成过程

与线材火焰喷涂不同的是,粉末进入火焰后,粉粒都受到火焰的加热,并在焰流的推动下飞行,被喷射成一束微粒流。粉粒在被加热的过程中,都是由表层向芯部熔化,熔融的表层会在表面张力的作用下趋于球状,不存在粉粒再被破碎的雾化过程,因此粉末的粒度大小决定了涂层中变形颗粒的粗细和涂层表面的粗糙度。进入火焰的粉末在随后被喷射飞行的过程中,由于处在火焰中的位置不同,被加热的程度不同,因而有部分粉末熔融,有部分粉末仅被软化,还存在少数未熔的颗粒。这与线材火焰喷涂的熔化、雾化过程有较大差别。这造成涂层的结合强度和致密性一般不及线材火焰喷涂。

在喷涂过程中,被加热到熔化或接近熔化状态的合金粉微粒相继以高速喷射撞击处于常温至 200 ℃ 温度范围内的基材表面,形成鳞片状的互相重叠的层状结构。当微粒冲击到抛光的具有新鲜金属表面的基材上,在动能作用下,将发生强烈的变形,形成直径为 D、厚度为 h 的薄片。最先形成薄片状的合金微粒与工件表面凹凸不平处产生机械咬合。同时,当微粒撞击基材时,基材原子获得相当高的能量(即活化能),与微粒原子可能发生化学反应。随后飞来的合金微粒击覆在先到的微粒表面,依照顺序堆叠嵌镶而形成一种以机械结合为主体的喷涂涂层,这种现象称为"抛锚效果"。

研究证明,微粒飞向基材、撞击、变形的过程是各自独立进行的。探索喷涂涂层的形成机理时,可从研究单个微粒的接触相互作用过程和结果中扩展。相互作用有两种情况,首先是微粒同基材表面间的相互作用;其次是微粒同已喷着的涂层的相互作用。当微粒高速变形、流散并冷凝成薄片形状时,微粒和基材在界面相互作用,最先形成物理结合;微粒中大量受热激发的原子与基材受撞击获得相当高活化能的原子接触时,在直径为 D 的表面上发生原子间化学键的结合,如基材表面活化程度提高,直径 D 将增大,结合程度会提高。氧－乙炔火焰将合金粉粒熔化成半熔化后喷射于基材上,颗粒的凝固速率是极快的。由于液滴很快凝固,来不及铺开和不能填足第一层孔隙,故造成多孔结构。

氧－乙炔火焰喷涂涂层组织亦为层状结构,含有氧化物及气孔,并混杂有少量变形不充分的颗粒。涂层与基材的结合为典型的机械结合。涂层的气孔率和结合强度受喷涂材料、喷枪、喷涂工艺等工艺条件的影响大,气孔率可减小到 5%,若气孔率高达 20% 时,结合强度低者小于 10 MPa,高者大于 30 MPa。

3. 粉末火焰喷涂设备

粉末火焰喷涂设备与线材火焰喷涂设备一样,也是由喷枪、氧气和乙炔供给装置、压缩空气供给装置及其他辅助装置组成。空气供给系统的装置与线材火焰喷涂完全相同,气体控制柜可以通用,不同之处在于喷枪。在喷枪不需要附加压缩空气时,则不需要压缩空气供给装置;在枪外送粉时,需要附加送粉装置。

(1)喷枪。粉末火焰喷枪种类非常多,它是喷涂设备中的主要部件,集火焰燃烧系统与粉末供给系统于一身,其喷枪的类型有专门用于喷涂的喷枪,也有喷涂线熔两用粉末火焰喷枪,种类非常多,它是喷涂设备中的主要部件,粉末火焰喷枪的基本要求如下:

① 不易回火、火焰能量大、燃烧稳定均匀和调节灵敏。

② 吸粉力强,送粉力要大,送粉开关灵活,启闭要可靠;操作方便,维修要简便且便于携带。

③ 各连接处密封要好,各通道不得漏气,安全可靠。

上海喷涂机械厂研制生产的SPH－E型喷枪是一种常用的喷枪,既适用于氧－乙炔火焰粉末喷涂,又适用于氧－乙炔火焰粉末喷熔化的两用枪,其结构如图 6.9 所示。

(2)SPH－E型喷枪的结构及组成。SPH－E型喷枪的火焰燃烧系统和粉末供给系统采用射吸式原理。由于枪体上部的粉斗座位置可以调节以及带有专用接长管附件,因此除一般位置操作外,还可以进行仰喷以及复杂形状零件的喷涂。喷枪有如下主要组成部分：

① 喷嘴是喷枪的主要零件，有两种类型，一种是梅花孔嘴，可使火焰热能较大，但火焰速度较低，不适用于内孔零件的喷涂；另一种是环形喷嘴，可使火焰热能较小，但火焰速度高、不易回火，适用于内孔零件的喷涂，同时也适用于具有放热性元素的合金粉末的喷涂。

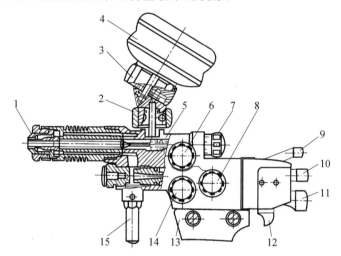

图6.9　SPH－E型喷枪结构图

1— 喷嘴；2— 锁紧环；3— 粉斗座；4— 贮粉罐；5— 本体；6— 送粉气体控制阀；7— 粉末流量控制安全阀；8— 氧气阀；9— 补充送粉气体进口；10— 氧气进口；11— 乙炔进口；12— 气体快速关闭阀；13— 手柄；14— 乙炔阀；15— 支柱

② 送粉气体控制阀通过控制送粉气体的流量，来调节射吸系统吸入粉末的数量和粉末到达火焰中的速度。

③ 粉末流量控制阀用于控制送入送粉系统的粉末数量。

④ 氧气和乙炔控制阀分别用来控制氧气和乙炔的流量。

⑤ 具有方向可调的粉斗座及贮粉罐。

4. 粉末火焰喷涂粉末

粉末是氧－乙炔火焰粉末喷涂技术中形成涂层的原材料。粉末质量的好坏直接关系到涂层质量的好坏。所以对于粉末的选择有以下 4 个基本原则：

① 投入使用的粉末必须满足各种使用性能所要求的化学成分。

② 喷涂材料的熔点（或软化点）应低于火焰的温度。

③ 用于氧－乙炔火焰喷涂的粉末必须具有良好的抗氧化性能。另外，

对大多数金属及合金粉末来说,都应控制其氧含量,一般不能超过 0.1%。

④ 粉末的外形应是球形和近似球形的,大小适中、均匀。

氧-乙炔火焰喷涂粉末有金属及合金粉末、自熔性合金粉末、复合粉末、陶瓷粉末及塑料粉末等。

(1) 金属及合金粉末。氧-乙炔火焰喷涂合金粉末分打底层粉末(又称结合粉)和工作用粉末两类。打底层粉末常用 NiAl 复合粉,其中包括镍包铝粉和铝包镍粉两种。工作层粉有普通工作层粉末和自黏一次喷涂粉末。打底层粉末处于基材与工作层之间,提供一层韧性较强的亚膜,以提高基材与涂层之间的结合强度,加强涂层的抗氧化性能。目前最常用的打底层粉是 NiAl 复合粉。它的每个颗粒都由微细的镍粉和铝粉组成。当喷涂时,Ni 和 Al 之间发生化学反应并放出大量的热量。同时,部分 Al 还会氧化,产生更多的热量,在此基础上,Ni 可扩散到基材金属中去,从而形成原子扩散结合,显著提高涂层的结合强度。NiAl 复合粉不仅具有优异的自黏结能力,而且喷涂之后涂层表面粗糙,热膨胀系数在钢材与工作层之间,因此也是一种理想的中间涂层材料。以 NiCr 合金代替纯镍作粉末核心,制成铝包镍。Cr 合金的复合合金粉末,可使涂层具有更好的耐高温性和抗氧化性能。

组成工作层的粉末应具有承担不同工况要求的能力,同时还要与打底层粉末牢固结合。氧-乙炔火焰喷涂的工作层合金粉末有普通工作层粉和自黏一次喷涂粉末两类。普通工作层合金粉末又有 Ni 基粉末、Fe 基粉末、Cu 基粉末、Co 基粉末及 Al 基粉末等几种。

Zn 粉、Al 及 Al 合金粉末的喷涂涂层广泛地应用于户外钢铁构件、桥梁和铁塔的防护。铜基合金粉末可以用于修补铸件、机床导轨、中低压阀门密封面以及 Al、Cu 等工件的喷涂。

Ni20Cr 耐热合金是典型的耐热、耐腐蚀和抗高温氧化的涂层材料,也是陶瓷(如 Al_2O_3、ZrO_2)、软金属(如 Zn、Al) 等材料的涂层与基体之间极好的过渡层材料。NiCrB 系合金粉末可用于轴类、活塞等的防磨修复。

在 Fe 基合金粉末中,常见的还有不锈钢粉末、碳钢和低合金粉末、FeCrSi 系合金粉末和 FeCrBSi 系合金粉末。这类材料一般都用在常温下工作的机械零部件,进行滑动表面的硬面涂层及磨损部位的尺寸修复。含有 Cr、C 的 Co 基喷涂粉末硬度高,在高温(700 ℃)下硬度也不降低,具有优异的红硬性,并且还具有耐磨性和耐蚀性。加入稀土元素 Y 的 CoCrAlY 合金可以在高达 1 000～1 200 ℃ 的温度下使用。

(2) 自熔性合金粉末。自熔性合金是指熔点较低,熔融过程中能自行脱氧、造渣、能"润湿"基材表面的一类合金。目前,绝大多数自熔性合金都是通过在 Ni 基、Co 基、Fe 基合金中添加适量的 B、Si 元素而制得的。

Ni 基自熔性合金硬度并不很高,但其具有良好的塑性、韧性、抗氧化性、急冷急热性,有一定的耐磨性和耐腐蚀性,易于机械加工。合金的熔点较低,工艺性能好,可用于铸铁玻璃模具、塑料和橡胶模具、化工机械和机械零件的修补和强化。加入一定数量的 WC(25% ~ 80%),即成为含碳化钨自熔合金的粉末。WC 颗粒硬度可达 HRC 70 以上,分布在涂层整体中,可大大提高其耐磨性。

Co 基自熔性合金是在 CoCrW 系合金基础上添加 B、Si 元素而制成的。Co 具有极好的耐热、耐腐蚀和抗氧化能力。一部分 CrW 与 Co 形成固溶体,起固溶强化作用,进一步提高钴基合金的抗氧化能力和红硬性。一部分 CrW 生成的化合物可提高合金的硬度和耐磨性。

不锈钢型自熔性合金涂层具有较好的耐热、耐磨损和耐腐蚀性能,推荐用于矿山机械、农业机械和建筑机械磨损件的修复。FeCrBSi(C) 系高 Cr 铸铁型自熔性合金适用于抗磨粒磨损而不需进行机械加工的零部件。

Cu 基自熔性合金粉末所形成的涂层力学性能好、塑性高、易于加工、耐蚀性好且摩擦系数低,适用于各种轴瓦、轴承、机床导轨的修复等。

WC 型自熔性合金粉末的涂层致密、超硬、耐磨粒磨损,可用于特别严重磨损部件的修补或预防性喷熔,如链锯导杆、粉碎机部件、喷砂嘴、离心机叶片、油井工具接头、风机叶片、螺旋输入器等。

(3)复合粉末。凡是由两种或者两种以上性质不同的固相物质所组成的粉末称为复合粉末。组成复合粉末的成分可以是金属及合金的相互复合、金属及合金与各种非金属的相互复合、非金属与非金属的相互复合等,范围十分广泛,几乎包括所有固体粉末在内。

复合粉末一般可分为包覆粉末和组合粉末两大类。包覆粉末包括均匀包覆粉末和非均匀包覆粉末两种。均匀包覆粉末采用液相沉积、热分解等方法制造,核心颗粒被完整地包覆着,如镍包铝粉等。非均匀包覆粉末采用黏结剂法、料浆喷干法和雾化法制造,如铝包镍粉。组合粉末是两种或两种以上的粉末经过机械团聚而形成的一种复合粉末。

(4)陶瓷粉末。陶瓷材料具有耐磨损、耐腐蚀及抗氧化等性质。喷涂用的陶瓷粉末应采用纯度高、杂质和玻璃相少的材料。氧 — 乙炔火焰喷涂常用的陶瓷粉末只有 Al_2O_3 和 ZrO_2。其中,由于 ZrO_2 的熔点高(2 700 ~ 2 850 ℃),用氧 — 乙炔火焰喷涂是十分勉强的。

(5)塑料粉末。塑料一般分为热塑性塑料和热固性塑料两种。热塑性塑料即通过加热产生可塑性的塑料,如聚乙烯、尼龙、聚硫橡胶、聚乙烯醇、聚三氟乙烯等,其中应用最多的是高压法制造的聚乙烯粉末。通过加热产生硬化性的塑料称为热固性塑料,应用最广泛的是环氧树脂。

将高温塑料粉末与 Ni、Cu、Al 合金或不锈钢粉末混合,用一般火焰喷枪进行喷涂。此法对所有基体(如碳钢,不锈钢,Al、Cu、Ni、Co、Ti 及其合金,以及陶瓷、塑料、布和木器)都可以进行喷涂。涂层可机加工成很光亮的表面,它不仅保持了塑料原来的耐腐蚀性能,而且还提高了塑料的强度、硬度和耐磨性。此涂层适用于发动机或泵轴密封面、气体压缩机或泵壳的耐磨涂层,如用于轴承表面,均可不用润滑。

5. 粉末火焰喷涂特点

氧－乙炔火焰粉末喷涂是较普遍采用的方法,与其他热喷涂方法相比,主要有以下特点:

(1)设备简单、轻便、投资少。

(2)操作工艺简单,容易掌控,现场施工方便,便于普及。

(3)适于机械部件的局部修复和强化,成本低,效益高。

(4)涂层的孔隙率较高,涂层的残余应力较小。

6.3 超音速火焰喷涂技术

6.3.1 超音速焰流的形成条件

超音速焰流指焰流流动速度达到或超过当地声速(马赫数 $Ma \geq 1$),焰流的特征与实现超音速焰流的途径密切相关。目前,实现超音速焰流的途径主要有直通管爆震和 Lavel 喷管加速两种。

爆震是火焰突然燃烧和快速燃烧的过程。火焰在正常的情况下,其传播速度为每秒几米,但在一定条件下,缓慢燃烧将变成非常迅速的燃烧,燃烧混合物一般在传过大约 10 倍管径的距离后,火焰会以 2 000 m/s 甚至更高的速度传播,这种现象就是爆震。

Lavel 喷管加速是目前超音速火焰喷枪实现焰流加速的主要途径,它是由亚声速收缩段、跨声速喉管和超音速扩张段组成。

根据一维等熵常流动模型有

$$(Ma^2 - 1) = \frac{\mathrm{d}v}{v} = \frac{\mathrm{d}A}{A} \tag{6.4}$$

式中　　Ma—— 马赫数;

v—— 流体速度;

A—— 截面面积。

从式(6.4)可以看出,在 Lavel 管的收缩段,假若流体是亚声速的 $(Ma < 1)$,$dA < 0$,$dv > 0$,流体的速度将逐渐增加;流体流经跨声速喉管处,$dA = 0$,$Ma = 1$,流体的速度达到声速;流体到达超音速扩张段时,由于 $dA > 0$,$Ma > 1$,因此 $dv > 0$,流体的速度继续增加,形成超音速流动。

6.3.2　超音速焰流的特征

超音速焰流在管口外的流动是由膨胀波和压缩波的反射与相交,两者交替变换形成的流场。超音速火焰焰流特征波形示意图如图 6.10 所示,图中实线区表示压缩波区,虚线区表示膨胀波区。由于在压缩波区焰流的密度、温度、压强均较高,故在压缩波区相交形成锥形块(图中阴影线部分)——马赫锥。马赫锥的存在与否可以作为火焰是否达到超音速的一个重要依据。

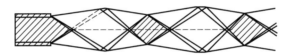

图6.10　超音速火焰焰流特征波形示意图

6.3.3　超音速火焰喷涂系统组成与特点

1.超音速火焰喷涂系统组成

超音速火焰喷涂系统主要由超音速火焰喷枪、控制装置、送粉器、冷却系统、燃料和氧的储罐或气瓶与连接管路构成。控制装置主要用于控制燃料(气体燃料或液体燃料)供给气、载气、压缩空气等气体流量,也控制喷枪冷却水循环用的水泵。典型的超音速火焰喷涂设备系统及其管路如图 6.11 所示。

超音速火焰喷枪是超音速火焰喷涂系统的核心部件,主要分为燃气超音速火焰喷枪和燃油超音速火焰喷枪,几种典型的喷枪结构如下所示:

(1)Jet－Kote 是最初商品化的超音速火焰喷枪,图 6.12 所示为 Jet－Kote 喷枪结构示意图。燃气(丙烷、丙烯或氢气)以 0.3 MPa 以上的压力输入燃烧室(位于枪把中),沿喷管轴线送粉,燃烧室和枪管均采用水冷方式冷却,焰流在出口处的速度可达 3 倍声速以上。

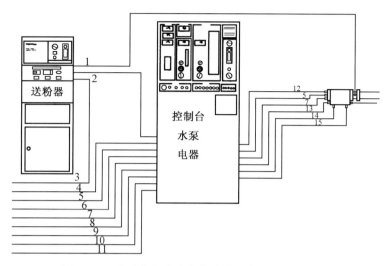

图6.11　典型的超音速火焰喷涂设备系统及其管路

1—送粉至喷枪;2—载气至送粉器;3—送粉器电源;4,5—燃料供给;6—燃料回路;7—氧气供给;8—载气供给;9—压缩空气供给;10—进水;11—冷却水回路;12—火花塞点火;13—燃烧室压力;14—出水;15—冷却水回路

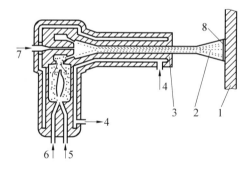

图6.12　Jet—Kote喷枪结构示意图

1—基体;2—喷涂焰流;3—喷枪;4—冷却水;5—氧气;6—燃气;7—粉末及送粉气;8—涂层

（2）CDS、Top—Gun 和西安交通大学研制的CH—2000型超音速火焰喷枪,是利用直通管燃烧爆震方式产生超音速焰流的,其结构示意图如图6.13 所示。

气体燃料与氧气得到的预混合气体部分或全部进入的燃烧室燃烧,产生高温高压燃气流,使其沿喷嘴处获得高速燃气流。当燃烧室内产生的压力使燃气流在喷枪出口处的排泄达到阻塞条件时,喷枪出口的火焰流动速

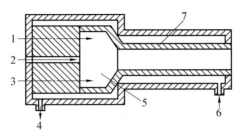

图6.13　CH－2000 型超音速火焰喷枪结构示意图

1— 氧气;2— 送粉气;3— 燃气;4— 冷却水;5— 燃烧室;6— 冷却

水;7— 喷嘴

度可达到声速以上。

Diamond Jet 是另一种类型的燃气式超音速火焰喷枪,其结构示意图如图 6.14 所示,与线材火焰喷枪的设计相似,其具有环状分布的火焰射流,采用中心送粉,没有燃烧室,采用压缩空气冷却,火焰温度与流动速度较其他超音速火焰喷枪低。

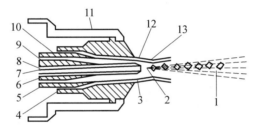

图6.14　Diamond Jet 型喷枪结构示意图

1— 马赫锥;2— 火焰聚焦点;3— 火焰;4— 火焰

约束帽;5— 喷嘴外层;6— 喷嘴内层;7— 内送粉

管;8— 保护送粉管的冷却管;9— 燃气及助燃气

体;10— 压缩空气;11— 火焰约束帽的压紧帽;

12— 压缩气体流层;13— 火焰燃烧区

JP－5000 型超音速火焰喷枪结构示意图如图 6.15 所示,其主要特点是采用一根类似于拉法尔管的细长火焰喷管,供给足够高压力的雾化液体燃料和氧气,在燃烧室混合燃烧后,通过喷枪的喉部被压缩,然后膨胀,产生一股超音速的低压喷射气流,类似于一个小型火箭。在焰流刚膨胀的低压部位导入喷涂粉末,粉末随高速低压焰流的抽吸作用被高速焰流加热和加速,达到很高的粒子速度从喷枪口喷出,然后高速撞击基体表面,形成优质涂层。涂层非常致密,与基体的结合强度高,压应力小,其质量可以接近爆炸喷涂涂层。

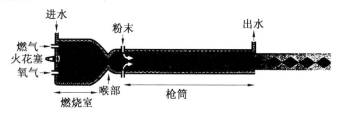

图6.15　JP—5000型超音速火焰喷枪结构示意图

2.超音速火焰喷涂系统的特点

超音速火焰喷涂系统的焰流具有很高的飞行速度和相对较低的温度,在制备耐磨涂层中显示出了独特优势,其主要特点如下:

(1)火焰及喷涂粒子速度很高,高速区范围大,喷射粒子撞击能量大。火焰速度可达2 000 m/s。喷涂粒子速度可达450 ~ 650 m/s甚至更高,可操作喷涂距离范围大,可达150 ~ 380 mm,工艺性好。

(2)火焰温度低,粒子与周围大气接触时间短,粉末氧化、烧损小。超音速火焰喷涂火焰温度一般在2 900 ~ 3 300 ℃,相比等离子喷涂和电弧喷涂来说温度较低,且颗粒在焰流中的飞行时间短,和周围大气接触的时间短,因而和大气几乎不发生反应,喷涂材料微观组织变化小,能保持其原有的特点。因而粉末的氧化、烧损小,特别适合喷涂碳化物等易氧化的粉末材料,如 WC—Co、WC—Co—Cr、NiCr—Cr$_2$C$_3$ 等。

(3)超音速火焰喷涂制备的涂层结合强度高,喷涂 WC—Co 涂层结合强度可达 70 ~ 90 MPa;涂层非常致密,孔隙率很低(小于1%);涂层硬度高,喷涂 WC—Co 涂层的显微硬度(HV)最高可达1 600,与烧结材料相当;涂层应力为压应力,且参与应力低,可制备厚涂层。

(4)与爆炸喷涂相比,超音速火焰喷涂虽然也是采用燃料燃烧形成超音速气流,但后者是连续、均匀的高速焰流,前者则是脉动的,还必须同步脉动地用惰性气体清除枪管中的残余燃气。

超音速火焰喷涂涂层虽然有较高的致密度、结合强度和硬度,而且涂层中的氧化物含量较低,但是超音速火焰喷涂仍然存在以下其自身难以克服的缺陷:

(1)适宜喷涂的材料较少。

超音速火焰喷涂具有高速低温的特点,在喷涂 WC—Co、WC—Co—Cr、NiCr—Cr$_2$C$_3$ 等粉末时,高速度、较低的温度及较短的颗粒飞行时间,保证了粉末在喷涂过程中更少的氧化和失碳,从而使涂层有更高的硬度和更好的耐磨损性。但其无法熔融更高熔点的陶瓷粉末材料;当喷涂金属或合金粉末时,成本太高,体现不出其优越性。

目前,超音速火焰喷涂主要用于喷涂 WC－Co、WC－Co－Cr、NiCr－Cr_2C_3 等碳化物金属陶瓷涂层材料,不适于喷涂其他陶瓷涂层材料,不推荐用于喷涂金属及合金粉末。

（2）对喷涂粉末的粒度要求高。

由于超音速火焰喷涂时颗粒飞行速度很高,火焰温度又较低,粉末被加热时间仅数千分之一秒,且粗颗粒粉末会在高速射流中出现明显的滞后,影响其沉积效率和涂层的均匀性,因此对喷涂粉末的粒度要求很高。

（3）热效率低,成本高。

燃料高强度燃烧产生的热能大量被冷却水或冷却用空气带走;高速焰流的热能因粉末在焰流中停留时间短,热交换并不充分,也影响热能利用率,因而使涂层成本升高。

（4）沉积效率较低。

沉积效率不仅影响涂层的生成速度,更直接影响生产成本。超音速火焰喷涂 WC－Co 粉末时,沉积效率通常低于 45%,而喷涂 NiCr－Cr_2C_3 时,沉积效率仅为 30% ～ 40%,大大增加了涂层材料的消耗和成本。

由于超音速火焰喷涂可形成压应力涂层,因此理论上能喷涂厚涂层,但实际上,如喷涂第一层 WC－Co 涂层后,由于涂层硬度高,对随后喷涂的 WC－Co 颗粒的反弹力大,会使沉积效率进一步下降。

（5）供气系统庞大,操作不方便。

超音速火焰喷涂气体消耗量大(通常大于 90 m^2/h),通常为普通火焰喷涂的数倍至 10 倍,即使采用液体燃料(如煤油),氧气用量也很大,需采用"汇流排"管网供气。若用气体燃料,供气装置就更大了。

（6）工件受热大。

工件受大流量燃气连续喷射,使工件基体受热量大。

（7）枪管容易结瘤。

IP－5000 型喷枪配有长度不等的枪管,枪管的必要性和优越性在很多文章中都提到,但如果选用的喷涂材料品质不好或长时间喷涂,它会经常出现结瘤。

新发展的超音速火焰喷枪采用压缩空气作助燃气体,称为高速空气燃料喷涂,它可以大大减少氧气消耗和成本,简化供氧设备,不需要水冷,而且燃烧火焰温度降低,喷涂 WC－Co 类易氧化高耐磨涂层质量更好,但是要配 10 m^2 以上的空气压缩机。

6.4 爆炸火焰喷涂技术

提起爆炸,总会使人联想到事故、灾难造成的破坏。实际上,利用爆炸原理还可以获得高质量的涂层。20 世纪 50 年代后期,为满足航空工业对高质量的碳化物和氧化物陶瓷涂层的要求,1955 年,美国联合碳化物公司首次开发出气体爆炸式喷涂技术以及设备并且取得了专利权。1969 年,乌克兰科学院材料科学研究所也独立研制出气体爆炸式喷涂设备,主要服务于航空航天等高科技领域。目前,其应用领域从航空航天等高科技领域逐步向冶金、机械制造、石油化工、纺织机械等一般工业领域转移。

气体爆炸式喷涂具有涂层结合强度高(可达 250 MPa)、致密度好(孔隙率为 0.5% ~ 3.0%)、喷涂材料广泛、工件受热小、不发生相变或形变、操作简便、易于掌握等优点,在制备耐磨及耐磨蚀涂层方面具有独特的优势。国产爆炸喷涂粉末材料主要有 WC、Cr_3C_2、Al_2O_3、镍包铝自熔合金及 CoCrW 等。

6.4.1 爆炸火焰喷涂原理

爆炸火焰喷涂技术是一种利用可燃气体混合物有方向性的爆燃,将被喷涂的粉末材料加热、加速并轰击到工件表面形成保护层的一种热喷涂技术。

爆炸式喷涂广泛采用乙炔、氢、甲烷、丙烷、丁烷、丙烯等可燃气体与空气或氧气的混合物。通常,气体混合物是在一端封闭的长管中进行“爆炸式”,喷涂过程一般包括可燃气体混合物填充、送粉及惰性气体气垫保护、爆燃、清扫等循环往复过程,如图 6.16 所示。

通过混合器向一端封闭的喷枪枪膛中注入一定量的可燃气体混合物,如 C_2H_2 和 O_2 等,如图 6.16(a)所示。通入 N_2 或 He 等惰性气体形成气垫(气垫的作用是在可燃气体混合物和爆燃产物之间形成隔离区域,防止回火)并通过送粉器将被喷涂粉末送入枪膛中,如图 6.16(b)所示。然后借助火花塞点燃枪膛中的气体混合物,可燃气体混合物最初在枪膛中发生正常燃烧,随后转入爆炸。气体混合物由燃烧转入爆炸后,产生超音速的高温爆燃产物,爆燃产物又对粉末喷涂材料加温、加速,使高温(送粉颗粒被加热至塑性状态或熔融状态)、高速(最高可达 1 200 m/s)的粉末颗粒飞出枪膛后与工件相撞,并在工件表面上形成高度致密的优质涂层,如图 6.16(c)所示。在每次循环的最后,向枪膛内送入清扫气体,为继续实现下

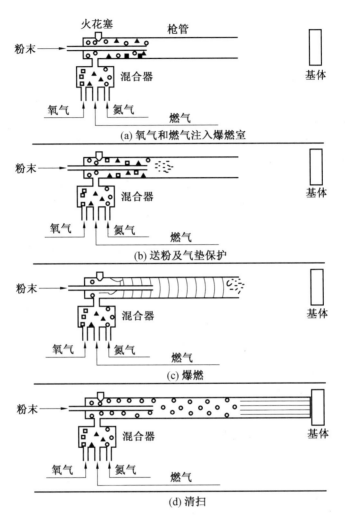

图6.16　爆炸火焰喷涂的过程

次循环做准备,如图 6.16(d) 所示。根据所选用的喷涂材料不同,上述过程将以一定的频率(一般为 2 ～ 10 次 /s) 重复进行。

　　每次脉冲爆燃的结果可以在工件的表面上形成一个涂层圆斑,其厚度一般为 5 ～ 20 μm,直径与枪膛内径相当,一般约为 20 mm。由于工件表面与喷枪之间的相对运动,各涂层圆斑以一定的步距有序地互相错落重叠,进而在工件表面形成一个完整、均匀的涂层。根据实际需要,对工件表面可以进行连续多次喷涂,最终形成高达数毫米厚的涂层。

6.4.2　爆炸火焰喷涂特点

爆炸火焰喷涂的最大特点是粒子飞行速度高、动能大,所以爆炸火焰喷涂涂层具有以下特点:涂层和基体的结合强度高;涂层致密,孔隙率很低;涂层表面加工后粗糙度低;工件表面温度低。在爆炸喷涂中,当乙炔质量分数为 45% 时,氧-乙炔混合气体可产生 3 140 ℃ 的自由燃烧温度,但在爆炸条件下可能超过 42 000 ℃,所以绝大多数粉末能够熔化。粉末在高速枪中被输运的长度远大于等离子枪,这也是其粒子速度高的原因。爆炸火焰喷涂可喷涂金属、金属陶瓷及陶瓷材料,但是由于该设备价格高、噪声大,且喷涂是在氧化性气氛下进行等原因,其在国内外的应用还不广泛。

爆炸火焰喷涂最大的特点就是以突然爆炸的热能加热融化喷涂材料,并利用爆炸冲击波产生的高压把喷涂粉末材料高速喷射到工件基体表面形成涂层,其主要优点为可喷涂的材料范围广,从低熔点的铝合金到高熔点的陶瓷;工件热损伤小;涂层的厚度容易控制;爆炸火焰喷涂涂层的表面粗糙度低;喷涂过程中,碳化物及碳化物基粉末材料不会产生碳分解和脱碳现象;氧气的消耗少,运行成本低。

6.5　火焰喷涂技术在再制造中的应用

6.5.1　线材火焰喷涂技术在再制造中的应用

对于经常处于海洋性气候的港口机械和常处于海水腐蚀的船体、甲板、发射天线等的表面,喷涂铝、锌或其合金作为阳极保护涂层比涂刷涂料的使用寿命可高出数倍,一般二三十年不需要维护,这种保护涂层具有广泛的应用前景。

闸门是水电站、水库、水闸、船闸等水利工程控制水位的主要钢铁构架,它有一部分长期浸在水中。在开闭和涨潮或退潮时,表面经受干湿交替,特别在水线部分,受到水、气体、日光和微生物的侵蚀较为严重,钢材很容易锈蚀,严重威胁水利工程的安全。原来用油漆涂料保护,一般使用周期为 3～5 年。而采用氧-乙炔火焰线材喷涂锌和喷涂两层氯化橡胶铝粉漆作为封闭剂,大大提高了钢制闸门的耐蚀性能,使用寿命可达 20～30 年,比原用油漆涂层寿命延长 6～10 倍。闸门的喷涂工艺为:

(1)表面预处理。采用粒径为 0.5～2 mm 的硅砂对闸门的喷涂表面进行喷砂处理、去污、除锈,并且粗化水闸门表面。

(2)线材火焰喷涂。喷涂时使用 SQP−1 型火焰喷枪,用锌丝作为喷涂材料。为保证涂层质量,在喷涂过程中严格控制氧和乙炔的比例和压力,使火焰为中性焰或稍偏碳化焰。

(3)喷后处理。涂层质量经检验合格后,进行喷后处理。如果涂层中有气孔,一般选用沥青漆进行涂漆封孔处理。喷涂时采取多次喷涂法,使涂层累计总厚度达到 0.3mm,以防止涂层在喷涂过程中翘起脱落。喷涂工艺参数设置见表 6.3。

表 6.3 喷涂工艺参数设置表

喷涂材料	氧气压力 /MPa	压缩空气压力 /MPa	乙炔压力 /MPa	喷涂距离 /mm	喷涂角度 /(°)
锌	0.392 ~ 0.49	0.392 ~ 0.49	0.49 ~ 0.637	150 ~ 200	25 ~ 30

6.5.2 粉末火焰喷涂技术在再制造中的应用

粉末火焰喷涂方法广泛用于机械零部件和化工容器、辊筒表面制备耐腐蚀和耐磨损涂层。在无法采用等离子喷涂的场合(如现场施工),用粉末火焰喷涂法可方便地喷涂粉末材料。对喷枪喷嘴部分做适当改动后,可将其用于喷涂塑料粉末。

由于种种原因,汽车发动机曲轴轴颈部位容易出现磨损过量和拉伤。采用氧−乙炔粉末火焰喷涂方法修复,不仅能防止工件变形,而且修复后工件的性能安全能满足工况的使用要求。用镍包铝或铝包镍黏结底层材料打底,以 Ni320 粉末作为工作层材料。经装车运行 20 000 km 后检测,喷涂过的轴颈磨损量只是其他未喷涂轴颈的 1/3 ~ 1/2。此外,对连杆瓦孔座、凸轮轴、半轴、转向节、轴承孔等多种零件也能进行喷涂修复,其在国产、进口各种型号汽车上应用,效果很好。

与其他方法相比,塑料粉末火焰喷涂具有一系列特点,如设备简单、投资少、操作方便;能涂覆的涂层厚度较大;能够对大型设备实施现场喷涂或修补各种涂层缺陷;适应性强,用途比较广,既可喷涂小工件,也可喷涂大工件,基材可以是金属,也可以是混凝土、木材等非金属材料;更换粉末颜色及品种方便等。塑料粉末火焰喷涂技术试验研究在国内开展时间不长,但在一些重要领域应用并取得良好的效果。如大亚湾核电站试验密封盖,要求在其密封面上喷涂硬度低的塑料涂层,以达到在试验中不损坏真正的工件。喷涂工件尺寸直径为 4 200 mm,板厚为 150 mm,材料为 A3 钢,最终成功地在密封盖上喷涂一层聚乙烯,并使其成功通过验收。目前,塑料粉末火焰喷涂技术已经应用于化工、纺织、食品机械等行业,在防腐、减摩等方面发挥作用。如某葡萄酒厂低温发酵车间的 16 个发酵罐是采用不锈钢焊接的,罐体直径 2 400 mm、高 5 400 mm、厚 3 mm。使用后发现罐内壁出现点蚀,使酒中铁离子超标,影响了产品质量。采用塑料粉末火焰喷涂技术在罐内壁喷涂聚乙烯和环氧树脂,效果良好,此技术已投入使用。某厂大批进口纺织机上的罗拉磨损后,采用火焰喷涂法喷涂一层耐磨性好、表面光滑的尼龙涂层对其进行了修复。

沈阳矿山机械有限公司为解决钢丝绳皮带运输机上钢丝绳与托轮的摩擦问题,采用钢板压制成形托轮体,在轮体圆周上加 MC 铸尼龙衬套,可达到保护钢丝绳的作用,但其不耐磨,且轮衬磨损太快;随后又改进直接在钢板压制成形的托轮体上喷涂尼龙涂层来代替尼龙衬套;另外,对已磨损的 MC 铸尼龙衬套进行修复,即再喷上一层较耐磨的尼龙材料,因此进行了在尼龙基体上喷涂尼龙和在铁基材料上喷涂尼龙的试验研究,得到涂层的结合强度为 301 kgf/cm^2,磨损量为 1.125×10^{-6} cm^3/(N·m)。

喷涂工艺如下:

(1)待喷工件表面的预处理。用三氯丁烯、汽油或洗涤剂清除油污;用喷砂或打磨等办法去除工件表面的氧化物和疲劳层,使表面粗糙,以增加结合强度。将待喷面的边缘棱角倒圆避免造成过热氧化。

(2)工件预热。除去工件表面的潮气,提高工件表面与涂层的结合强度;减少应力,避免涂层开裂脱落。预热时枪口离工件表面远些,一般为 105 ~ 250 mm,温度控制在 100 ~ 150 ℃,待预热后再按常规进行。预热一般采用中性焰或较轻微碳化焰。

(3)喷粉。待预热温度达到后,立即打开喷枪的送粉机构开始送粉,枪口离工件表面距离一般在 120 ~ 200 mm,垂直于工件表面。以 10 ~ 20 m/min 的线速度向前移动时,枪的摆动速度可在 3 ~ 7 mm/min 为宜。加热火焰采用氧-乙炔焰。

喷粉的关键是如何保证粉层质量与提高粉末的沉积率。送粉量宜先小后大,如果开始送粉量太大,涂层厚度增加太快,粉层收缩应力瞬间发生而且剧增,极易超过涂层本身的结合力而出现裂纹,涂层与基体的结合强度也很低,易出现剥落现象。如果开始送粉量小,火焰对涂层起了预热作用,可消除部分应力,然后逐步增加送粉量。

(4)缓冷。尼龙材料的膨胀系数偏高,喷涂时由于基体温度较高,从高温急剧冷却,涂层容易产生裂纹,因此应缓冷。

(5)喷后处理。为保证涂层质量、细化组织、消除应力并减少裂纹产生,一般需进行喷后处理。喷后处理的方法有水煮和油煮。工艺方法是在常温下,将工件放入水或油中,将水加热到100 ℃,将油加热到110 ℃,保持4 h左右,然后取出工件将使其在空气中冷却。

6.5.3　超音速火焰喷涂技术在再制造中的应用

超音速火焰喷涂涂层由于其优越的性能,已广泛应用于航空航天(发动机正缩机叶片、轴承套等基本实现标准化)、钢铁冶金、石油化工、造纸及生物医学等领域,不仅用于磨损件的再制造,而且更多作为新装设备的性能强化。

1. 航空航天领域的应用

飞机起落架通常采用镀铬技术,随着环境保护的需求,为减少镀铬技术应用对环境的污染,采用超音速火焰喷涂技术喷涂 WC—Co 涂层逐步取代镀铬技术,在西方等发达国家已普遍采用。超音速火焰喷涂涂层技术较镀铬具有更高的结合强度和更优秀的耐磨损、耐蚀性能。为了提高飞机发动机叶片的耐高温性能,常采用超音速火焰喷涂 MCrAlY 黏结底层,等离子喷涂 MCrAlY — Y_2O_3/ZrO_2,表层的复合涂层系统,有效提高了涂层的抗热震性能。

2. 造纸行业领域的应用

对于造纸行业的工作辊,为了维持良好的表面粗糙度,有些需要每隔半个月到4个月必须精磨一次,采用超音速火焰喷涂制备100 μm 的 WC—Co 涂层,可将工作辊使用寿命提高到15个月。

3. 钢铁冶金领域的应用

采用超音速火焰喷涂在沉没辊、稳定辊上制备100 μm 的 WC—Co 涂层,涂层孔隙率小于1%,加上涂层的表面封孔处理,可将辊子使用寿命由15天提高到45~60天。

采用超音速火焰喷涂在使用温度为650 ℃左右的炉辊上制备100 μm 的 NiCr — Cr_2C_3 涂层,能显著提高辊子的高温耐磨性能,使用寿命高达24个月。

采用超音速火焰喷涂技术在冷轧线辊道表面制备喷涂涂层后,其使用寿命明显提高。如铝板冷轧线上的成形辊、输送辊经超音速火焰喷涂 WC—Co 涂层后,其寿命从0.5~1年提高到2~3年。

4. 石油化工领域的应用

在石油化工领域,许多球阀、柱塞等零件尺寸大,磨损严重,使用寿命较短。对这一类球阀零件,采用超音速火焰喷涂 WC—Co 涂层、NiCr—Cr$_2$C$_3$ 涂层和 FeCrNiMo 等耐磨涂层,对其进行再制造,其耐磨粒磨损和耐冲蚀磨损性能可比基体提高 3～5 倍,大幅提高球阀的使用可靠性和寿命。

6.5.4 爆炸火焰喷涂技术在再制造中的应用

爆炸火焰喷涂技术的应用基本上可分为两类:一类用于涂层的预保护;另一类用于磨损部件或加工超差部件的修复。气体爆炸式喷涂技术应用领域也从航空、航天等高科技部门逐步向冶金、机械、纺织、石油化工、钻探等民用工业部门转移,并且其应用领域仍在不断扩展之中。

(1)航空叶片防振翼缘。

航空燃气机透平叶片采用钛合金制造,基材硬度为 HRC 27～36,叶片在工作时常常因为腐蚀磨损和一定冲击载荷的共同作用而失效。在叶片防振翼缘处喷涂 80WC—20Co 涂层,叶片寿命提高 3 倍。部分喷涂参数及涂层性能如下:C$_2$H$_2$ 与 O$_2$ 的体积分数比为 1.1～1.2;喷涂时间为 15 min;涂层厚度为 300～350 μm;涂层硬度为 HV 950～1 100;结合强度为 120 MPa;孔隙率小于 1%;涂层加工采用金刚石研磨方式;表面粗糙度为 0.63 μm。

(2)汽轮机叶片。

汽轮机叶片采用耐热合金制造,基材硬度为 HV 500。汽轮机叶片在870 ℃ 的环境下工作,并且受到煤油燃烧产物的高温腐蚀和冲刷。在汽轮机叶片表面上喷涂 KXHXAC 材料,涂层使用寿命可提高 5 倍。部分喷涂参数及涂层性能如下:喷涂时间为 6 min;涂层厚度为 80～100 μm;涂层硬度为 HV 1 300;孔隙率小于 1%;涂层加工采用研磨、抛光方式;表面粗糙度为 1.25 μm。

(3)航空发动机汽轮机 II 级和 III 级外壳。

航空发动机汽轮机 II 级和 III 级外壳均采用耐热合金制造,基材硬度为 HV 320,工作温度为 7 000 ℃,工作介质为气体,有冲刷。该零件是需要进行复杂加工的薄壁、大尺寸零件,对该零件进行修复可以节约材料和资金。部分喷涂参数及涂层性能如下:喷涂时间为 4～7 min;喷涂材料为 Cr$_3$C$_2$—NiCr;涂层厚度为 490 μm;涂层硬度为 HV 1 045;结合强度为 50～60 MPa;孔隙率小于 1%;涂层加工采用研磨;表面粗糙度为1.25 μm。

（4）直升机汽轮机 Ⅱ 级喷射装置。

直升机汽轮机 Ⅱ 级喷射装置采用耐热合金制造，基材硬度为 HBS163 ~ 217。该零件在燃烧的煤油中工作，最高温度为 400 ℃。该零件损伤后一般采用爆炸式喷涂方法进行修复以恢复尺寸。部分喷涂参数及涂层性能如下：喷涂时间为 5 ~ 6 min；喷涂材料为 $Cr_3C_2 - NiCr$；涂层厚度为 200 μm；涂层硬度为 HV 1 045；孔隙率小于 1%；涂层加工采用抛光方式；表面粗糙度为 1.25 μm。

（5）直升机透平发动机的主动齿轮。

直升机透平发动机的主动齿轮采用高强度合金制造，基材硬度为 HRC26 ~ 27，工作温度为 2 000 ℃，转速为 24 000 r/min，有油润滑。该零件损伤后一般也是采用爆炸式喷涂技术进行修复以恢复尺寸。部分喷涂参数及涂层性能如下：喷涂时间为 6 min；喷涂材料为 $Cr_3C_2 - NiCr$；涂层厚度为 400 μm；涂层硬度为 HV1 045；结合强度为 50 ~ 60 MPa；孔隙率小于 1%；涂层加工采用研磨方式；表面粗糙度为 1.25 μm。

（6）曲轴及轴类零件。

在冶金、交通运输、造纸、纺织及机械制造等领域均存在大量的曲轴及轴类零件，如冶金行业中的炉边辊、导向辊、密封辊、支撑辊，内燃机中的曲轴，造纸行业中的造纸辊等。这些零件一般在磨损、腐蚀或高温的条件下工作，其失效形式一般也表现为常温磨损、高温磨损、磨蚀、冲蚀、氧化、划伤等多种形式。根据其工作条件和失效形式，通过选择合适的喷涂材料，采用爆炸式喷涂技术对该类零件进行修复或预保护，可使其寿命提高数倍，甚至数十倍。

第7章 电热爆炸喷涂技术及其在再制造中的应用

7.1 电热爆炸喷涂技术的原理及特点

电热爆炸喷涂是继火焰喷涂、电弧喷涂、等离子喷涂之后发展起来的一种新的喷涂技术。电热爆炸喷涂又称线爆炸喷涂,是一种较新的喷涂工艺,它是利用金属导体(丝、片、箔)瞬间通放电发生爆炸后,产生冲击波力学效应,结合快速凝固技术形成喷涂涂层。电热爆炸方法的优点在于可扩大亚稳固熔度,发现新的亚稳相,减少偏析,可形成非晶、微晶和纳米晶等结构,这些特殊的组织结构可使材料的物理力学性能发生显著的变化,如可以提高材料的强度和塑性、增强耐磨性、提高耐蚀性、改善磁性能、提高触媒效率等。

通常电热爆炸反应过程分为 4 个阶段:

(1)金属导体固态加热阶段。储能电容器向金属丝瞬时放电,以强大电流使导体逐步趋向熔化。

(2)金属导体熔化、汽化阶段。电阻加热的持续作用促使导体熔化、汽化,熔融的导体破裂成液滴,并产生等离子体,电磁箍缩效应及周围介质气体的冷却作用使蒸气的膨胀受到限制而产生内部高压,最终导致金属导体发生爆炸反应。

(3)电热爆炸阶段。高温蒸气及粒子以约 2 000 m/s 的速度膨胀,同时产生冲击波,驱使金属蒸气高速运动,与介质气体分子剧烈碰撞,以很高的速度冷却下来,形成簇团及超细颗粒;如果熔融颗粒和高温蒸气喷射到材料表面就会沉积而形成性能优良的涂层。金属蒸气在高速运动的过程中,如果与气体发生化学反应,将形成金属化合物。如果电容器储存足够多的电能,将在爆炸后的粉末颗粒和介质气氛中继续放电,形成电弧。在电热爆炸的过程中,电流密度可达 $10^7 \sim 10^9 \text{A/cm}^2$,放电功率高达 $100 \sim 200$ MW,放电时间为 $100 \sim 500$ s。

(4)冷凝阶段。几乎达到沸点的散射金属粒子在与基体材料碰撞过程中经 10^{-8} s 即可固化,金属粒子以 $10^7 \sim 10^9$ km/s 的速度冷却。通过这 4

个阶段,形成孔隙率低、无层状结构的电热爆炸喷涂涂层。

　　电热爆炸喷涂是利用金属导体(丝、片、箔)瞬间通放电发生爆炸后,产生冲击波力学效应,经过快速凝固后形成喷涂涂层,电热爆炸喷涂除了可以利用金属导体瞬间通电发生爆炸外,还可利用电容器放电形成的强冲击电流使金属线材过热熔化并爆炸成微粒、高速喷射到基体表面而形成涂层。最初,这是主要针对在圆柱形小工件内壁制备耐磨涂层而研究开发的技术,于 1968 年在日本首次发表。其后,电热爆炸喷涂技术不断取得进展而迅速扩大了应用范围,在喷气发动机、涡轮机叶片、内燃机汽缸、柱塞泵、轴承管道、枪膛等工件上喷涂耐腐蚀、耐烧蚀、耐磨损涂层等方面得到广泛应用。

　　电热爆炸喷涂示意图如图 7.1 所示。被喷涂表面为工件 4 的圆形内壁,喷涂金属丝 2(如钼丝、高碳合金丝等)置于工件中心轴线上,两端连接电路。喷涂开始(放电开关 K 断开)充电系统 1 通过充电电阻 R 给电容器 C 充电,当电容器上的电压达到一定数值时,接通放电开关 K,电容器放电。此时,极大的冲击电流(瞬时电流可高达数万安培)瞬时加在合金丝上,使合金丝一部分迅速熔化、汽化、爆炸,破碎成无数微细的熔滴向四周喷射,以高速($300 \sim 700$ m/s)撞击到工件内壁而形成坚固、致密的涂层。每次放电爆炸获得的涂层厚度为 $4 \sim 7$ μm。根据喷涂的目的和要求选择不同的喷涂金属合金丝,进行反复爆炸,即可制备出所需厚度的具有耐磨损、耐腐蚀、耐高温、润滑性等特殊性质的涂层。

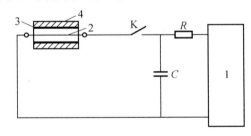

图7.1　电热爆炸喷涂示意图
1— 充电系统;2— 金属丝;3— 涂层;4— 工件;
C— 电容器;K— 放电开关;R— 充电电阻

　　从电热爆炸喷涂的原理和操作过程中,可以看出其有如下特点:

　　(1)由于利用了高密度的电能,而且热源即为喷涂材料本身,因此所有导电金属(包括 W、Mo、Ta、Nb 等高熔点的金属及其合金)均可进行喷涂,甚至某些陶瓷都可以作喷涂材料使用。这对基体和喷涂材料都几乎没有限制。

　　(2)喷涂过程中,金属蒸气首先到达基体表面并排开空气,故涂层中的氧化物夹杂极少。

(3) 由于爆炸喷涂粒子微细、均匀、喷射速度高(可达 $300 \sim 700$ m/s),故涂层平整光滑(表面粗糙度可小于 5 μm)、致密、孔隙和氧化物少,与基体结合强度高(比火焰喷涂和等离子喷涂高数倍)。

(4) 操作简便,基体几乎不受热过程影响(喷涂一次只需 100 μs 左右),不仅能在金属工件表面,而且可在玻璃、塑料、陶瓷表面上喷涂;即可喷涂表面工件,也特别适合于对管状工件(甚至内径小于 10 mm 的圆管)内表面的喷涂。

(5) 污染少,能量利用率高,耗电量少。

(6) 装置简单,操作及膜厚控制容易,便于自动化。

(7) 电热爆炸喷涂技术的应用也有一定的局限,主要是:不适用于喷涂非导电性材料;喷涂涂层所能达到的厚度有限,不能获得厚涂层;喷涂过程的工况不能直接观察;为防止作业的噪声污染,操作现场须有隔声装置。

涂层的结合强度与涂层结合类型密切相关,常规热喷涂结合方式一般为机械结合,其结合力较小。而电热爆炸反应过程中金属导体在极短的时间内(微秒量级)产生 $10^6 \sim 10^7$ s^{-1} 量级的应变速率,产生 104 GPa 量级的高压,同时反应温度急剧升高,升温速率达 $10^8 \sim 10^9$ K/s,随之形成射流。电热爆炸喷涂反应是一个非常复杂的过程,反应过程受控于高温、高压及塑性形变等因素,涂层与基体的结合有机械结合、物理结合和冶金结合 3 种方式,结合过程大致可分为 3 个阶段:① 喷涂熔滴或蒸气与基体的结合阶段;② 粒子与基体活化面相互作用阶段;③ 涂层与基体表面之间界面相互作用体积扩展阶段。

电热爆炸喷涂涂层与基体的结合强度主要受以下几方面的影响:

(1) 电热爆炸时间的影响。电热爆炸喷涂涂层与基体的结合强度在很大程度上依赖于喷涂粒子喷射时的动能。喷涂粒子飞行速度越快,其动能越大,对基体表面的撞击程度也越大,这对涂层界面结合极为有利。由于电热爆炸喷涂反应在瞬间发生,反应过程中积聚了相当大的能量,并在瞬间释放能量,同时发生冷却过程,从而提高了喷涂涂层与基体的结合强度。

(2) 能量加载的影响。喷涂粒子热焓值的大小是决定涂层与基体之间是否为冶金结合的重要因素。喷涂粒子的热焓值越高,喷涂粒子的温度越高,熔化态或气态的粒子以极高的速度喷射到基体表面,粒子发生剧烈变形并瞬间凝固时,粒子之间进行充分的物理接触。当喷涂熔滴或蒸气到达基体表面的温度高于基体熔点时,喷涂粒子与基体之间的结合将由机械结合向冶金结合过渡。

由于电热爆炸喷涂装置的喷腔形状呈敞开式,粒子在喷射过程中,压力逐渐降低,喷射时间缩短,导致热焓损失减少,这样喷涂粒子到达基体表面时具有相当高的热焓值,并与活化基体表面相互作用,促使涂层与基体的结合强度提高。

(3) 金属汽化的影响。涂层与基体、涂层与涂层之间的致密度是影响涂层与基体结合强度的重要因素之一,因为涂层越致密,其孔隙越小,孔隙率也就越低,涂层与基体结合强度也就越高。涂层的致密度由熔化或汽化的金属粒子粒径大小来决定,金属粒子粒径大则涂层表面粗糙,金属粒子粒径小则涂层表面致密。此外,涂层的孔隙率还与喷涂过程中粒子的温度和速度有关,由于电热爆炸反应产生的粒子温度极高,粒子喷射速度可达 $3\,000 \sim 4\,500$ km/s,因此粒子在与基体接触的快速冷凝过程中,在极短的时间内粒子由气态或熔融态转变成固态,使得金属粒子的尺寸明显降低,涂层组织得以细化可达到微纳米结构,从而形成致密涂层。

7.2　电热爆炸喷涂设备

电热爆炸喷涂的设备并不复杂,主要由两部分组成:

(1) 喷涂装置。喷涂装置的大小和构成视喷涂对象(工件)不同而有所差异。一般由电极(铜或黄铜制成)、电极支架、跨接于两电极间的爆炸丝及工件支撑架组成。

(2) 脉冲放电电源。脉中放电电源包括充电系统、储能电容器组、放电开关、传输线及触发回路等。放电回路的主要参数是:最大充电电压 V_m、电容器容量 C 及回路的固有频率 f_0 等。其中,V_m 取决于线与基体间的绝缘破坏距离、回路的保全及经济性因素;C 取决于喷涂能力的规模与 f_0 的关系;f_0 则与回路的电感系数 L 和 C 有关,即

$$f_0 = \frac{1}{2\pi\sqrt{LC}} \tag{7.1}$$

华北电力大学自行开发了电热爆炸喷涂装置,电热爆炸喷涂系统包括高压直流电源、储能电容器、三电极开关及电热爆炸室等几部分。电热爆炸反应放电电流与时间的变化关系分为电流首脉冲、电流间隙和再次放电。在电流首脉冲区间,电热爆炸反应根据密度变化又可分为两个阶段:① 固态金属丝的加热、熔化,变成液态金属达到汽化状态前的阶段,称为初始阶段,期间密度变化不大;② 金属从液态向气态相转变,金属导体(丝/片/箔)发生急剧膨胀,此阶段密度变化大。喷涂材料在瞬间被加热至汽

化温度,汽化的金属蒸气瞬间喷射到基体表面,经过快速冷却形成电热爆炸喷涂涂层。

电热爆炸喷涂装置电路图如图7.2所示。喷涂材料经熔锭、线切割成金属箔或丝,或经轧制板材后再切割成箔材,起爆箔(丝)与 RLC 电路串联。当三电极开关闭合时,电容器放电在电路中产生大电流,金属箔或丝在几十微秒至几毫秒内被加热到汽化温度,汽化金属从喷射腔迅速喷射至金属材料表面快速冷却,形成性能优异的涂层。对于易氧化合金,可以同时配以抽真空与充气系统,使电热爆炸反应在惰性气氛保护下进行。图7.3所示为电热爆炸喷涂装置示意图,该装置主要由压块、喷腔、起爆箔、电极、基体、支撑物及底座等组成。

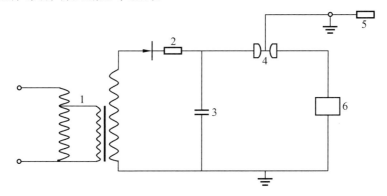

图7.2　电热爆炸喷涂装置电路图

1— 变压器;2— 电阻;3— 电容器;4— 三电极开关;5— 触发装置;
6— 电热爆炸室

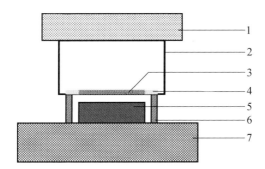

图7.3　电热爆炸喷涂装置示意图

1— 压块;2— 喷腔;3— 起爆箔;4— 电极;5— 基体;6— 支撑物;
7— 底座

7.3　电热爆炸喷涂常用材料体系

金属间化合物是指两种或更多的金属组元按比例组成具有不同于其组成元素的长程有序的晶体结构和金属基本特性的化合物。它不同于传统的金属材料,传统的金属材料都是以相图中的端际固溶体为基体,而金属间化合物材料则以相图中间部分的有序金属间化合物为基体。研究人员发现,金属间化合物的强度随温度升高不是连续下降,而是先升高后下降。这一发现掀起了金属间化合物的研究热潮。

目前,人们试图发展一种具有更高的高温比强度的高温结构材料体系,主要包括 CrNi 基涂层、Mo 基涂层、WC－Co 耐磨涂层、AISI420 不锈钢涂层、TiB_2－NiAl 复合涂层、TiC 涂层、NiAl－TiC 复合涂层及 NiCoCrAlY 涂层等,具体研究如下:

为提高 45 钢的耐蚀性能,在 45 钢基体上制备高铬镍基 45CT 和 SL30 两种涂层。在 800 ℃ 高温状况下对两种涂层进行氧化和氯化腐蚀测试。图 7.4 所示为电热爆炸喷涂涂层腐蚀前、后的表面形貌。结果表明这两种高铬含量喷涂涂层组织致密、孔隙率极低,与基体材料具有优异的结合性(冶金结合)。SL30 涂层组织较 45CT 涂层组织更为致密平滑。此外,SL30 喷涂涂层表现出了更为优异的耐蚀性,其高温耐蚀效果好于 45CT 涂层。

哈尔滨工程大学金国等以提高金属耐磨性为目标,利用电热爆炸喷涂技术制备了 Mo 涂层,在 MM200 型磨损试验机上研究了含砂粒油润滑条件下的摩擦学特性。结果表明,电热爆炸喷涂 Mo 涂层具有优良的耐磨性能。同时,涂层致密(孔隙率为 0.7%)、无普通喷涂涂层的层状结构,与基体为冶金结合,结合较好。南京理工大学材料科学与工程学院刘加健、樊新民等针对 Al 合金硬度较低和耐磨性较差的问题,通过电热爆炸喷涂在铝合金基体上制备了 Mo 涂层,其金相组织如图 7.5 所示。通过 SEM、划痕仪、显微硬度计、表面粗糙度仪、微磨损试验机等测试表明,制备的 Mo 涂层均匀致密、孔隙率低、结合强度高、耐磨性大幅增加,同时,硬度较基体约提升了 4.9 倍。

徐滨士等采用电热爆炸喷涂技术在 45 钢表面制备了 WC－Co 耐磨涂层(图 7.6),涂层分析结果表明电热爆炸喷涂 WC－Co 涂层致密,无明显的层状结构;涂层的显微硬度最高达到 $HV_{0.1}2\ 836$,其平均值为 $HV_{0.1}1\ 704$,纳米压痕仪测得涂层的弹性模量为 346.8 GPa;涂层与基体的结合方式为冶金结合,涂层的相组成主要为 WC 和 W_2C。

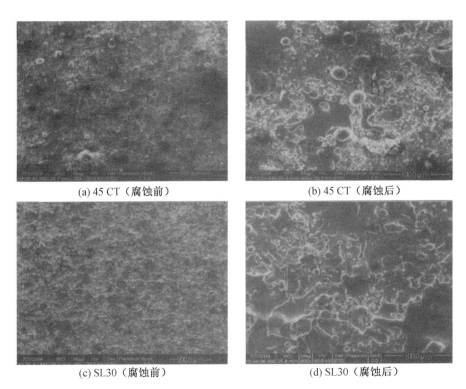

(a) 45 CT（腐蚀前）　　　　　　　(b) 45 CT（腐蚀后）

(c) SL30（腐蚀前）　　　　　　　(d) SL30（腐蚀后）

图7.4　45CT 和 SL 30 电热爆炸喷涂涂层腐蚀前、后的表面形貌

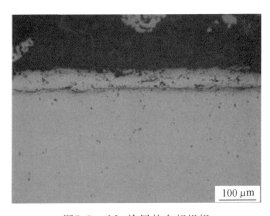

图7.5　Mo 涂层的金相组织

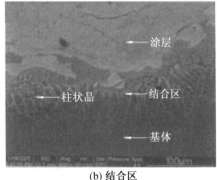

（a）涂层区　　　　　　　　　　（b）结合区

图7.6　电热爆炸喷涂 WC－Co 涂层的截面照片

　　徐滨士等在 45 钢表面制备 3Cr13（AISI420）不锈钢涂层。涂层分析结果表明，喷涂的 3Cr13 涂层致密（孔隙率为 0.7％）、涂层的相组成主要为 $\alpha-Fe$、$Fe-Cr$、$\alpha-Fe_2O_3$、Cr_2O_3 等，其中氧化物的含量较少；在涂层与基体的过渡区附近元素的互扩散现象较明显，证明涂层与基体主要是冶金结合。涂层的显微硬度最高达到 $HV_{0.1}677.7$，其平均值为 $HV_{0.1}626.4$，纳米压痕硬度达到 10.3 GPa，弹性模量为 220.3 GPa。华北电力大学动力工程系蒲泽林和刘宗德在 45 钢基体上制备了 $WC-17\%Co$ 硬质合金涂层和 $NiCr-WC-17\%Co$ 复合涂层。分析结果表明，涂层致密、孔隙率低、与基体结合良好、颗粒细小且分布均匀；界面附近存在元素扩散现象；弹性模量在涂层内最大为 290 GPa；涂层硬度达到 17.7 GPa。涂层硬度和弹性模量沿横截面平稳下降，涂层硬度达到 17 GPa 以上，约为原始硬质合金硬度的 1.3 倍左右，远远高于其他传统喷涂涂层的硬度。

　　侯世香、刘宗德等在 Ni 基高温合金基体上喷涂了含 TiB_2（质量分数）分别为 0、10％ 和 20％ 的 NiAl 复合涂层。分析结果表明涂层均由亚微米晶粒组成，涂层与基体间为冶金结合。加入 TiB_2 显著地提高了 NiAl 的硬度。在 1 000 ℃ 的等温氧化试验结果表明，NiAl 涂层的抗氧化性高于 $NiAl-TiB_2$ 复合涂层。

　　黄强、刘宗德和安江英在 Ni 合金基体上制备了 TiC 涂层，图 7.7 所示为 TiC 涂层的截面微观形貌。测试结果表明，制备的涂层组织晶粒明显细化，涂层组织为典型的快速凝固组织，比原始喷涂材料 Ni 合金的组织更加细小、均匀。同时，制备的 TiC 涂层硬度均明显高于基体材料 Ni 合金的硬度，最大硬度达到 HV582.5。

　　华北电力大学刘静静、刘宗德，北京超高压公司徐亮、机械科学研究总

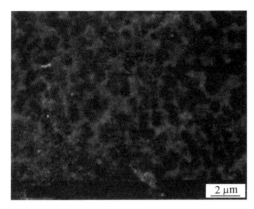

图7.7 TiC涂层的截面微观形貌

院陈蕴博在 GH 3039 高温合金基体上制备了 NiAl—TiC 复合涂层,对涂层的分析结果表明,涂层仅由 NiAl 和 TiC 两相组成,没有新的相和氧化物生成;涂层致密均匀,没有分层现象,基体与涂层间发生了元素扩散现象,为扩散冶金结合。涂层与基体的结合强度大于 112.25 MPa,涂层的硬度平均值在 $900HV_{0.5}$ 左右。

华北电力大学张东博、刘涛以热障涂层为研究点,采用电热爆炸喷涂法在 DZ125 合金表面制备了 NiCoCrAlY 黏结层。图 7.8 为喷涂态 NiCoCrAlY 黏结层的截面形貌。分析结果表明,黏结层的相主要由 Ni_3Al 组成,结合良好。采用联合法制备的热障涂层,在喷涂态的陶瓷层、黏结层、基体三者结合良好,界面清晰。在 1 050 ℃ 热循环过程中,黏结层/陶瓷层界面间生成了连续、致密的 Al_2O_3 膜,起到了阻碍黏结层氧化并保护基体的作用。黏结层/TGO 界面产生平行于界面的裂纹,是导致热障涂层失效的主要原因。

钟颖虹采用电热爆炸喷涂法在 DZ125 高温合金表面制备了 NiAl 涂层。图 7.9 所示为沉积态 NiAl 涂层的截面微观形貌。对热循环后的试样分析结果表明,制备的 NiAl 涂层致密、晶粒细小且与基体结合良好;涂层在 1 050 ℃ 热循环后其表面生成了致密的 Al_2O_3 氧化层,能阻止氧气向内扩散,减缓内层的氧化速率,从而起到了保护基体的作用。

总体来说,电热爆炸喷涂技术是一项新兴的且具有一定发展前景的喷涂技术,其制备的喷涂涂层组织致密、孔隙率低,可以形成微米晶、纳米晶组织结构,尤其是在解决小直径孔类零件内、外表面喷涂方面具有独特的优势。各种体系涂层的制备为后续的电热喷涂研究奠定了基础。

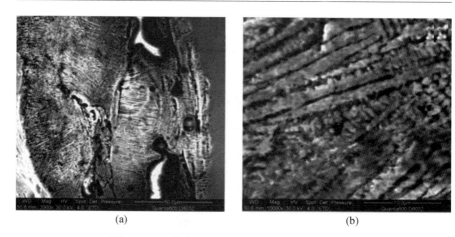

(a)　　　　　　　　　　　　　　　　　(b)

图7.8　喷涂态 NiCoCrAlY 黏结层的截面形貌

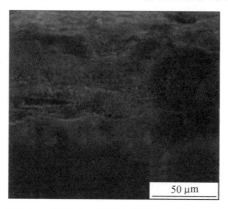

50 μm

图7.9　沉积态 NiAl 涂层的截面微观形貌

7.4　电热爆炸喷涂涂层的制备工序

7.4.1　涂层制备的工艺参数控制

对于电热爆炸喷涂的工艺流程,除与其他喷涂方法有共同之处的前、后处理外,就电热爆炸喷涂本身而言,需要选择和控制的工艺参数主要是放电能量密度、爆炸喷丝、工件的尺寸和其相对位置,以及喷涂距离等。此外,喷涂后续处理对涂层质量也有一定影响。

(1)放电能量密度和电路参数。电热爆炸喷涂工艺控制中的一个重要问题是要掌握恰当的放电能量密度。在电热爆炸喷涂过程中,能量密度是决定爆炸导体的爆炸特性和离子喷涂速度的主要参数。当冲击大电流通过时,喷涂金属线被加热到从熔融状态至近于沸点的温度,故金属线会等间隔地部分汽化、喷出;线状的熔融体破断成线径大小的块粒,呈链锁状。接着,继续放电的电流使块间汽化的金属瓦斯急速离子化,在块粒间爆发。块粒被进一步微化至数微米大小,同时以 500 m/s 左右的高速进行喷射,这些粒子称为熔射粒子。这一过程是在约 10 μm 的极短时间内完成的。金属线的瓦斯化量约占 40%,压力可达 101.33 MPa。

从以上分析可知,放电能量密度必须适当。如果能量密度过小,喷涂金属线仅发热发红,不能形成熔射;反之,若电能密度过大,喷涂金属线将全部爆发汽化,完全变为瓦斯。因此,控制恰当的放电能量密度,是实现喷涂熔射过程的关键之一;同时,电容器电压的误差必须控制在 0.1 kV 以内。为此,应正确选用放电回路各参数,其中一个实例见表 7.1。

表 7.1 电热爆炸喷涂参数实例

项目	小型	标准型
电容器容量 /μF	50	100
最大充电电压 /kV	10	30
最大充电能量 /kJ	7.5	45
充电时间 /s	< 5	< 20
电源容量 /(kV · A)	2	10
最大熔射线尺寸(钢)/(mm × mm)	41 × 50	43 × 300

(2)爆炸金属丝和工件的尺寸及其相对位置。为获得优质的线爆涂层,必须使熔射粒子有适当的质量、速度和温度。为此,除正确选定和控制上述放电回路参数外,还需要考虑喷涂金属熔射线的直径和长度的影响。多次试验表明,熔射线的最适当截面面积 S_{opt}(mm^2)和最适当的长度 L_{opt}(mm)如下:

$$S_{\text{opt}} = K_1 C_1 U f^{2/3} \tag{7.2}$$

$$L_{\text{opt}} = K_2 U f^{2/3} \tag{7.3}$$

式中　C_1——电容器容量,F;

　　　U——充电电压,V;

　　　f——放电回路固有频率,Hz;

　　　K_1,K_2——电线的材质等确定的常数。

(3)喷涂距离。电热爆炸喷涂的喷涂距离就是基体表面与金属线的距离。若此距离过小,基体表面有可能受到高温、高速粒子和爆发瓦斯的损伤;反之,若喷涂距离过大,会由于喷涂粒子的温度和速度下降而使粒子的附着力降低,还可能使粒子在抵达基体表面之前就穿出爆发瓦斯的范围而被急速氧化。实际上,因为金属线的半径很小(相对于喷涂距离),故电热爆炸喷涂的喷涂距离可以近似地认为就是圆管状工件的内径(爆炸金属线与圆管状工件内壁的距离)。所以,喷涂距离又可以用工件内径与金属丝半径之比 R/r_w(r_w 为线的半径)来表示。经验证明,最适当的喷涂距离 L 为 $35r_w$,或是 $R/r_w=30 \sim 40$。此外,粒子与基体撞击的最佳角度是 $90°$;如果角度小于 $45°$,粒子附着就比较困难。

(4)电热爆炸喷涂施工时有爆发声污染,此外还有爆发瓦斯、金属粉尘及电磁波等,故须有隔音、排气、收尘、放电微波等装置。

(5)喷涂后续处理。为消除原始涂层中的气孔、提高其致密度和耐磨性,可进行喷涂后续溶浸处理。如将 WC—Co 涂层表面溶浸低熔点铜合金 MBF2002 中,可明显提高其耐磨性能。

(6)此外,利用"减压喷涂"(电热爆炸喷涂在低于 1 atm 的环境下进行)也可以减少涂层的孔隙率和氧化脱碳,增加表面的平滑性和结合强度。

电热爆炸喷涂涂层制备工艺流程如图 7.10 所示。

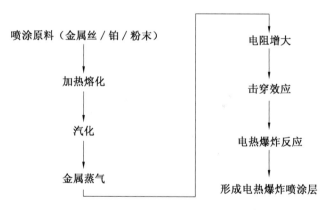

图7.10　电热爆炸喷涂涂层制备工艺流程

7.4.2　工件预处理工艺

基体的原始表面状况对喷涂涂层的质量(特别是结合力)有直接的影响。因此,在喷涂前必须把基材的表面按要求进行适当处理,才可以得到良好的喷涂涂层。

基体表面预处理的目的是提高涂层与基体的结合强度并改善涂层内应力的分布状况。如前所述,很多热喷涂涂层与基体的结合主要是机械结合,实际上涂层的组成物 —— 熔融或半熔融的涂层材料微粒经过与基体碰撞和冲击变形后,与基体表面啮合而黏附,因此必须尽量提高工件的表面积和净化程度,才能使涂层结合更紧密,"抛锚"作用更强。

基体表面预处理的基本要求有:

(1)清除一切油污和锈迹(特别是工件上深孔、键槽及砂眼等部位的油污)。

(2)使表面处于"粗化"状态 —— 进行"粗化"处理,增加表面积及不平度,提高结合力。

(3)去除表面原有的硬化层、消除应力和导致应力集中的几何因素,使表面处于"低硬度"和"低应力"状态,增大喷涂时表面微区的变形程度和均衡应力分布。

(4)保证工件喷涂后的尺寸精度及非喷涂区域的保护。

基材表面预处理的主要内容是净化和粗糙化,同时根据工件不同情况还包括表面预加工、预热、非喷涂保护及黏结底层等。

1. 表面预加工

在喷涂之前,有些工件首先要进行车削、磨削等表面加工,清除工件上的原喷涂涂层、其他表面处理层(淬火层、渗碳层、氮化层等)、各种损伤和毛刺,修正表面的不均匀磨损,预留厚度等,以保证提供合适的基体表面和工件喷涂后的尺寸精度。同时,预加工也可以去除表面污染物,起到净化作用,有时还包括对工件进行机械粗化处理,以提高结合强度。

表面预加工包括车、刨、铣、磨等机械加工方法,对于有些工件(如基体表面有硬质颗粒及待喷涂的边缘部位为刃边等情况)需要进行机械打磨,使用铲刀、刃具或电动磨具进行清理。

表面预加工的量取决于涂层设计的厚度和工件条件,一般为 $0.1 \sim 0.3$ mm。预留喷涂涂层主要是针对需要进行涂层精饰加工或精度要求较高的工作。通常是将基体表面车削至相当于最小涂层厚度的深度,一般小于 1 mm(陶瓷涂层的厚度为 $0.3 \sim 0.5$ mm)。对于轴类工件,不同直径的轴的最小涂层厚度不同,见表 7.2。

同时,进行表面预处理时还应注意边角的平滑过渡,特别是喷涂于非喷涂的交界部位和轴的端部等地方都须有过渡倒角或圆弧,以避免出现涂层因内力集中而剥离的倾向。一般喷涂于非喷涂相邻面的过渡倒角为 $30° \sim 45°$,轴端圆弧半径为 $r = 1.0$ mm。

表 7.2　不同直径的轴类零件的最小涂层厚度

轴的直径 /mm	≤ 25	25 ~ 50	50 ~ 75	75 ~ 100	100 ~ 125	125 ~ 150	≥ 150
最小涂层厚度（径向）/mm	0.25	0.37	0.50	0.62	0.75	0.87	1.00

2. 表面净化处理

工件表面净化处理的目的是去除工件表面的污垢物质。一般金属表面都覆盖着各种不均匀的薄层和附着物，其性质和附着程度则依金属的加工历史和存在环境而有所不同。这些薄层和附着物的存在会影响表面喷涂涂层的质量和基体的结合力。因此，表面净化处理的目的就是要去除工件表面的油脂、氧化皮和其他污物。

从结合性质来看，金属工件表面的污垢物质大体可以分为机械性附着物和化学结合物两大类。机械性附着物包括无色油和油脂、拉拔润滑剂、切削液、抛光膏及其他表面污物（如尘埃、研磨剂等），其代表性物质是油脂，因为一般能去除油脂的清理方法都可同时把其他机械性附着物清除。后一类化学结合物则主要与工件表面有化学结合的氧化膜和锈迹，有时也包括金属表面的腐蚀产物，此类污垢物质不能像油脂那样轻易去除，而必须用化学（电化学）浸蚀或机械方法才能清除。因此，在这些污垢物质中，除油主要是去除油脂和其他机械性附着物，而除锈则主要是清除氧化皮、污垢等，获得清洁的表面，保证涂层与基体表面可以最好地结合。

（1）除油处理。除油又称"脱脂"，是表面预处理工艺中必不可少的工序之一。如上文所述，油脂是机械性附着物的代表性物质，因此脱脂以后表面的其他机械性污垢物质也基本上清楚了。工业油脂基本上可分为动物油、植物油和矿物油，前两种为皂化油，后一种则是非皂化油。对不同性质的油脂必须用不同的方法去除。如动物油和植物油属于皂化油，可在碱性条件下发生皂化反应，生成肥皂和甘油，可溶于水而被清除；矿物油则属于非皂化油，与碱液不起皂化反应，可通过乳化作用和分散作用清除。对于喷涂工件，常用的除油方法有溶剂清洗、水基清洗剂清洗、碱液清洗和酸液清洗、电解清洗、乳化液清洗及超声波清洗等。通常针对工件上污垢和氧化皮的特性、清理成本及对环境影响等因素而考虑采用一种或联合几种方法进行清理。

①溶剂清洗。利用有机溶剂对油脂的溶解特性，对工件清洗以去除表面油污和其他有机物，是工件表面除油的简便有效方法之一。溶剂清洗的

方法有冷清洗和蒸气除油两种。

冷清洗的基本方法是在室温或略高于室温的槽浴中浸渍(加搅拌或不加搅拌),大工件则可用刷洗、喷洗、擦拭等,形状复杂或有深孔的工件可结合超声波清洗仪提高功效和增强效果。清洗常用的有机溶剂有汽油、煤油、酒精、甲苯、丙酮、三氯乙烯及四氯化碳等。

蒸气除油是用有机溶剂的热蒸气除去油脂、蜡渍等污物,其主要优点是对油脂的溶解能力强、效率高、容易控制、可回收等,是一种经济而有效的清洗脱脂方法。蒸气除油所用的溶剂比冷清洗的要求严格,不仅要对油脂溶解能力强,而且希望其汽化热和比热容较低,沸点适中,化学稳定性和安全性好等。蒸气除油最常用的工业溶剂是三氯乙烯,如在较高的操作温度下则用全氯乙烯或三氯乙烷。用于的蒸气除油的设备有4种类型,即单一气相除油、温液－蒸气除油、沸液－温液－蒸气除油等。

② 水基清洗剂清洗。以表面活性剂为主要成分并加入某些添加剂(消泡剂、稳定剂、助洗剂、缓蚀剂、增溶剂及防冻剂等)的水基工业清洗剂,具有适用面广、环境和安全性好、成本低及能耗少等优点,使用广泛;但其除油去污能力有限,故常与其他清洗方法组合使用。水基清洗剂的除油去污作用是依靠表面活性剂分子的亲油端吸附在油污表面而减弱油污对工件表面的附着力,从而使之脱离;与此同时,还有分散和乳化作用。水基清洗剂中的表面活性剂有非离子型、阴离子型、阳离子型和两性离子型4类,其中前两者最常用。水基金属清洗剂目前已有很多类型的市售产品,可供选用。

③ 碱液清洗和酸液清洗。碱液清洗是用碱性清洗剂处理材料表面污垢的方法,有时也称"化学除油"。但其实碱液清洗不仅可以除油,而且可除去混在油脂中的研磨料、残渣及金属碎屑等杂质。对有些金属(如 Al)工件表面的氧化膜,也有去除作用。

碱液清洗的作用原理是靠碱液与被清除的污物发生皂化作用、乳化作用和分散作用(或其复合作用)而使油污和污垢物质脱离工件表面的。乳化作用和分散作用几乎对所有不溶于水的表面有机污垢物质都有效,而皂化作用则只限于去除皂化油类(含脂肪或其他能和碱性盐发生化学反应的混合物)污垢。实际上,这3种机理可以分别独立发生作用,也可以互相结合发挥效果。

皂化是油脂与碱发生反应而形成水溶性皂的过程,如硬脂酸(一般动物油的主要成分)的皂化反应如下:

$$(C_{17}H_{35}COO)_3C_3H_5 + 3NaOH = 3C_{17}H_{35}COONa + C_3H_5(OH)_3$$

皂化反应的产物(肥皂和甘油)都溶于水,故可进入清洗液中而被除去。

对于非皂化油可通过碱液的乳化作用和分散作用而被除去。乳化作用是黏附于工件表面的油脂在碱液中由于表面活性剂的作用发生机械破裂而形成不连续的小细珠,并可分散在碱液中,称为乳浊液。分散作用则是靠表面活性剂降低清洗液与工件表面的界面张力的作用,使工件上的油膜分割成很多小块,散开形成小液滴,进入清洗液并上浮于液面而被除去。乳化作用和分散作用往往是同时发生的。这是去除非皂化油的主要途径。对于皂化油(动、植物油)的清除,则皂化、乳化和分散 3 种作用都可发生。

使用表面活性剂进行碱液清洗时应注意环保问题。因为对于含有大量表面活性剂的废清洗液,其化学需氧量(Chermical Oxygen Demand,COD)值会剧烈增大,会导致水体污染。故应尽量减少表面活性剂的使用,同时对废液应进行处理,达到国家和地方规定的排放标准后才能排放。

碱液清洗的基本方式有浸渍法和喷洗法两种。

浸渍法简单易行,其操作只是把工件放入碱性清洗液中,使碱液与油脂污垢发生作用后靠对流流动而离开工件表面。具体的清洗方式有加热清洗、搅拌清洗、滚筒清洗及刷洗(或刮洗)等几种。

喷洗法是把清洗碱液通过喷头喷淋到工件表面而将其污垢物质清除。这种方法因有较大的冲刷作用,故对非油脂性污垢和带电小颗粒(灰尘、炭黑、石英砂等)清除效果好,但需要专门设备,故一般只用于较大批量的生产。喷淋清洗的机械去污力与喷淋压力有关,喷淋压力过大,去污力也越大。一般喷淋压力在 14 ~ 1 380 kPa 之间,常用的喷淋压力范围是 70 ~ 210 kPa。

④电解清洗。电解清洗是在碱性溶液中,以工件作为阳极或阴极而通电清洗的工艺。它与碱液的主要区别在于清洗时要通以直流电,其基本作用原理是电解时在电极(工件)表面上析出大量氢气和氧气气泡,对表面油污起剥离和搅拌作用,同时在气泡通过工件表面的油膜析出时,带着油膜脱离工件而进入溶液。因此电解清洗的特点是效率高、速度快和除油彻底,清洗效果好,但需消耗电能和使用一定的设备。

⑤乳化液清洗。乳化液清洗是分散在有乳化液辅助的水溶液中的有机溶剂,它可去除工件表面的厚污垢物质。在乳化系统中,有分散相和连续液体相两个不互溶的或几乎不互溶的相。通常,分散相是碳氢化合物,

而连续液体相则通常是水。在不稳定的单相乳化剂中,分散相总是力图与水分离并形成溶剂层,如果溶剂的相对密度小于 1.0 就形成了上层,若其相对密度大于 1.0 就形成下层。这样在清洗槽中就形成了富溶剂和富水的两层的双相、多相或浮层乳化液。工件清洗时,先通过富溶剂的表面层,然后进入富水的底层,并使待清洗表面与两个清洗相都保持接触,通过溶剂对工件表面油污的溶解和乳化作用而使其清除。乳化液也可采用喷洗,此时在泵的作用下溶解,与水充分混合,像不稳定的单相清洗液那样作用。

⑥ 超声波清洗。超声波清洗是非常有效的除油方法,其主要原理是利用超声波在液体中的空化作用,形成"空化泡"。这些"空化泡"破裂时产生的局部冲击波压力可达数十至数百兆帕,可使油脂和污垢脱离工件表面而被清除。超声波清洗一般是把工件浸入装有清洗液的清洗槽中,并从槽的底部(或将探头插入清洗液内)辐射超声波进行清洗的。清洗也可以使用有机溶剂、水基清洗剂、碱性清洗液等,甚至水也可以作为超声波清洗液使用,但这些清洗液的浓度和温度均应低于其单独用于除油时所用的温度和浓度。

超声波清洗的速度快、质量好,即使带有微孔、缝隙等形状复杂的工件也能清洗彻底,而且操作简单,易于控制,可实现机械化和自动化。

工件表面除油的方法,除上述几种外,还有加热除油、高压蒸气除油等。

(2)除锈处理。工件表面的锈迹和氧化皮(天然氧化物膜和加热产生的氧化皮)是与基体表面发生化学结合的物质,故不能靠一般清洗去除,而必须采用化学、电化学、机械等方法才能去除。常用的除锈处理方法有化学除锈、电化学除锈、火焰除锈及机械除锈(喷砂、滚光、机械加工、手动及电动工具除锈等)。

① 化学除锈。化学除锈又称蚀洗(酸洗或碱洗),是用酸(或碱)溶液与工件表面的氧化物发生化学反应,使其被溶解、剥离而除去,并进一步清除油污和脏物。它的主要目的是除膜而使基体金属暴露出来,得到光洁的金属表面,以利于进行表面喷涂处理。

在表面预处理领域中,化学腐蚀依其作用的强弱不同又分为强腐蚀和弱腐蚀。强腐蚀的主要目的是用酸或碱溶液蚀除表面氧化膜,而弱腐蚀则是为了活化表面,故又称为活化处理。化学除锈属于强腐蚀,根据所用的蚀洗液不同,它可分为酸蚀洗和碱蚀洗两大类。酸碱蚀洗的配方有多种,可根据工件材质和处理要求而选用商品蚀洗液或自行配置。

② 电化学除锈。电化学除锈（电解腐蚀）是利用电极反应将工件表面的锈皮和污垢去除的。显然，电解腐蚀需要有外加电源。按其中工件所连接的极性，电解腐蚀又可分为阴极腐蚀、阳极腐蚀和阴阳极交替腐蚀等几种。

③ 火焰除锈。火焰除锈是利用基体金属与氧化皮的热碰撞系数不同，对工件进行火焰加热使氧化皮剥落而将其除去。火焰除锈主要用于具有较厚氧化皮且不易受热变形的大型工件，所用火焰一般是氧－乙炔焰。

④ 机械除锈。机械除锈就是用机械的方法将工件表面的锈迹和氧化皮清除，具体的方法包括喷砂、滚光、手动及电动工具除锈等。

7.4.3　基材表面处理工艺

喷砂处理时喷涂基体表面粗化的主要处理方法有利于涂层与基体之间形成"抛锚结合"。喷砂处理主要分为湿式喷砂处理和干式喷砂处理。干式喷砂处理是电热爆炸喷涂技术中基体表面处理的最常用方法。它是利用压缩空气或旋转的叶轮所提供的动能，使硬质磨料加速冲击到基材表面，利用硬质磨粒的撞击将基体表面的吸附层或氧化膜剥落掉，达到去除锈蚀、油污、残余涂层，并粗化基体表面的目的。湿式喷砂处理较少被用到，所以此处不再赘述。

干式喷砂设备分为射吸式喷砂和压力式喷砂两种。射吸式喷砂利用高速流动的压缩气体，在经过射吸管时，使喷砂内腔产生负压，从而吸取砂槽中的砂子，再由喷嘴喷射而出，撞击基体表面。通过控制压缩气体的流量压力，可以调节射吸力的大小。压力式喷砂是将高压气体通入密闭的容器中，将容器内的磨料通过罐底部的管道，由喷嘴喷出射向工件表面，这种喷砂方式具有压缩气体利用率高、喷射力量大等特点。

基材表面处理工艺包括喷砂净化、喷砂粗化、磨料选择及喷砂工艺参数设置等工艺步骤。

喷砂净化主要利用喷细沙去除工件表面氧化皮及锈蚀，操作时喷砂角应小于 $30°$。在现场可采用循环使用的细小石英砂。

喷砂粗化是使已喷净化的基材表面，形成均匀凹凸不平的粗糙面，经粗化处理的表面，对涂层的制备起到以下作用：

（1）增大了涂层与基材的结合面积，活化了表面。

（2）使涂层中变形的扁平状粒子相互交错，并对基材产生一定压应力，形成机械嵌合，实现所谓的"抛锚效应"。

喷砂粗化兼有表面净化作用，借以除去氧化皮、锈斑和其他附着物。

鉴于现场施工条件和施工成本等因素,砂料选用价格低廉的石英砂,但由于在喷砂过程中石英破损率高,为了能够更充分地利用砂料,在实际生产中,新的砂料中掺入 30% 的破损后得到的细砂。将喷砂表面净化和粗化工艺合并使用,在喷砂过程中使细砂和粗砂分别起到表面净化和粗化的作用。因而在实际生产中净化和粗化两个工序组合使用,可以大大提高生产效率。

喷砂的效果取决于砂料的类型和尺寸。锋利、坚硬及有棱角的砂粒可获得最好的喷砂效果。在大面积工程施工中,选用经过加工的石英砂是能够满足最好的喷砂效果的。

喷砂工艺参数包括喷砂距离和喷砂角度。喷砂距离是指喷砂嘴端面到基材表面的直线距离。喷砂距离增大,磨料的冲刷作用减弱。喷砂距离小,则磨料易破碎,且喷砂范围小,生产效率低。该参数选择取决于喷砂方式、空气压力大小及工件的具体情况。喷砂角度是指磨料喷射的轴线与基材表面的夹角,喷砂角度应保持在 $60° \sim 70°$,以防止砂粒嵌入基材表面。

7.5　电热爆炸喷涂涂层的后处理工艺

喷涂后的原始涂层(或喷涂态涂层)常存在各种缺陷(如空隙、氧化物夹杂等),其性能和外形尺寸也不一定能满足使用要求。因此,往往要进行后续处理,以改善性能、填补或消除其固有的缺陷以得到所需要的精确尺寸。

从使用要求出发,涂层后续处理的方法主要有封孔处理、重熔处理、强化处理、扩散处理及复合工艺处理等,其中应用最多的是封孔处理、重熔处理、喷丸强化处理、扩散处理及其他后处理等。此外,还有一些其他方法,如浸渍处理、反应烧结、超塑成形、热等静压等,但应用尚不够广泛。

7.5.1　封孔处理

经过喷涂后的工件表面上的原始涂层,常存在各种孔隙。一般孔隙率在 $1\% \sim 5\%$ 范围内。孔隙的存在会降低涂层的耐磨蚀、抗氧化、绝缘等特性,甚至使涂层失效。孔隙的存在形式有连续和不连续两种,而有的涂层孔隙还会相互连接并且从表面延伸到基体。这样的孔隙形态对于防护性涂层来说,可能会对工件的使用造成相当大的危害。因此,在很多使用场合下,都要求对涂层进行封孔处理。

封孔处理就是利用封孔剂填充涂层中的孔隙,其作用是堵塞工件服役环境中的液体或气体介质进入金属基体表面的通道,以改善涂层的防护、绝缘、气密性等性能;此外,还能避免磨削加工时磨粒嵌入涂层的孔隙中,以防止涂层和裂纹氧化。

1. 对封孔剂的基本要求

封孔处理的方法主要是用封孔剂(有足够的渗透性,不降低涂层和基材的性能,并且性能较稳定的一些有机涂料或油漆)对涂层封孔。对封孔剂的要求如下:

(1) 黏度低,涂层的渗透性和润湿性好。

(2) 化学性能稳定,不与涂层材料及涂层服役环境介质起有害的反应。

(3) 不能给涂层和基体带来不良影响。

(4) 容易固化,并与涂层材料黏结牢固。

(5) 安全无毒,操作方便。

2. 常用的封孔剂类型

常用的封孔剂分为有机系封孔剂和无机系封孔剂两大类。

(1) 有机系封孔剂。

① 石蜡类。 如石蜡、油脂等,适用于耐工业大气、海洋大气腐蚀的涂层。

② 热塑性树脂类。如乙烯树脂等,适用于耐河水和海水腐蚀的涂层。

③ 热固性树脂类。如环氧树脂等,适用于耐河水和海水腐蚀的涂层。

④ 氟树脂类。 如聚四氟乙烯树脂等,适用于化工介质、钢铁制品 550 ℃ 以下的防氧化处理。

⑤ 有机高分子类。如硅树脂等。

有机封孔剂的主剂一般用乙烯树脂、酚醛树脂、环氧树脂及聚氨酯树脂等,溶解采用醇类、芳香族碳氢化合物、脂类等。有机封孔剂有常温硬化型和加热硬化型两类。加热硬化型对涂层的封孔均匀性好,而对大型工件施工,则常温硬化型较易操作。酚醛树脂是使用比较广泛的封孔剂,其固化具有良好的耐有机溶剂和耐弱酸能力,使用温度为 150 ~ 260 ℃。环氧树脂封孔剂与涂层的黏结力强,具有良好的耐腐蚀、耐化学介质渗透性和耐变温性。用石蜡封孔能有效地密封孔隙,石蜡具有耐淡水、海水和大多数酸、碱的性能,又可作为切削润滑剂,但只能用于较低温度下工作的喷涂涂层,不适用于高温工况,而且在有机溶剂和油中石蜡会发生溶解而影响涂层的封孔效果。

有机封孔剂主要在常温和不高的环境温度(小于 200 ℃)下使用的工

件涂层。在选用这些有机涂料时,应注意涂层的类型和工件应用的环境。如当基材与涂层主要用作防护海水和淡水中的腐蚀时,可选用环氧树脂或硅树脂来封闭涂层的孔隙,而对于食品和化工机械零件上的金属涂层则可选用石蜡进行封孔。有机封孔剂不耐高温,而且往往还含有有机挥发物质而不利于环境保护,故其应用范围受到一定限制。近年来,封孔剂正向水性、无机和自固化的方向发展,但无机封孔剂的强度一般较低。

(2) 无机系封孔剂。

① 硅酸盐类(如水玻璃、硅酸钠等),适用于耐一般大气腐蚀的工况。

② 溶胶 — 凝胶类(如 Al_2O_3、SiO_2、ZrO_2 及磷酸盐类等),可用于较高的温度和强酸环境下的工况。如全军装备维修表面工程研究中心研制的耐高温水性无机硅酸盐封孔剂,其封孔后可大大增强喷涂涂层的耐酸、耐碱和耐盐水的性能,明显改善了耐高温腐蚀性能。北京市农业机械化研究所研制的 WJ — 1 型高温无机封孔剂,其固化后的产物为 Al_2O_3,可用于 900 ℃ 以上耐热和抗高温氧化涂层的封孔。

3. 封孔工艺

在一般情况下,封孔是在喷涂之后进行的,但也有例外。封孔工艺包括封前清洗、封孔和固化。

(1) 封前清洗。封前清洗必须把喷涂涂层表面清理干净,如果有表面油污,应使用适当的溶剂(如丙酮等)洗净并蒸发干燥后,立即进行封固。

(2) 封孔。封孔一般有常压封孔和真空封孔两种。

常压封孔是在常温、常压下,以刷、喷、浸等方式将封孔剂完全渗入喷涂涂层中,否则孔隙中存在的气体会阻碍其渗入。

真空封孔是将工件置于真空室内,采取在常温下含浸抽真空的方法形成负压,使气体从孔隙中排出,以利于封孔剂渗入。

(3) 固化。热固性封孔剂在渗入孔隙后须进行加热固化。加热固化温度和时间视封孔剂的性质而定,主要取决于主要成分(树脂)。

具体参数可参考该封孔剂的有关数据说明。

如上所述,由于封孔剂的种类多,在选择和使用封孔剂时,一般要注意封孔和使用效果。最好预先进行试验,然后再选用较为妥当。

7.5.2 重熔处理

电热爆炸喷涂沉积的涂层均匀性较差,单次喷涂所形成的涂层厚度较薄,且存在部分区域未存在熔覆层的现象,因此,为合理控制涂层的质量,需要进行多次喷涂。由于喷涂的涂层是由熔化状态的金属液滴以高速撞向基体,在基体表面经过碰撞形变和凝固后形成的,多次喷涂时,涂层呈现出典型的层状结构,内部往往不同程度上存在微孔或裂纹,对金属基体与涂层的结合强度和表面层致密度造成不利影响,难以适应富盐的腐蚀环境,限制了它的应用范围和使用寿命。

重熔处理是利用热源将合金中最容易熔化的成分熔化,产生的液相有助于扩散过程的强化和成分渗透,熔化的结果是喷涂涂层与基体的结合区由原来堆叠的层状组织变为致密和较为均匀的组织,使涂层中的孔隙减小甚至消失。因此,采用适当的重熔处理,可以改善涂层与基体之间的结合强度和涂层的内在质量,使涂层的耐腐蚀和耐磨损性能得到明显提升。目前,重熔处理技术主要有激光重熔、电子束重熔、钨极氩弧重熔(Tungsten Inter Gas,TIG)、火焰重熔、感应重熔及整体加热重熔等技术。下面将对这些重熔技术的研究进展进行综述。

1. 激光重熔技术

激光重熔对涂层表面处理的工艺是在有保护气氛的条件下,使用激光束对金属的加热作用对涂层上表面进行扫描熔化处理(即二步法),如图7.11 所示。

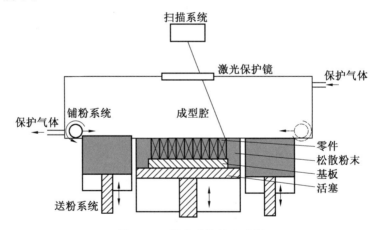

图7.11　激光重熔处理过程

激光具有很高的能量密度和稳定的输出功率,可以明显改善涂层的组织和性能。激光重熔时,试件在高能量激光束的照射下,使基体材料表面薄层与根据需要加入的陶瓷或合金涂层同时快速熔化或混合,形成厚度约为 $10 \sim 1\,000\ \mu m$ 的表面熔化层。熔化层在凝固时获得的冷却速度可达 $10^5 \sim 10^8\ ℃/s$,相当于急冷淬火技术所能达到的冷却速度,又由于熔化层液体内部存在扩散作用和化学成分的表面合金化层。这种合金化层具有某些高于基体材料的性能,通过该技术能够起到改善基体表面性能的作用。

由于涂层材料与基材之间的物理化学性能差异,两者之间的膨胀系数、弹性模量、硬度、熔点、导热系数、密度等相差较大,导致涂层热应力集中且在激光重熔过程中在急剧加热、冷却共同作用下容易使涂层产生裂纹。调整尺寸、降低膨胀系数、提高弹塑性对解决涂层开裂的效果不明显,从工艺方面还难以得到根本解决。

对于大面积激光重熔,由于激光光斑面积小,必须采用多次搭接技术或大面积光斑技术(散焦法、宽带法和转镜法)。多次搭接使每个相邻扫面带存在一个重合区,因此,这个区域显微硬度值是波动的,从金相组织上看,搭接涂层性能在整体上呈一种宏观的周期性变化。对大面积技术而言,当输出功率一定时,光斑面积越大,功率密度越低;增大光束直径,可能削弱激光的高能密度和超快加热优势,因此,大面积光斑技术的应用具有一定的局限性。

2. 电子束重熔技术

电子束重熔是利用高速定向运动的电子束,在撞击涂层表面后将部分动能转化为热能,对表面进行强化处理的一种技术。电子束重熔可以扩大合金的固溶度,细化晶粒,减少偏析,同时具有真空脱气的效果,并使其中的氧化物、硫化物等夹杂物溶解,起到固溶强化的作用,能够有效改善材料的耐磨损、抗冲击、耐腐蚀、耐高温氧化等性能。

3. 钨极氩弧技术重熔

钨极氩弧重熔是利用电弧束能量对工件进行表面强化,由于其成本低,强化效果好,操作简单,易于推广,在国内外已经被越来越多地用于灰铸铁和球磨铸铁零部件的表面强化,如汽车发动机缸体、缸套、凸轮轴以及许多泵体和阀体等。

4. 火焰重熔技术

对喷涂涂层进行激光、高能电子束或高聚焦太阳能重熔,能使涂层性能得到改善,但这些工艺的实施受到设备条件的限制,故很难在一些中小型企业得以推广。火焰重熔热源不仅局限于氧-乙炔,由于燃气资源丰富,设备简单,操作方便,因此广州有色金属研究院在工艺用燃烧器的基础上,研制出了一台具有较大功率的燃气火焰重熔装置,以乙炔和丙烯为燃气,可取得良好的重熔效果。

5. 感应重熔技术

涂层感应重熔技术是在工件基体上预先制备涂层,然后利用感应圈中的交变磁场在工件中产生涡流,利用涡流产生的热量使涂层达到熔化的目的。涡流的趋肤效应构成了感应加热的主要优势,使得热量可以集中在要求的加热区域内。由于该技术可以使涂层熔化,因此能使涂层与基体结合力状况得到改善;又因为热量集中在表层,所以对基体的热影响小,从而达到热影响小、结合力强的要求。

6. 整体加热重熔技术

整体加热重熔是指喷涂涂层被重新加热到固态和液态之间的某个温度实施重熔,此时涂层呈半固态,材料变得致密并呈熔融状态,因此冶金反应引起了大量的硬质相(碳化物、硼化物及其结合物)以涂层混合物的形态沉积。重熔后表面经过冷却,这些硬质相保留在涂层上,提供了优秀的耐摩擦磨损能力。

7.5.3 喷丸强化处理

喷涂涂层的强化处理是采用机械或化学的方法对原始涂层进行处理而改善其使用性能、应力分布和结合强度的后处理方法。强化处理分为机械强化处理和化学强化处理两种。

机械强化处理的主要作用是改善涂层的应力状态和分布。原始涂层一般都存在由于收缩造成的参与拉应力,易出现裂纹或边缘起翘。为改变涂层的应力状态(消除拉应力,形成压应力)以提高疲劳性能,可采用喷丸强化和滚压强化等机械方法进行处理。

化学强化是采用化学后处理的方法,即将涂层在特制的化学溶液中浸渍、干燥、脱水缩合后,在涂层缺陷处析出某种陶瓷相,从而使涂层产生显著的强化。

1. 喷丸强化

喷丸强化是利用在压缩空气(或高速旋转离心轮)推动下高速运动的弹丸流对金属表面进行喷射冲击,以改善其应力状态并提高其疲劳和应力腐蚀断裂抗力的表面强化技术。在喷丸过程中,由于弹丸的冲击使金属表面晶体发生晶格扭曲、晶粒破碎和高密度位错;在充裕的时间内,以冷加工的形式是工件表面的金属材料发生塑性流动,造成重叠凹坑的塑性变形,在生成凹坑过程中引起压应力并拉伸表面结构,次变化过程被工件内部未受冲击的部分所阻挡,因而在工件表面和近表面形成残余压应力场。

喷丸强化处理在喷丸机上进行,此设备与喷砂设备相似,只是磨料用金属丸或玻璃丸。为获得良好的强化效果,喷涂涂层的喷丸操作需对其所产生的应力大小、均匀性和应力层深度进行严格控制,而控制的方法则是合理选择喷丸工艺参数。

喷丸强化的效果和质量的表征指标主要是喷丸强度和表面覆盖率(有时还需考虑喷后表面粗糙度)。这些指标又受多项工艺参数的影响,任何参数的变化都会影响工件的强化效果。喷丸强化的工艺参数主要有:弹丸材料、弹丸尺寸(直径)、弹丸速度(或压缩空气压力)、弹丸流量、喷射角度、喷射时间、喷嘴数目、喷嘴至工件表面距离等。

喷丸强度是计量弹丸金属表面程度的指标,它是许多工艺参数(如工件材料、弹丸材料、弹丸大小、喷射速度及时间等)的函数,其值一般是用喷击标准尺寸的金属试片并以饱和状态时试片的弧高值来度量的;影响覆盖率的因素主要是工件材料硬度、弹丸直径、喷射角度和距离、喷丸时间;而影响表面粗糙度的因素主要是弹丸的硬度、粒度、形状,喷嘴与工件表面的距离、夹角及工件涂层的原始表面粗糙度等。控制喷丸强化工艺参数的目的就是为了得到所需的喷丸强度和表面覆盖率,达到所要求的强化效果。

喷丸强化工艺的适用性较广,强化效果明显;工艺简单,操作方便;生产成本低;经济效益好。因此,喷丸强化处理在涂层强化中得到较多应用。

此外,还有一种激光喷丸强化新技术。这种技术的作用与喷丸强化相似,但它是用超短脉冲的激光束代替有质弹丸,靠其诱导的冲击波来对金属表面进行强化。

2. 滚压强化

滚压强化是一种无屑光整加工方法,它利用高硬度材料(淬火钢、硬质合金、红宝石等)制成的工具对被加工工件表面施加一定压力,使表面层金属产生塑性变形和表面残余压应力的方法。早在20世纪30年代在国外滚压强化法就被用于铁路车轴的周径强化,到80年代已实现曲轴的全自动滚压强化。我国滚压强化技术在20世纪60年代已在机械行业中有很多应用。近年来,滚压强化技术已应用到喷涂涂层的强化后处理中。喷涂涂层的滚压强化就是在热状态下利用涂层与滚轮之间的摩擦力使滚轮转动,同时施加径向压力,可使涂层结构紧密、降低孔隙率、提高硬度;同时还可降低涂层的表面粗糙度和提高尺寸精度。

滚压强化处理主要用于硬度高、难以进行切削加工的涂层。对于一些硬度高的自熔性合金涂层,往往尺寸要求较严,但在重熔过程中由于表面张力作用使其形状与工件要求的形状相差较大,机械加工比较困难。采用滚压法强化可使其具有所要求的形状更接近的涂层表面和较低的表面粗糙度,从而实现少切削或无切削加工,减少机加工量,并使涂层更加紧密。

滚压处理可以用于圆柱形、圆锥形或平面形的工件。滚压时需要涂层保持一定温度(应在液 — 固相线之间),故一般是在重熔后趁热进行或是对已喷涂件的涂层重新加热进行。若温度太低,则滚压成形困难;而温度过高则会黏滚轮,甚至将涂层挤掉。此外加热火焰还需避免对滚轮加热。进行滚压操作时应适当掌握工件的转速,不要太高或太低,以保证处理效果。

7.5.4　扩散处理及其他后处理

1. 扩散处理

喷涂涂层的扩散属于表面合金化热处理,即在一定的热处理工艺条件下,涂层金属向基体扩散,在结合界面处形成表面合金化的扩散组织。通过扩散处理,可在涂层与基体界面形成扩散熔合区,有更多的冶金结合,使涂层的完整性、致密性、耐腐蚀性、抗氧化性和结合强度得到显著提高。扩散处理工艺主要是对工件上的涂层加热和保温,具体方法有很多,常用的主要是感应扩散和涂层保护扩散。前者是采用感应加热,与感应热处理的形成相似;后者是在涂层表面涂上保护涂料后用炉子或火焰加热和保温。扩散处理的工艺参数是加热温度和保温时间,一般根据涂层的性质和厚度来确定。

在钢铁(碳钢、铸铁、低合金钢、不锈钢等)和 Ni 基、Co 基耐热合金工件上热喷涂铝涂层后再进行热扩散处理,可提高涂层的高温抗氧化性和抗含硫介质腐蚀的能力。碳钢喷铝扩散后大幅度提高了在870 ℃ 以下的抗氧化、抗渗碳和抗碳氮共渗的能力,可代替高合金奥氏体钢作为热处理炉内构件。低碳钢和含铬钼的低合金钢经喷铝扩散处理还能提高在高应力、高温下工作的零件寿命。

扩散处理对工件表面的质量要求较高,因此喷涂前应做好工件表面的预处理工作,否则会影响涂层的黏结和扩散。同时扩散温度不宜过高,一般不应高于 900 ℃。

2. 其他后处理方法

除封孔处理、重熔处理、扩散处理外,还有一些其他的后处理方法,如浸渗处理、反应烧结等。这些处理方法虽应用尚不广泛,但也各具特色。

(1)浸渗处理。

浸渗处理是将浸渗剂渗入多孔的喷涂涂层,经固化聚合反应,达到填充孔隙、密封堵漏和增大沉积层颗粒间结合强度的目的。为加强浸渗效果,此过程往往在真空条件下进行,故又称为真空浸渗处理。浸渗技术的理论基础是液体的浸润作用和细管中的毛细作用。实际上,可以认为浸渗是浸润、毛细作用和吸附作用的综合结果。

（2）反应烧结。

反应烧结是利用常规喷涂设备,将混合反应粉末材料在不引起反应的条件下喷涂于基体上,然后通过中温反应烧结处理以改进喷涂涂层组织结构和结合性能。这种方法是为了避免自熔性合金重熔处理的温度高而开裂倾向大和基材组织发生相变而提出的。它利用某些合金可在中温条件下反应而原位合成以实现界面的冶金结合,是热喷涂技术与粉末冶金中的反应烧结技术相结合的产物。

7.6　电热爆炸喷涂在再制造中的应用

7.6.1　电热爆炸喷涂在连臂拉杆固定销再制造中的应用

针对连臂拉杆固定销的实际工况,采用电热爆炸喷涂 FeCrAl 涂层,并对其进行防腐处理。首先喷涂前对在用的连臂拉杆固定销进行除锈处理,并用丙酮清洗。被喷涂的材料为 0.2 mm×5 mm×60 mm 的 FeCrAl 薄片。在喷涂第 1～2 层时,喷腔距离试件表面为 10～15 mm,以获得足够的结合强度。而在喷涂后续涂层时,喷腔距离调整为 15～20 mm,以获得高的喷涂粒子沉积量及良好的表面光洁度。在喷涂过程中,喷完每层后需对涂层表面进行清洁处理,共喷涂 10 层,厚度约为 150 μm。当喷涂完毕后,在涂层表面刷一层保护漆。图 7.12 所示为连臂拉杆固定销电热爆炸喷涂后的照片。

图7.12　连臂拉杆固定销电热爆炸喷涂后的照片

7.6.2　电热爆炸喷涂在发动机排烟管再制造中的应用

由于发动机排烟管苛刻的腐蚀特性,因此采用防腐性能更为优异的 FeCrAlRE 电热爆炸喷涂涂层,并对其进行腐蚀防护,如图 7.13 所示。喷涂前同样对在用的排烟管进行除锈处理,并用丙酮清洗。喷涂过程参见 7.6.1 节。

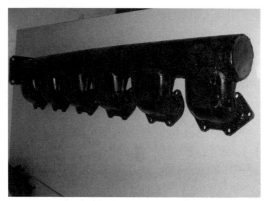

图7.13　发动机排烟管电热爆炸喷涂后的照片

第8章 热喷涂的安全和环境保护

热喷涂技术属于新兴绿色产业,作为再制造工程的关键技术之一,它以优质、高效、节能、节材、环保为准则,用来修复、改造废旧设备,再制造后的产品性能不低于新品,成本只是新品的 50％,达到节能 60％、节材 70％。如果生产过程中的某些有害物质能够得到有效的控制,喷涂过程对环境的不良影响就能显著降低。喷涂生产过程中存在的安全和有害物质排放等问题,需要认真预防和处理,以发挥其绿色产业和环境友好的作用。

热喷涂作业的安全与防护工作包括操作者人身安全、材料及设备安全、环境安全等。所涉及的安全技术和劳动保护问题也是多方面的,如电器设备、使用气体、喷砂作业、金属粉尘、有毒蒸发物、光辐射、噪声及防火、防爆等。因此,熟悉喷涂作业过程中的安全注意事项,了解喷涂过程中一些设备维护的方法,关系到操作人员的安全和身体健康,以及喷涂施工的质量和进度;同时,这些安全注意事项和设备维护方法也是进行喷涂施工的作业人员、管理人员和相关技术人员必备的知识。

8.1 热喷涂的安全危害

热喷涂操作过程中的危害因素主要包括气体爆破、金属粉尘及有毒性气体、噪声及弧光、触电及设备烧损等。

热喷涂系统所使用气体均为高压气体,如果管路连接不牢或发生破损,极易发生爆炸,它产生的冲击力不但对设备有损害,而且会危及工作场地附近人员的人身安全。

在喷砂和喷涂过程中,会产生磨料的粉尘和喷涂金属氧化物粉尘,这些粉尘会飞溅到操作人员身体的暴露部位如脸部、眼部等,从而产生危害。喷砂磨粒喷射后,会有不同程度的破碎和分化,磨粒的种类不同所产生的粉尘危害不同。常用的喷砂磨粒有刚玉砂、碳化硅砂、铸钢铸铁砂和石英砂等。石英砂硬度高、价格便宜,但质脆、韧性小、极易破碎。在喷射时产生的硅粉尘对人体呼吸系统危害最大。这些粉尘还有积聚效应,长期吸入会使人患有诸如鼻炎、矽肺等疾病。同时,粉尘对机电设备也有很大损害,如进入电器设备会造成短路,进入机械设备会成为磨料而使部件严重磨损,影响精度和寿命。此外有些金属氧化物为有毒烟雾,如海洋环境防腐用的 ZnAlMgRE 粉芯丝材,喷涂时会产生一定量的有毒的 ZnO 烟雾,这些粉尘和有毒烟雾一旦进入人体的呼吸系统,超过一定限度时,往往会引起口干、咳嗽、胸闷、疲劳无力、食欲不振等症状,会对人体造成极大伤害。此外,喷涂过程中涂层材料经过电弧高温区,部分材料会被蒸发。当被蒸发的材料离开电弧高温区后,会冷凝成非常细小的金属粉末,并且非常活泼,聚集到一定浓度时与空气中氧气发生化学反应,会产生自燃或引起爆炸。

热喷涂的噪声非常大,可达几十甚至几百分贝,影响人的听觉系统。噪声对人体的危害取决于噪声的强度、频率和作用的时间。极强的噪声对人体有很多影响,主要表现为:引起耳鸣、听力偏移、听力下降。长期处于强噪声环境中会有耳聋的危险;严重时会使人神经紧张,带来不安情绪、出现失眠、头痛等症状。

热喷涂的弧光也较强,弧光的强度与喷涂电流和喷涂材料有关,喷涂电流越大,弧光越强。Fe 基材料产生的弧光要比 Zn 基材料的强。喷枪上虽有挡弧罩遮住引弧点的弧光,但也有必要进行一定的防护。热喷涂的弧光还会使有机溶剂迅速分解而产生有害气体,如 C_2HCl_3、$C_2H_2Cl_2$ 可能分解为 CO、Cl_2,加剧溶剂对环境的污染和人体健康的危害,因此应采取特别的措施,不让清洗溶剂载入喷涂作业区。

热喷涂产生的射流具有极高的温度,使工件处于被加热状态,人在未冷却前触摸,将有被灼伤的危险,同时射流易使易燃物体燃烧,引起火灾。电弧喷涂电源及其他辅助设备,均有带电装置和接头,不遵守操作和维修规程,或不设置安全装置,将有触电危险。

8.2　热喷涂设备的安全使用

8.2.1　热喷涂安全注意事项

对于热喷涂设备的操作需考虑如下的安全事项:

(1)在开启任何气阀之前,必须先对作业场地进行适当通风。

(2)将软管与喷枪连接,并且对该系统供给压缩空气,同时用肥皂水检验所有连接部位的气密性。严禁用明火检查漏气。若发现连接处漏气,应按下列顺序操作,即减压 → 松开接头 → 取出密封件并擦净 → 吹净软管 → 拧紧接头 → 再试压。如果仍然漏气,就应再减压,更换漏气的热喷涂装置,在有故障的装置上标记"危险 — 不许使用"的警示。

(3)若仪表数据显示不正常,则表示系统有故障,必须立即停机,并迅速进行设备检修。

(4)空气压缩机的操作必须遵守《固定的空气压缩机安全规则和操作规程》(GB/T 10892—2005)中的规定,若压缩空气的压力与设备制造厂推荐的压力不相符时,则不允许用其进行喷涂和喷砂作业。压缩空气管路中必须配备适当的过滤器和冷凝器,并按设备制造厂的建议进行净化,以保证压缩空气中不含油和水。

(5)喷涂结束后,设备关闭、暂停使用或需拆卸时,应放出压力调节器和软管中的压缩气体。并按下列顺序操作:关闭喷枪总阀 → 关闭储气罐出气阀 → 开启喷枪的气阀,放出气体 → 关闭喷枪总阀。

(6)喷涂电源必须满足安全操作条件,并按现行电力设备接地设计技术规程中的规定接地和适当绝缘。大功率工业用电钮、指示灯、插头和电缆等必须符合安全要求。应定期检查电源线、绝缘物、软管和气路管线,有故障的设备应立即维修或更换。

(7)在没有切断电源的情况下,不允许清洗和修理电源、送丝机构或喷枪。

(8)喷砂机和喷砂场地之间的喷砂软管应尽量放直。弯曲或呈锐角状的软管会引起单边过度磨损,很快磨穿。如果必须弯曲绕过某物体时,也应使软管弯曲的曲率尽量小。喷砂软管应存放在阴凉干燥之处,避免其迅速老化。

(9)不允许将喷砂嘴对着人或易燃材料。若喷砂嘴堵塞时应关闭气源并排除余气后方可进行清理。喷砂罐内的空气压力不允许超过制造厂规定的工作压力。

高空喷涂是指在距地面2 m以上的距离进行喷涂作业。高空喷涂操作人员必须遵守高空作业有关规定,定期进行体检,体检合格且熟悉本工种的专门技术和安全技术,方能进行高空作业。操作时必须佩戴牢固系紧的安全带和使用符合安全要求的梯子;同时注意不要将气体胶管缠绕在身上或搭在背上工作。要防止扳手、手钳等辅助工具掉落,以免砸伤地面的人员。电、气开关应在作业监护人附近,遇有危险迹象时要立即切断气源和电源,并进行营救。

8.2.2　热喷涂设备的安全操作与维护保养

热喷涂现场空气中会有金属和非金属(氧化物)的粉末飞扬,有进入机电设备而造成短路或零件磨损的危险。因此,在可能的条件下应尽量使机电设备远离喷涂现场,不能远离的应加强防尘措施,以及对机械设备的滑动和传动部分进行保护。所有的热喷涂设备必须保持良好的可随时启动的备用状态。为此,需加强检查与保养;当操作中发现可靠性不足时,必须立即停止使用并由具备检修资格的人员进行修理。另外,应对热喷涂设备的使用和喷涂施工人员进行必要的技术培训,特别是操作安全培训,熟悉设备的使用和维护,经培训合格者方可上岗。

1. 设备的安全操作

随着时间的推移,热喷涂系统设备会不断磨损,为了补偿磨损要对设备进行必要的修理。这是设备生命周期中所经历的必要的循环,但是上述磨损形成的时间及程度与设备的使用、维护保养有着密切关系。换言之，只要正常合理地使用设备，并精心维护，设备的磨损量就小，故障率就低。因此，掌握设备的维护保养方法也是很重要的一个环节。对于热喷涂系统而言，应重点注意以下几个方面：

（1）要定期检查软管和气路，对发现问题的设备应立即修复或更换。

（2）电源和喷枪的金属外壳应接零和接地。喷涂电器设备要设有过流保护，不允许有明线，如不能避免，应设置保护管。

（3）使用前认真检查喷涂电源、送丝机构和喷枪的工作状况，运行过程中发现异常，应马上停机，排除故障后方可使用，检查各连接线路的接通和可靠绝缘情况，每次使用之后应对这些设备进行认真清理，避免因金属粉尘积累引起短路。

（4）送丝机构和喷枪的易磨损件，如发现磨损严重且影响正常工作时，应即时更换。送丝机构应该接地和绝缘，同时注意送丝机构传动部分的润滑情况，定期更换润滑脂。未经厂家许可，不该拆卸的地方不能随便拆卸，以免影响设备精度和正常使用要求。

（5）喷枪应经常保持清洁，避免金属粉尘堆积引起短路。操作步骤按照制造厂的操作使用说明进行。应该遵守设备使用说明书中规定的操作规程。电弧喷枪设备要注意防潮湿或雨淋，要有良好的接地措施。在没有切断系统电源和气源的情况下，不能进行喷枪清理和电器维护。

（6）喷枪所采用的喷嘴为陶瓷材料，使用时应轻拿轻放；调整送丝时，应避免丝材推力过大，造成喷嘴局部崩裂，使用完毕后，应抽回丝材，喷枪应置地或卸下放入仪器箱等安全位置。

（7）对电源线、绝缘物、软管和其他管道在使用前应进行检查，如运转不正常，要立即维修或更换。

2. 热喷涂设备的维护保养

（1）空气压缩机。压缩空气虽不属于可燃气体，但它蓄含有大量的能量。为避免事故的发生，其操作也要采取相应的安全措施。空气净化冷凝系统属压力容器，厂家必须具有许可证才能设计和生产。空气压缩机的安装、调试、运行和维护应按生产厂家提供的说明书进行,并应安装安全阀和外露旋转体的防护罩,紧固件要有防松措施。对空气压缩机的安全操作应参照以下几点:

① 空气压缩机属于压力容器,工作压力根据使用条件和生产能力调整,可达 1.2 MPa。生产厂家必须持有国家劳动部门颁发的压力容器生产许可证,使用时应遵守压力容器使用规定。保养与维护按照生产厂家的说明书进行。

② 压缩空气的压力要经常检查。如超过气瓶额定压力时,不可用于喷涂和喷砂。气路中严禁有油、水和灰尘。如有漏气和管道严重磨损应及时处理和更换,以防爆裂伤人。

③ 空气压缩机的操作必须遵守《固定的空气压缩机安全规则和操作规程》(GB/T 10892—2005) 中的规定,若压缩空气的压力与设备制造厂推荐的压力不相符时,则不允许用其进行喷涂和喷砂作业。

④ 压缩空气管路中必须配备适当的过滤器和冷凝器,并按设备制造厂的建议进行净化,以保证压缩空气中不含油和水。

⑤ 定期检查空气滤油及净化装置的工作状况,并按要求定期更换过滤零部件。

(2) 喷砂机。进行喷砂时,应先开启排风机和湿式除尘器的开关,然后才能喷砂。禁止在气压未下降到正常值时修理喷砂设备或更换零件;砂罐加砂时应将筒内压缩空气排尽才可开启顶盖;更换喷嘴时,必须先关闭喷砂枪的压缩空气开关。此外,还应注意以下几项:

① 压力式喷砂机属于压力容器,制造厂必须持有国家有关部门颁发的压力容器生产许可证。使用中的压缩空气压力不得超过压力容器的额定使用压力。

② 使用者应按设备制造厂的规定保养和检修,易损件也应按制造厂的规定修理,对磨损部件应及时更换。

③ 操作时不得将喷砂嘴对着人体任何部位。

④ 喷砂机和喷砂场地之间的喷砂软管应用高压管,并尽量放直。弯曲

或成锐角状的软管会引起单边过度磨损,很快磨穿。如果必须弯曲绕过某物体时,也应使软管弯曲的曲率尽量小。喷砂软管应存放在阴凉干燥之处,避免其迅速老化。

⑤检查喷砂设备的运行情况,对磨损厉害或老化严重的部件应及时更换。喷砂夹具、管道和接头必须安装牢固,连接可靠。

8.3 热喷涂的安全防护

热喷涂作业过程中,操作人员要接触高温、弧光、烟尘、有毒气体、噪声等各类有害环境和介质,受到红外线、紫外线、强烈可见光等不同频率电磁波的辐射,这些情况都会给人们的身体健康带来很多不良的影响。因此,除要注意防火、防爆及设备的防护和安全操作外,还必须采取有效的人身安全防护措施,才能把危害程度降到最低,有效确保操作人员和周围人员的健康和安全。

在热喷涂作业期间,操作人员应认识到安全防护的重要性,对身体各部位进行必要的防护,重点注意以下几个方面:

(1)在热喷涂或喷砂作业中的热喷涂操作人员始终要用头盔、面罩以及护目镜保护头部和眼睛。为了防止邻近作业中产生的光辐射或飞溅粒子的伤害,在热喷涂或喷砂作业时,操作人员、辅助人员及其他进入现场的人员都必须对头部及眼睛进行防护。

(2)在喷砂作业时,使用带呼吸系统防护装置的保护面罩防止飞溅粒子对眼睛、面部、下颌和颈部伤害。在敞开状态喷砂作业时,应使用带机械过滤器的面罩,保护面部和呼吸系统。也可选用带空气输送管道的保护面具;在有限空间进行喷砂作业时,或者热喷涂有毒性的材料时,必须采用带空气管供气的防护装置,即通过管道连续供给新鲜空气的呼吸器,它由带空气呼吸系统的面罩或防护头盔及标准的空气管道组成,可以保护操作者的头部和颈部不受粉尘和磨料的伤害。防尘罩中要求至少应通入流量为$0.11 \ m^3/min$的新鲜空气,防尘头盔中至少应通入流量为$0.17 \ m^3/min$的新鲜空气。气源应包括一个带空气过滤装置的空气压缩机或鼓风机,以便将压缩空气中的油雾、水雾和水锈粒子分离去除,确保供给呼吸器的空气无污染。如果空气过滤装置的呼吸系统发生故障,而在此期间的污染物不会对健康立即产生危害的话,可除去气路管道,呼吸空气;若热喷涂有毒材料,污染的空气对健康危害较大,则发生故障时应将头盔与紧急辅助呼吸用空气瓶相连接。喷涂有毒材料应准备两套相同的空气源系统,以备急用。专人使用的呼吸系统保护设施,未经清洁和消毒,不要交叉使用。

使用机械式过滤呼吸器在室内进行热喷涂操作,当面罩挡住粉尘时,可用含有活性炭的机械式过滤呼吸器防护。过滤呼吸器的净化作用由机械过滤、吸附、化学反应和催化等过程来实现。其过滤器内装有催化剂的活性炭,它能有效地去除空气中的粉尘、烟雾和金属微粒等;当有毒空气通过过滤器时,毒物被吸附在活性炭上并发生化学反应而从空气中除去。

(3)根据热喷涂工作的轻重、性质、施工地点来选择适当的喷涂服或喷砂服。在有限空间施工,应穿防火服和戴皮革、橡皮或石棉长手套。手腕和脚踝处的衣服应扎牢,避免有毒、有害的喷涂材料和磨料损伤皮肤;在室外施工,允许穿着非化纤材料制造的普通工作服,但不允许穿开襟衬衫或不扣紧封颈纽扣,应穿长筒鞋,裤脚应无翻边并要遮住鞋筒。

8.3.1　通风排尘

热喷涂工作间、喷砂工作间和控制操作室,采用封闭、隔离、屏蔽方式,强制通风除尘。通风除尘对粉尘进行沉降、气体过滤,保证工作间小环境清洁,同时满足大气环境污染物排放标准。采用强制通风系统,可有效地控制、降低有毒烟雾、气体、金属和非金属粉尘对人体的危害,减少燃爆的可能。对于手工操作的环境,必须采用局部强制通风。通风系统的空气流量视喷涂工作间大小而定,保证满足喷涂工作间或喷砂工作间的空气每 10 min 置换一次,其流量不小于 1 500 m^3/h。

经过通风机排除的混合气体,必须经除尘设备收集器处理,特别要注意 Al、Mg 等活泼金属粉尘有爆炸的危险,所以最合适的是采用湿式收集器。但这两种金属在水中会产生 H_2,湿式收集器的设计要能防止 H_2 的堆积,保持经常清理,尽量减少残留物质。所有通风机、管路、粉尘沉降器和电动机都必须接地。对于必须在现场施工的情况,现场喷涂时的通风问题应该给予重视和解决。在现场喷涂时,如果没有有效的通风装置,要求现场操作人员要佩戴个人防护用具,如有效的过滤口罩或带有辅助通风的喷涂服等。

8.3.2 噪声、弧光防护

电弧喷涂时,除了要防护粉尘外,还需要防护弧光和噪声。电弧喷涂时,产生的弧光与电弧焊的火光相似,只是喷枪遮光罩的作用使得操作人员不会直接观察到电弧,操作人员所接受的光辐射主要来自工件的反光辐射。操作人员电弧喷涂的防辐射实际上与普通电弧焊大体一样,但是大多数电弧喷枪装有电弧罩,操作人员不是直接暴露在弧光下,电弧喷涂采用的护目镜的深度可降到 4~5 号,不过仍必须使用头盔,身体的每一部分也都不允许裸露。暴露的皮肤也可能被紫外线伤害。大面积喷涂时,一定要注意身体的遮挡。

噪声对人体健康的影响主要取决于其强度、频率和作用时间。一般 80 dB 以下的噪声对人体的危害较小。电弧喷涂时,使用较高的压力和流量的压缩空气,当气流由喷嘴射出时,会产生很大的噪声,加上电弧的爆破声,噪声强度高于 100 dB。在此环境中长期工作会使人变得紧张,听力衰退,并降低劳动生产率,还可能影响到神经系统、血液循环系统和心理状态等。此外,在可能的情况下,应适当安排操作计划,操作人员定时轮换,尽量避免操作人员在噪声环境下以此连续工作太久。有条件的地方可以采用机械化、自动化作业实现隔离控制,在封闭喷涂工作间或喷涂箱内进行喷涂,可限制噪声的传播,降低噪声等级,达到满足降低噪声的要求,起到更有效的防护作用。我们在观察热喷涂现象时,可以通过遮光玻璃遮挡强烈的弧光和射线,然后进行观察;另外,也可以通过摄像头将喷涂过程中的图像传输到电脑,通过显示屏进行观察。

8.3.3　人身安全防护

热喷涂操作人员的普通安全防护应按《个体防护装备选用规范》(GB/T 11651—2008)、《职业眼面部防护 焊接防护第一部分：焊接防护具》(GB/T 3609.1—2008) 和《呼吸防护用品 —— 自吸过滤式防颗粒物呼吸器》(GB/T 2626—2006) 中的规定选用眼、面及呼吸系统保护用品，且要用劳动部门认可的生产厂家生产的护耳器或耳罩进行听力保护。

1. 眼睛的防护

在喷砂和热喷涂期间，为了保护眼睛，必须佩戴头盔、面罩、护目镜，防止飞行砂粒的击伤。头盔、面罩、护目镜应该配备适合的滤色镜片，防止过量的红外线、紫外线和强可见光对眼睛的辐射。为了防止飞溅颗粒和烟雾损害并影响视线，护目镜上应有通气间隙。喷砂操作时，如有专用喷砂机，需佩戴护目镜，防止砂粒飞溅到眼睛；当没有专用喷砂机时，应该穿戴具有防尘面罩或头盔的防护服，防护服内能够提供新鲜的清洁空气。

2. 听力的防护

间断的喷涂或短时间的作业，或者是在使用盔式防护面罩时，可暂不用听力保护。但当长时间喷涂时，由于喷枪发出强烈的噪声，为防止操作者丧失听力，必须使用符合标准要求的护耳器或耳罩，不允许用棉花球堵塞耳道，因为棉质物不能有效地隔离高分贝噪声。护耳器所提供的耳部保护应能使每天 8 h 的噪声强度降低到《工业企业噪声控制设限值》(GB/T 50087—2013) 中规定的安全水平，如果护耳器不能达到这样的要求，就应停止热喷涂操作，直到噪声被控制在《工业企业噪声控制设限值》(GB/T 50087—2013) 中所规定的安全水平，才可重新开始热喷涂操作。

3. 防护服

防护服的作用主要是保护皮肤和身体的其他部位免受弧光辐射和各种有害物质的伤害。因此，热喷涂、喷砂的操作人员，都要穿戴合适的防护服及工作鞋、手套等防护用具。要按照热喷涂和喷砂作业的性质、轻重和施工条件来选用合适的防护服。在没有专用的热喷涂服时，也可用焊工的工作服和工作鞋来代替。热喷涂的操作人员在手持喷枪操作时应戴绝缘手套。在受限制的空间内操作时,要穿戴耐火的防护服和皮革手套。防护服的袖关节等部分应扎紧,保证喷涂材料和灰尘不致与皮肤直接接触。在敞开的环境下操作,可以使用普通的全套工作服。

4. 呼吸系统的防护

在电弧喷涂过程中,将产生大量金属蒸气和粉尘,多数金属蒸气和粉尘对人体健康有一定影响。如在进行电弧喷涂时,如果操作人员吸入过多的锌蒸气和氧化锌粉尘,可能会出现恶心、呕吐、干渴、发冷、发热等症状。电弧喷涂铝青铜时,这些症状表现得特别明显,并且会使人出现呼吸困难、咳嗽或严重感冒的症状。最有害的金属蒸气和粉尘是铅,如果没有十分可靠的呼吸保护措施,就不要喷涂铅,以免发生铅中毒现象。此外,电弧喷涂含铬的金属线材(如 3Cr13、7Cr13、1Cr18Ni9Ti、NiCr 合金等),也一定做好个人防护。

电弧喷涂过程中,还会有因为电弧紫外线辐射或高频电磁场的作用而产生的 O_3。O_3 是一种淡蓝色具有强烈刺激性气味的气体,高浓度时呈腥臭味并略带酸味,主要是刺激呼吸系统而使人产生口干、咳嗽、胸闷、食欲不振、疲劳无力、头晕等症状。

电弧喷涂操作人员应佩戴着适当的呼吸用具来保护自己。个人呼吸保护装置应该很好地得到维护,定期进行清洗和消毒,没经过清洁和消毒的不要相互交换使用。对强制供气的呼吸装置,要求洁净的空气流量在 $0.17 \ m^3/min$ 以上,此空气应由无油润滑的空气压缩机和冷凝器提供,若是油润滑空气压缩机则空气进入头盔前应经过适当的过滤,且空气源进气口一定要置于空气无污染处。

无论何时,只要尘雾浓度高到使操作人员感到不适(头晕眼花、恶心等),则应停止喷涂,并检查通风和排气系统及其他相关设备。如果通风除尘设备运转不好,则必须使用呼吸设备。除非所有可能导致不适的因素都消除了,否则不要恢复喷涂。

在远离喷涂的地方,一般不需要呼吸保护;当停止喷涂和工作区域没有已知的有害粉尘和烟气的时候,一般也不需要呼吸保护。

5. 卫生预防与保健

尽管实施了一系列劳动保护措施,从事热喷涂的工作人员仍然会与上述有害因素经常接触。要注意个人的清洁卫生,喷涂的金属粉尘对人身体有极大的危害,每次交接班后,应即时清洗身上的粉尘,工作服也要经常更换并即时清洗。为了保护专业人员的健康,需要对其发放保健津贴。一般认为,热喷涂技术工作人员的保健津贴不应低于焊工的保健津贴。本着预防为主,治疗为辅的方针,要加强防护措施。并对从事热喷涂工作的专业人员进行定期体检,以便及早发现问题,即时治疗。

8.3.4　用电安全

1. 电器设备

电弧喷枪的操作电压一般是低压直流电(低于 45 V),但工作电流较大,电弧喷枪的操作仍然要注意安全。电弧喷涂电源的输入电源是 380 V 的交流电,所以必须对喷涂电源进行安全用电处理。

电弧喷涂产生的热量是由极高强度电弧产生的,如果处理不当也是危险的。线材电弧喷涂时,存在被电击的危险,我们应当遵循电弧喷涂设备生产商提供的安全操作步骤来使用设备,用于接地保护的装置和电线应当保持良好的状态,喷涂现场的电气设备要有过载保护和接地。在喷涂工作开始之前,应当对电源回路进行检查,确保整个回路是正常的,开关和插座应当有合适的盖子,对于损坏的电线和设备应当及时维修或者更换。

2. 电缆

要经常检查电缆是否磨损、开裂和损坏。对过分磨损或绝缘受损的电缆要立刻更换,以避免裸露的电缆可能引起的致命电击。

保持电缆干燥、没有油脂,并防止出现高温金属和火花。不要踩在电缆上,也不要让车辆轧过电缆。接线端、线槽和电器的其他暴露部件在使用前都要有绝缘外罩的保护,明处的动力线最好加上保护管。

3. 安全装置

安全装置,如联动装置和断路器,都不能断开或分开。在设备安装、检查或维修以前,要关掉所有的电源或卸掉线路保险丝来防止意外导致合闸通电,产生伤害。

设备若无人看护,在离开前一定要关掉和断开设备的电源。

按照要求,电源附近必须有一个电源断开开关是可用的。

4. 带起搏器者的保护

大电流喷涂产生的磁场可能影响心脏起搏器的工作,带起搏器者应避免接近喷涂设备。

8.3.5　封闭和面漆安全

1. 溶剂

清洗用的溶剂、封闭剂或面层所用的溶剂(如丙酮、二甲苯等)的蒸气都是有害的。只有使用足够的通风或适当的呼吸保护设备和其他必要的防护服,才能避免呼吸溶剂蒸气和皮肤接触。大部分溶剂也都是易燃的液体。所有的溶剂桶都应该有盖子,并且在未使用时是盖着的。所有的溶剂和易燃材料都应远离焊接、氧气切割、加热及电弧喷涂操作的场所。

2. 呼吸保护用具

涂层的封装处理和涂装通常都采用喷涂的方式进行施工,而喷涂时在空气中会产生大量的有毒的有机溶剂蒸气,因此应使用通风装置来减少操作人员周围的喷漆产生的有害气漆。在大多数情况下,操作人员应佩戴合适的呼吸保护用具。

3. 喷漆枪的操作

高压无气喷漆枪的压力是很高的,末端保护和扳机锁应该在所有的无空气喷漆枪上使用。操作人员在使用时绝不能对准身体的任何部位。残留在系统中的气体要等到压缩泵停止工作后再打开喷漆枪放出残留气体。

4. 通风

在比较封闭的地方进行封闭漆、中间漆和面漆的涂装时,通风是很重要的。良好的通风条件不但会降低操作人员周围空气中的有机溶剂蒸气的含量,还会减小爆炸的可能性。

8.3.6　受限空间作业安全

(1)在受限空间(指仅有 1～2 个入孔,进出口受限制的密闭、狭窄、通风不良的分隔间,或深度大于 1.2 m 封闭和敞口的只允许单人进出的通风不良空间,如密闭的槽、箱、罐、锅炉、压力容器、船舱内部,或半密闭的钢箱梁内部)内进行喷砂和电弧喷涂作业时,要特别注意作业安全。

(2)操作人员在进入受限空间前,应提供有效的安全保护措施,检查内部的作业环境,并利用入孔、管道孔或其他孔道进行强制通风。

(3)如果喷砂和喷涂操作人员必须通过舱口或其他小的开口进入受限空间作业时,要求具有紧急情况下能迅速将操作人员转移的安全措施。应使用安全带或救生带,并要求拴在操作人员身上,以保证他们能安全出来。施工前要进行救生演习,以熟练救援程序。在进行施工时,至少应有一人守在舱口外等候救援。

(4)操作人员应穿专用的喷涂服、戴皮手套、穿焊工鞋,手腕和脚踝处的衣服要扎牢,避免粉尘、烟气、磨料等损伤皮肤;同时操作人员还必须佩戴外供清洁空气的头罩,以保护头部和肩部,并保证呼吸通畅。

(5)喷涂电源应放置在受限空间外,以保证作业的用电安全。在停枪休息时,应关闭喷枪、空压机和电源,并将喷枪和软管从受限空间中取出来。

(6)受限空间内部的照明应采用低压防爆照明灯,灯应置于透明的防护罩中,以避免喷砂时砂粒打坏玻璃灯泡。

8.3.7　安全计划

喷涂施工前需要做好一份重要的安全计划,它包括安全事故预防计划和安全培训计划。

1. 安全事故预防计划

喷涂工程合同实施前,工程承包商应当准备一份安全事故预防计划,

且要由一个有资格的职业安全和健康专业人员来制定,事故预防计划至少应包括以下几项要求:

(1)明确承包商职员对事故预防承担的职责。

(2)承包商计划协调分承包商们工作的方法。

(3)为临时设施和建筑物的建造、大型设备和其他设备的使用而设计的方案。

(4)对承包商和分承包商所雇佣的工人进行初始安全培训和持续安全培训的计划。

(5)对施工所涵盖的水路、铁路、公路、设施和其他受限区域的交通管制计划和危险标志。

(6)施工现场内部管理及入口安全管理计划。

(7)火灾预防计划和其他突发事件处理计划。

(8)安全员对作业现场的安全和健康检查计划,计划应包括安全检查、公共卫生、所做的记录和采取的纠正措施。

(9)对各项主要工序进行安全隐患分析的计划,这些安全隐患分析应包括工作的次序、可能会遇到的特殊危险和消除每个危险的控制措施。

2. 安全培训计划

喷涂方程式前,工程承包商应当对施工人员进行安全培训,培训内容至少应包括以下内容:

(1)承包商总的安全政策和规定。

(2)雇主对工程施工安全的要求。

(3)雇主对安全应承担的职责。

(4)雇员对安全应承担的职责。

(5)所有意外事故所需要的医疗设备和必需的治疗。

(6)报告和纠正危险条件的程序。

(7)以安全方式进行表面清理、表面预处理、电弧喷涂和涂料涂装的程序。

(8)对施工管理人员、工艺技术人员和涂装操作人员必须进行必要的安全技术培训,包括国家涂装安全标准、涂装作业安全技术规程、国家安全生产管理法规等。

（9）防止火灾措施、消防器材的使用方法和其他突发事件处理的培训。

（10）事故预防计划需要的作业危险和行动分析。

8.3.8　相关人员的责任

1. 安全员的责任

安全员必须从指定的管理机构获得监督热喷涂操作安全的许可证。必须对热喷涂设备的安全管理及热喷涂工艺的安全使用负责。

（1）安全员必须对易燃、易爆物品采取以下一种或多种安全措施以确保工作区不会出现安全事故。将工件移至无易燃品的安全区进行清洗,如果工件不能移动,则将易燃品移至离开工件的安全距离或以适当的方式加以保护以免着火;适当地安排热喷涂作业区,以防易燃品在操作过程中着火或爆炸。

（2）安全员必须事先检查确认热喷涂工上岗资格。必须对进入不同工区的操作人员进行安全检查。检查内容包括佩戴并使用相应的防护用品（眼睛保护、呼吸保护、听力保护、工作服、有限空间保护等）。

（3）安全员必须确认工作区的环境安全。检查各工区现场配置的适当通风装置（包括普通热喷涂、喷砂、防火器材等）;必须指派火灾警戒人员,并得到警戒人员检查、核准后才可开工。当不需要火灾警戒人员时,安检员必须在热喷涂作业完成半小时后做最终检查,以扑灭暗火消除火灾隐患。

2. 热喷涂操作人员（含喷砂工、喷涂工）的责任

（1）热喷涂操作人员必须清楚不安全操作的危害性及控制危害程度的方法,保证安全地使用设备,确保生命及财产安全。

（2）喷涂工、喷砂工操作前必须获得安全员的许可,在被允许的前提下,可以进行相关操作。

（3）热喷涂操作人员只有在已严格听从安全警告的情况下才可进行热喷涂作业。

其他人员可能会接触热喷涂的有毒材料、操作及设备的场所或施工现场，热喷涂操作者必须张贴警告或警告标志。

8.4 热喷涂的环境保护

热喷涂工序本身除产生粉尘外，基本不产生废水和其他固体废弃物。粉尘主要是在辅助工序（尤其是前处理）中产生。在工件预处理和喷涂后处理过程中，除油脱脂、酸洗、钝化等工序都会产生许多废液和大量有机清洗液。这些清洗液含有硝酸盐、重金属（特别是六价铬、镉、铅等有毒离子）、表面活性剂和促进剂等有机物以及一般的酸、碱、油等。如果任意排放，对环境将造成危害。即使是毒性不大的物质，随废水或固体废弃物排放出来，也会对环境产生不利影响。因为这些物质排放到自然环境中会发生各种物理、化学变化，生成新的物质，或是积蓄于水体、土壤等环境中，对人体和生态造成损害。如果废水和固体废弃物中含有毒性比较大的物质，还将会直接作用于人体且造成环境污染的重大事故。总之，热喷涂生产中的废水、废气和固体废弃物，对于环境都是有害因素，因此必须认真治理，保证达标排放。保护环境可以从以下几方面做起：

（1）喷涂材料的选用原则。对于喷涂材料可根据其毒性和国内外资源储量情况，在能满足使用需要的条件下。以"有毒不用、无害可用；储量大多用，储量小少用"的原则进行优选。并开展对各种有毒、有害涂层材料的无害化替代的研究开发，尽可能做到涂层本身的无害化。

（2）从源头采取措施，削减甚至消除污染物产生量。整个热喷涂生产过程中，预处理的喷砂和热喷涂本身，是产生气体污染物的主要场合，而废水的来源则主要在预处理和后处理工序。从源头预防和控制污染的主要措施如下所述：

① 在工件表面预处理和喷涂后处理的工艺中，尽可能使用无毒低毒

273

原料和低浓度溶液配方。同时,处理溶液尽量减少使用挥发性有机溶剂和强腐蚀性物质,以消除或缓解对人身、设施的伤害和对环境大气、水、土的污染。例如,为避免脱脂时使用表面活性剂和含磷脱脂剂的污染,国外汽车行业已采用生物降解型的表面活性剂及不含磷、氮的脱脂剂。在可能的情况下,最好能在常温状态下操作,以节约能源、减少蒸发、净化生产空间,减轻腐蚀、减少人身伤害。此外,还可以通过改进溶液的维护方法,延长溶液的使用寿命,以减少对溶液的处理,从而减少污染物的排放量。

② 提高热喷涂的加工质量,提高生产效率和成品率,以减少物料损失(包括涂层材料损失和其他物料损失)。

③ 改进工艺和设备结构,减少废气、废水和废渣的排放量。

④ 消除物料的各种泄漏造成的不必要流失(如溶液的流、冒、滴、漏等)。

(3) 认真采取积极措施,尽量节约和合理使用资源和能源。从节约资源和减少污染的角度,应在工艺的研究、消耗物的再生循环可用性方面,做好物质(包括原料、水和废液)的回收和循环利用,减少资源和污染物的流失,提高功能实效和降低成本。如对前后处理溶液采用静置沉淀、过滤净化、补加或添加新液等方法回收再利用,清洗水和其他用水采用多次使用和处理后再利用等方法,提高废水的利用率,以使排放量最小化,实现资源的高效利用。总之,应采取各种积极措施,降低能源消耗,减少废液排放。

(4) 认真做好“三废”及其他环境污染源的治理整治。多数生产企业即使采取了一系列的清洁生产措施,还会不可避免地有一定的污染物排放,仍然需要进行环境污染的末端治理。在采取有效的预防污染措施并大幅度降低污染物排放总量的基础上,做好废气、废水、固体废弃物和其他污染源的末端治理,保证达标排放,仍然是企业环保工作的重要任务,因此应建立现代质量管理体系和环境管理体系。国际标准化组织(ISO)为适应经济发展全球化的需要,先后制定了 3 个现代企业管理标准 ISO 9000 系列质量管理体系标准、ISO 14000 系列环境管理体系标准和 ISO 18000 系列职业安全与健康管理体系标准。这些标准具有相同的管理思想、基本相同的管理要素和相同的 PDCA 管理运行模式,将热喷涂清洁生产的专业管理要素融入这些标准之中,是推行企业清洁生产的重要途径。

如在室外作业,则需搭建操作篷等设施。无论哪种情况,选择场地时,管理者必须按热喷涂工序制订预处理区(除油、喷砂工序)、喷涂区及后处理区(含封闭工序或精整工序)安全操作规程,确保相关人员对热喷涂作业所涉及的危害有清醒的认识,并且熟知要采取的相应的预防措施。将易燃品移至离开工件的安全距离或以适当的方式加以保护以免着火;适当地安排热喷涂作业区,保证易燃品不在操作过程中着火或爆炸。如果喷涂和喷砂操作不是在室外也不是在特殊设计和有通风条件的室内进行,则要求采用机械式通风设施。否则,在很短时间内粉尘会充满操作室或车间或局限性较大的空间。在某些情况下,在室外操作时,应选择迎风方向喷涂,使喷涂粉尘能够尽快散去。当风力不大时,室外也要采用机械式通风设施。在敞开条件下的热喷涂和喷砂工作现场的通风设备,由引擎或马达驱动的带挠性管路或导管的便携抽风器组成,以便工作区能尽快地清除粉尘。这种设备不得妨碍操作人员的工作视线。使用便携式抽风吸尘器时,应在抽风器上安装一个粉尘收集器(类似大的过滤器)以收集粉尘和防止周围环境的污染。收集喷涂粉尘,推荐使用水洗型湿式吸尘器。收集喷砂粉尘,可选用布袋集尘吸尘器。当粉尘降低了通风系统的效率时,要更换袋子。

在喷涂作业现场应注意一些普遍的防火措施:不要在喷涂现场使用易燃溶剂清洗物品,清洗场所通风应良好。空气中粉尘或一些特殊金属粉末容易引起爆炸,应在操作场地安装通风和除尘设备。工作场地应经常打扫,防止粉尘聚集;工作场地内不允许有易燃物,喷涂隔音室须使用防火材料。

参考文献

[1] 徐滨士. 中国再制造工程及其进展[J]. 中国表面工程,2010,
    23(2):1-6.

[2] 朱胜,姚巨坤. 装备再制造设计及其内容体系[J]. 中国表面工程,2011,
    24(4):1-6.

[3] 徐滨士,朱绍华. 表面工程的理论与技术[M]. 北京:国防工业出版
    社,1999.

[4] MA X Q,CHO S,TAKEMOTO M. Acoustic emission source
    analysis of plasma sprayed thermal barrier coatings during
    four-point bend tests[J]. Surface & Coatings Technology,2001,
    139:55-62.

[5] 刘纯波,林峰,蒋显亮. 热障涂层的研究现状与发展趋势[J]. 中国有色
    金属学报,2007,17(1):1-11.

[6] 吴涛,朱流,郦剑,等. 热喷涂技术与现状[J]. 国外金属热处理,2005,
    26(4):2-6.

[7] 周克崧,刘敏,邓春明,等. 新型热喷涂及其复合技术的发展[J]. 中国材
    料进展,2009(9-10):1-8.

[8] 尹志坚,王树保,傅卫,等. 热喷涂技术的演化与展望[J]. 无机材料学
    报,2011,26(3):225-232.

[9] HAN Z H,XU B S,WANG H J,et al. A comparison of thermal shock
    behavior between currently plasma spray and recently supersonic plasma

spray CeO$_2$-Y$_2$O$_3$-ZrO$_2$ graded thermal barrier coatings[J]. Surface & Coatings Technology,2007,201(9-11):5253-5256.

[10] 韩志海,王海军,王斌利,等.超音速等离子喷涂制备先进陶瓷涂层的特点[C].三亚:全国热喷涂技术研讨会,2008.

[11] BRUCE D,SARTWEL L. Thermal spray coatings replace hard chrome plating on aircraft components[J]. Advanced Materials and Processes Technology,1999(3):3.

[12] 周克崧.热喷涂技术替代电镀硬铬的研究进展[J].中国有色金属学报,2004,14(S1):182-191.

[13] KULU P,HUSSAINOVA I,VEINTHAL R. Solid particle erosion of thermal sprayed coatings[J]. Wear,2005,258(1-4):488-496.

[14] CHEN D,CHEN G,NI S,et al. Phase formation regularities of ultrafine TiAl,NiAl and FeAl intermetallic compound powders during solid-liquid reaction milling[J].Journal of Alloys and Compounds,2008,457(1-2):292-295.

[15] 朱子新.高速电弧喷涂 Fe-Al/WC 涂层形成机理及高温磨损特性[D].天津:天津大学,2002.

[16] 徐滨士,王海斗.再制造工程中的热喷涂技术[J].热喷涂技术,2009,1(1):1-7.

[17] 吴子建,吴朝军,曾克里,等.热喷涂技术与应用[M].北京:机械工业出版社,2006.

[18] 许磊,张春华,张松,等.爆炸喷涂研究的现状及趋势[J].金属热处理,2004,29(2):21-25.

[19] 徐滨士.表面工程与维修[M].北京:机械工业出版社,1996.

［20］朱亮,张周伍.电爆技术用于超细粉末和表而喷涂的研究进展[J].材科导报,2005,19(12):76-79.

［21］金国.电热爆炸定向喷涂微纳米晶涂层摩擦学性能及其机理研究[D].哈尔滨:哈尔滨工程大学,2006.

［22］陈江.激光熔覆加等离子喷涂对烟气轮机叶片再制造[J].中国表面工程,2009,22(2):69-70.

［23］FUKUMOTO M.The current status of thermal spraying in Asia[J].Journal of Thermal Spray Technology,2008,17(1):5-13.

［24］徐滨士.再制造工程基础及其应用[M].哈尔滨:哈尔滨工业大学出版社,2005.

［25］刘少光,吴进明,张升才,等.临界锅炉管道耐磨涂层的微观组织及冲蚀规律[J].动力工程,2006,26(6):908-911.

［26］XU B S,ZHANG W,XU W P.Influence of oxides on high velocity arc sprayed Fe-Al/Cr_3C_2 composite coatings[J].Journal of Central South University of Technology,2005,12(3):259-262.

［27］陈永雄,徐滨士,许一,等.高速电弧喷涂技术在装备维修与再制造工程领域的研究应用现状[J].中国表面工程,2006,19(5):169-173.

［28］徐滨士.装备再制造技术[J].中国设备工程,2008(8):63-65.

［29］邓世均.高性能陶瓷涂层[M].北京:化学工业出版社,2004.

［30］徐滨士,刘世参.表面工程新技术[M].北京:国防工业出版社,2002

［31］徐滨士.装备再制造技术[J].中国设备工程,2008(9):61-62.

［32］刘少光,赵琪,李志章,等.N_2保护对$TiAl_3$和Cr_3C_2复合涂层组织结构及高温冲蚀性能的影响[J].功能材料,2008,39(1):166-169.

［33］刘少光,温黎,张升才,等.含纳米材料药芯的电弧喷涂丝材的制备方

法:1562555A[P].2005-01-12.

[34] 贺定勇.电弧喷涂粉芯丝材及涂层的磨损特性研究[D].北京:北京工业出版社,2004.

[35] GEORGIEVA P,THORPE R,YANSKI A. An innovative turn over for the wire arc spraying technology[J]. Advanced Materials and Processes,2006,8:68-69.

[36] 栗卓新,方建筠,史耀武,等.高速电弧喷涂 Fe-TiB$_2$/Al$_2$O$_3$ 复合涂层的组织及性能[J].中国有色金属学报,2005,15(11):1800-1805.

[37] DENTA H,HORLOCE A J,MCCARTNEY D G,et al. The corrosion behavior and microstructure of high-velocity oxy fuel sprayed nickel-base amorphous/nano-crystalline coatings[J]. Journal of Thermal Spray Technology,1999,8(3):399.

[38] BORISOVA A L,BORIOV Y S. Self-propagating high-temperature synthesis for the deposition of thermal-sprayed coatings[J]. Powder Metallurgy & Metal Ceramics,2008,47(1-2):80-94.

[39] 张科,马光,贾志华,等.非晶合金的形成机理及其形成能力的研究[J].材料导报,2012,11(26):166-170

[40] 郭双全,冯云彪,葛昌纯,等.热喷涂粉末的制备技术[J].材料导报,2010,24(16):196-199.

[41] LAVARNIA E J,HAN B Q,SCHOENUNG J M.Cryomilled nano-structured materials:Processing and properties[J]. Materials Science and Engineering A,2008,493(1-2):207-214.

[42] TEKMEN C,OZDEMIR I,FRITSCHE G,et al. Structural evolution of mechanically alloyed Al-12Si/TiB$_2$/h-BN composite powder coating by

atmospheric plasma spraying[J]. Surface & Coatings Technology,2009,
203(14):2046-2051.

[43] BERTRAND G,ROY P,FILLIATRE C,et al. Spray-dried ceramic
powders:A quantitantive correlation between slurry characteristics
and shapes of the granules[J].Chemical Engineering Science,
2005,60(1):95-102.

[44] 张书辉,郦剑,刘少光.电弧喷涂粉芯丝材的研究与应用[J].热处理,
25(5):20-24.

[45] 刘少光,吴进明,张升才,等.超临界锅炉管道耐磨涂层的微观组织结
构及冲蚀规律[J].动力工程,2006,26(6):908-911。

[46] 陈永雄,徐滨士,许一,等.高速电弧喷涂技术在装备维修与再制造工
程领域的研究运用现状[J].中国表面工程,2006,19(5):169-172

[47] 贾焕丽,孙宏飞,李梅广.新型电弧喷涂粉芯丝材的现状与发展前景
[J].表面技术,2005,34(6):4-6.

[48] 邓世均.高性能陶瓷涂层[M].北京:化学工业出版社,2004.

[49] 徐滨士,刘世参.表面工程新技术[M].北京:国防工业出版社,2001.

[50] 张恒华.超音速电弧喷涂技术[J].热处理,2009,24(2):21.

[51] 许一,梁秀兵,徐滨士,等.还原性保护气氛电弧喷涂技术研究[J].同
济大学学报,2001,29(9):1122-1125.

[52] 贺定勇.电弧喷涂粉芯丝材及涂层的磨损特性研究[D].北京:北京工
业大学,2004.

[53] 李长青,马世宁,刘谦.热喷涂纳米结构涂层技术的研究进展[J].材料
保护,2004,37(5):31-34.

[54] 蒋建敏,贺定勇,闫玉芹,等.新型热喷涂粉芯丝材的研究及应用[J].

金属加工,2003(9):23-24.

[55] 贺定勇,傅斌友,蒋建敏,等.含 WC 陶瓷相电弧喷涂涂层耐磨粒磨损性能的研究[J].摩擦学学报,2007,27(2):116-12.

[56] 李学峰.热喷涂丝材的应用现状和发展[J].机械工人(热加工),2005(9):13-15.

[57] 李言涛,侯宝荣.海洋环境下热喷涂锌、铝及其合金涂层防腐蚀机理研究概况[J].材料保护,2005,38(9):30-34.

[58] 贾卓新,汤春天,蒋建敏.纳米陶瓷材料在热喷涂中应用和研究进展[J].新技术新工艺,2005(10):56-59.

[59] 鲍雨梅,马龙,金志伟.羟基磷灰石涂层制备及失效研究进展[J].材料导报,2016,30(5):70-74.

[60] 李学伟,孟银,王鹏,等.特喷涂 WC-10CoCr 涂层的研究进展[J].中国钨业,2014,29(2):28-31.

[61] 王华仁,韩变华.HVOF 喷涂 WC-10Co-4Cr 涂层的磨蚀特性[J].东方电机,2007(4):66-74.

[62] 石建华.球形 WC-Co 喷涂粉末的制备[J].材料工艺,2005,22(4):202-206.

[63] BABU P S,BASU B,SUNDARARAJAN G.Processing-structure-property correlation and decarburization phenomenon in detonation sprayed WC-12Co coatings[J].Acta Materialia,2008,56(18):5012-5026.

[64] HONG S,WU Y P,ZHENG Y G,et al.Microstructure and electrochemical properties of nanostructured WC-10Co-4Cr coating prepared by HVOF spraying[J].Surface & Coatings Technology,2013,235(25):582-588.

［65］PUCHI-CABRERA E S,STAIA M H,SANTANA YY,et al. Fatigue behavior of AA7075-T6 aluminum alloy coated with a WC-10Co-4Cr cermet by HVOF thermal spray[J].Surface & Coatings Technology,2013,220:122-130.

［66］万伟伟,沈婕,高峰,等.喷涂角度对 HVOF 喷涂 WC-10Co-4Cr 涂层性能的影响[J].热喷涂技术,2011,3(1):48-51.

［67］张光华,李曙,刘阳,等.HVOF 喷涂 WC-10Co4Cr 涂层的砂浆冲蚀行为[J].中国表面工程,2007,20(4):16-28.

［68］丁彰雄,万文晨,赵辉,等.热喷涂WC-Co复合涂层的研究进展及展望[J].热喷涂技术,2012,4(2):1-5.

［69］AW P K,TAN B H.Study of Microstructure,phase and microhardness distribution of HVOF sprayed multi-modal structured and conventional WC-17Co coatings[J].Journal of Materials Processing Technology,2006,174(1-3):305-311.

［70］GUILEMANY J M,DOSTA S,NIN J,et al.Comparative study of the properties of WC-Co nanostructured and bimodal coatings sprayed by high velocity oxy-fuel(HVOF)[J].Thermal Spray,2005,6(3):530-540.

［71］王海军.热喷涂实用技术[M].北京:国防工业出版社,2006.

［72］WANG Q,CHEN Z H,DING Z X.Performance of abrasive wear of WC-12Co coatings sprayed by HVOF[J].Tribology International,2009,42(7):1046-1051.

［73］GUILEMANY J M,DOSTA S,MIGUEL J R.The enhancement of the properties of WC-Co HVOF coatings through the use of nanostructured and microstructured feedstock powders[J]. Surface & Coatings Technology,2006,201(3-4):1180-1190.

[74] DING Z X,WANG Q,LIU Z L. Performance study of erosion wear of nanostructured WC-12Co coatings sprayed by HVOF[J]. Key Engineering Materials,2008,373-374:27-30.

[75] DING Z,CHEN W,WANG Q. Resistance of cavitation erosion of multimodal WC-12Co coatings sprayed by HVOF[J]. Transactions of Nonferrous Metals Society of China,2011,21(10):2231-2236.

[76] 丁彰雄,陈伟,王群,等. HVOF 制备的多峰 WC-12Co 涂层摩擦磨损特性[J]. 摩擦学报,2011,31(5):425-430

[77] ZHAO X Q,ZHOU H D,CHEN J M. Comparative study of the friction and wear behavior of plasma sprayed conventional and nanostructrured WC-12％Co coatings on stainless steel[J]. Materials Science and Engineering,2006,431(1-2):290-297.

[78] CHEN H,GOU G Q,TU M J,et al. Characteristics of nano particles and their effect on the formation of nanostructures in air plasma spraying WC-17Co coating[J]. Surface & Coatings Technology,2009,203(13):1785-1789

[79] 刘玉栋,周勇,马晓琳. 热喷涂 Zn-Al-Mg 合金涂层的研究进展[J]. 热处理技术与装备,2015,26(6):81-84.

[80] 陈永雄,刘燕,梁秀兵,等. 电弧喷涂 Zn-Al-Mg-RE 粉芯丝材及其涂层的制备[J]. 材料工程,2009(3):65-68.

[81] 付东兴. Zn-Al-Mg-Re 涂层与舰船涂料的协同性及其构建的复合涂层的耐蚀机理研究[D]. 哈尔滨:哈尔滨工程大学,2008.

[82] 张燕,张行,刘朝辉,等.热喷涂技术与热喷涂材料的发展现状[J].装备环境工程,2013,10(3):59-62.

[83] 李长青,马世宁,刘谦.热喷涂纳米结构涂层技术的研究进展[J],2004,37(5):31-33.

[84] 曹芬燕,易剑,谢志鹏.热喷涂纳米陶瓷涂层的研究现状及进展[J].陶瓷学报,2011,32(2):302-306.

[85] 陈煌,林新华,曾毅,等.热喷涂纳米陶瓷涂层研究进展[J],硅酸盐学报,2002,30(2):235-239.

[86] 郑学斌,谢有桃.热喷涂生物陶瓷涂层的研究进展[J].无机材料学报,2013,28(1):12-19.

[87] GITTENS R A,MCLACHLAN T,OLIVARES-NAVARRETER,et al. The effects of combined micron-/submicron-scale surface roughness and nanoscale features on cell proliferation and differentiation[J]. Biomaterials,2011,32(13):3395-3403.

[88] BUSER D,SCHENK R K,STEINEMANN S,et al. Influence of surface characteristics on bone integration of titanium implants:A hostomorphometric study in miniature pigs[J]. Journal of Biomedical Materials Research,1991,25(7):889-902.

[89] SCHROOTEN J,HESEN J A. Adhesion of bioactive glass coating to Ti6Al4V oral implant[J]. Biomaterials,2000,21(14):1461-1469.

[90] FEDDES B,VREDENBERG A M,WOLKE J G C,et al. Bulk composition of r.f. magnetron sputter deposited calcium phosphate coatings on different substrates(polyethylene,polytetrafluoroethylene,silicon)[J]. Surface & Coatings Technology,2004,185(2-3):346-355.

[91] GUEHENNEC L,LOPEZ-HEREDIA M A,ENKEL B,et al. Osteoblastic cell behaviour on different titanium implant surfaces[J]. Acta Biomaterialia,2008,4(3):535-543.

[92] ROY A,SINGH SS,DATTA M K,et al. Novel sol-gel derived calcium phosphate coatings on Mg_4Y alloy[J]. Materials Science and Engineering B,2011,176(20):1679-1689.

[93] FROIMSON M I,GARINO J,MACHENAUDA,et al. Minimum 10-year results of a tapered,titanium,hydroxyapatite-coated hip stem:An independent review[J]. The Journal of Arthroplasty,2007,22(1):1-7.

[94] YU L G,KHOR K A,LI H,et al. Effect of spark plasma sintering on the microstructure and in vitro behavior of plasma sprayed HA coatings[J]. Biomaterials,2003,24(16):2695-2705.

[95] DAUGAARD H,ELMENGAARD B,BECHTOLDJ E,et al. The effect on bone growth enhancement of implant coatings with hydroxyapatite and collagen deposited electrochemically and by plasma spray[J]. Journal of Biomedical Materials Research,2010, 92A(3):913-921.

[96] GROOT K,GEESINK R G T,KLEINC P A T,et al. Plasma sprayed coating of hydroxyapatite[J]. Journal of Biomedical Materials Research, 1987,21(12):1375-1387.

[97] SKANDAN G,YAO R,BERNARD H K,et al. Multimodal powders:A new class of feedstock material for thermal sparying of hard coatings[J]. Scripta Mater,2001,44(8-9):1699-1702.

[98] 冯文然. 反应等离子喷涂纳米 TiN 涂层的研究[D]. 天津:河北工业大

学,2004.

[99] 王伟.反应热喷涂三元硼化物金属陶瓷涂层制备工艺及性能研究
[D].阜新:辽宁工程技术大学,2011.

[100] 王赛虎.等离子喷涂金属陶瓷涂层的性能研究[D].镇江:江苏科技
大学,2011.

[101] 段忠清.等离子喷涂 Cr_2O_3-8TiO_2 涂层参数优化及残余应力研究
[D].南京:河海大学,2007.

[102] 夏铭,王泽华,柏芳,等.反应等离子喷涂 TiN 涂层的研究进展[J].表
面技术,2015(8):1-8.

[103] 姚燚红,王泽华,周泽华,等.反应等离子喷涂技术的研究进展[J].机
械工程材料,2011,35(12):1-5.

[104] 耿伟.自反应等离子喷涂制备 $FeAl_2O_4$-Al_2O_3-Fe 复合涂层的研究
[D].天津:河北工业大学,2006.

[105] 于加洋.反应热喷涂技术的研究进展[J].黑龙江科技信息,
2007(20):8.

[106] 李小龙,王引真,石建稳,等.热喷涂技术的最新发展－反应热喷涂
[J].新技术新工艺,2004(10):64-66.

[107] 王永兵,刘湘,祁文军,等.热喷涂技术的发展和应用[J].电镀与涂
饰,2007,26(7):52-55.

[108] DONG Y C,NRAN YAN,HE J N,et al.Studies on composite
coatings prepared by plasma spraying Fe_2O_3-Al self-reaction
composite powders[J].Surface & Coatings Technology,2004,
179(1-2):223-228.

[109] 吉田邦彦.硬质合金工具[M].张超凡,何仁春,唐善林,译.北京:冶

金工业出版社,1987.

[110] 阎殿然,何继宁,董艳春,等.金属表面喷涂自反应复合粉合成金属/陶瓷复合涂层:CN 1370852A[P].2002-09-25.

[111] 冯文然.反应等离子喷涂纳米 TiN 涂层的研究[D].天津:河北工业大学,2004.

[112] 居毅,李宗全.多层复合 TiN 镀层的研究进展[J].浙江理工大学学报,2005,12(4):345-349.

[113] 董艳春.反应等离子喷涂纳米 TiN 涂层材料的研究[D].天津:河北工业大学,2006.

[114] 徐俊龙,黄继华,魏世忠.TiC/Fe-Ni 金属陶瓷复合涂层反应等离子喷涂研究[J].稀有金属材料与工程,2007,36(增刊 3):688-691.

[115] KOBAYASHI A. New applied technology of plasma heat source[J]. Welding International,1990,4(4):276-282.

[116] BACCI T,Bertamini L,Ferrari F,et al. Reactive plasma spraying of titanium in nitrogen containing plasma gas[J]. Materials Science and Engieering A,2000,283(1-2):189-195.

[117] BORGIOLI F. Sliding wear resistance of reactive plasma sprayed Ti-TiN coatings[J]. Wear,2006,260(7):832-837.

[118] 陈海龙,杨晖.反应等离子喷涂 TiN 的反应过程及涂层形成机理研究[J].材料热处理技术,2009,38(20):104-106.

[119] 冯文然,阎殿然,何继宁.反应等离子喷涂纳米 TiN 涂层的显微硬度及微观结构研究[J].物理学报,2005,54(5):2399-2404.

[120] 姚燚红.气相反应等离子喷涂 TiN 涂层及性能研究[D].南京:河海大学,2012.

[121] DALLAIRE S,CHAMPAGNE B. Plasma spray synthesis of TiB_2-Fe coatings[J]. Thin Solid Films,1984,118(4):477-483.

[122] LEGOUX J G,DALLAIRE S. Copper-titanium diboride coatings obtained by plasma spraying reactive micropellets[J]. Journal of Thermal Spray Technology,1993,2(3):283-286.

[123] ANANTHAPADMANABHAN P V,TAYLOR P R. Titanium carbide-iron composite coatings by reactive plasma spraying of ilmenite[J]. Journal of Alloys and Compounds,1999,287(1-2):121-125.

[124] 戴达煌,周克崧,袁镇海,等. 现代材料表面技术科学[M]. 北京:冶金工业出版社,2004.

[125] 钱苗根. 现代表面技术[M]. 北京:机械工业出版社,1999.

[126] 胡传炘,宋幼慧. 涂层技术原理及应用[M]. 北京:化学工业出版社,2000.

[127] 中国腐蚀与防护学会,高荣发. 热喷涂[M]. 高荣发,译. 北京:化学工业出版社,1992.

[128] 美国焊接学会. 热喷涂原理与应用技术[M]. 麻毓璜,贾永昌,刘维祥,译. 成都:四川科学技术出版社,1988.

[129] 陈学定,韩文政. 表面涂层技术[M]. 北京:机械工业出版社,1994.

[130] 李金桂. 现代表面工程设计手册[M]. 北京:国防工业出版社,2000.

[131] 胡传炘. 表面处理技术手册[M]. 北京:北京工业大学出版社,1997.

名词索引

B

包覆法 3.4

C

超音速等离子喷涂 4.3

超音速火焰喷涂技术 6.2

重熔处理 7.6

D

大气等离子喷涂 4.2

等离子喷涂技术 4.1

等离子球化法 3.4

电弧喷涂 5.1

电热爆炸喷涂技术 7.1

F

反应等离子喷涂 4.5

非晶态合金 3.5

P

R

S

W

Y

Z

材料科学与工程

策划编辑　张秀华
　　　　　杨　桦
责任编辑　刘　瑶
　　　　　李春光
　　　　　陈　淼
封面设计　王　勇
　　　　　卞秉利

REPENTU JISHU JI QI ZAI
ZAIZHIZAO ZHONG DE YINGYON